倪红军 著

Flutter
开发零基础入门
（微课版）

清华大学出版社
北京

内 容 简 介

本书针对零基础的读者,以一个个"易学、易用、易扩展"的技术范例和"有趣、经典、综合性"的项目案例实现过程为载体,由浅入深、循序渐进地介绍了完整的 Dart 编程语言基础和 Flutter 开发技术知识体系。书中包含大量的图文解析和微课视频,手把手地带领读者进入基于 Flutter 开发框架的跨平台应用程序开发世界,既最大限度地降低了读者的学习门槛,又让读者在"教、学、做"深度融合的体验中快速入门 Flutter 开发技术。

本书注重实际项目开发,提供的技术范例和项目案例全面系统地展示了开发 Flutter 项目的过程、方法、技术和架构。既适合作为 Dart 和 Flutter 初学者的入门级书籍,也适合作为从事跨平台移动开发的技术人员及教育、培训机构人员的参考书。

本书封面贴有清华大学出版社防伪标签,无标签者不得销售。
版权所有,侵权必究。举报: 010-62782989, beiqinquan@tup.tsinghua.edu.cn。

图书在版编目(CIP)数据

Flutter 开发零基础入门:微课版/倪红军著. —北京:清华大学出版社,2021.8
ISBN 978-7-302-58083-6

Ⅰ. ①F… Ⅱ. ①倪… Ⅲ. ①移动终端-应用程序-程序设计 Ⅳ. ①TN929.53

中国版本图书馆 CIP 数据核字(2021)第 075690 号

责任编辑:张 玥
封面设计:常雪影
责任校对:胡伟民
责任印制:杨 艳

出版发行:清华大学出版社
网　　址:http://www.tup.com.cn, http://www.wqbook.com
地　　址:北京清华大学学研大厦 A 座　　　　　　　　邮　编:100084
社 总 机:010-62770175　　　　　　　　　　　　　　邮　购:010-83470235
投稿与读者服务:010-62776969, c-service@tup.tsinghua.edu.cn
质量反馈:010-62772015, zhiliang@tup.tsinghua.edu.cn
课件下载:http://www.tup.com.cn, 010-83470236
印 装 者:三河市君旺印务有限公司
经　　销:全国新华书店
开　　本:185mm×260mm　　　　印　张:18.5　　　　字　数:475 千字
版　　次:2021 年 8 月第 1 版　　　　　　　　　　　印　次:2021 年 8 月第 1 次印刷
定　　价:69.80 元

产品编号:091380-01

前言 FOREWORD

　　Flutter 是谷歌开发的一套开源的跨平台开发框架，它全面支持移动、Web、桌面和嵌入式平台，帮助开发者通过一套代码库高效构建多平台应用。自 2018 年 12 月 4 日谷歌正式发布 Flutter 1.0 版本后，全球越来越多的公司开始采用 Flutter 开发框架进行跨平台移动端应用开发，Flutter 新技术逐渐进入了移动应用开发者的视野，越来越多的开发者也逐渐投入到 Flutter 的学习和开发中。

　　本书编写的目的就是帮助零基础学习跨平台开发的读者，既要学习 Flutter 开发技术，又要掌握解决实际问题的能力，提高实际项目的开发水平，从而快速成为一名合格的 Flutter 开发工程师。本书摒弃传统软件开发类书籍逐个知识点介绍的编排模式，而采用"案例诠释理论内涵、项目推动实践创新"的编写思路，既讲解项目的实现过程和步骤，又讲解项目实现所需的理论知识和技术，让读者掌握理论知识后会灵活运用，并在新项目开发中拓展创新。

　　本书提供教学大纲、教学进度、教学课件、程序源码等，读者可登录清华大学出版社网站下载使用；还提供 140 个约 3000 分钟的微课视频同步讲解，读者先扫描封底刮刮卡中的二维码，再扫描书中相应位置的二维码，即可以边看边学、边学边做，真正实现"教、学、做"的有机融合，提升从案例模仿到应用创新的递进式项目化软件开发能力。

　　全书共 8 章，内容安排如下。

　　第 1 章　移动应用开发技术。介绍移动应用开发中原生开发和跨平台开发的特点、常用开发框架等，包括 Flutter 的基本架构和特性、Windows 和 Mac OS 平台下 Flutter 项目开发环境的搭建步骤等。

　　第 2 章　Flutter 项目结构。介绍 Android Studio 开发环境下 Flutter 项目的创建步骤、Flutter 项目目录结构、默认入口文件(main.dart)的构成及项目的运行和调试方法。

　　第 3 章　Dart 程序设计基础。介绍 Dart 语言的发展、特点、辅助开发工具及语法基础。包括常量、变量、数据类型、运算符、流程控制语句、数组(List)、集合(Set)、映射(Map)、函数及异常的使用方法和应用场景等。

　　第 4 章　Dart 面向对象程序设计。介绍面向对象的基本概念、类的声明、成员变量与成员方法的定义和使用方法，以及构造方法、类的继承、抽象类、接口的定义和使用方法等。

　　第 5 章　Dart 高级编程。介绍泛型的定义、使用方法和应用场景，同步和异步的概念，并结合文件(目录)同步、异步操作相关 API 的使用方法阐述同步、异步的应用场景等。

　　第 6 章　基本组件。介绍 Text、TextField 等文本类组件，Image、CircleAvatar 等图片类组件和 MaterialApp 组件的常用属性和使用方法，并结合多个技术范例和"登录界面""注册界面""图片浏览器"等项目案例阐述文本样式组件、输入框装饰器组件、第三方插件 Fluttertoast 及 image_picker 的使用方法和应用场景。

第 7 章　布局组件。介绍 Container、Padding 等单孩子布局组件，Row、Column 等多孩子布局组件的常用属性和使用方法，并结合多个技术范例和仿今日头条的"关注页面""展示页面"等项目案例阐述 Switch、SwitchListTile、SingleChildScrollView、ScrollController、ListTile、ListView、RefreshIndicator 等组件的使用方法，以及 video_player 和 chewie 视频播放插件、GestureDetector 组件的手势事件、路由及页面间数据传递的方法和应用场景。

第 8 章　数据存储与访问。介绍 key-value 存储访问机制、File 存储访问机制、数据库存储访问机制和网络数据存储访问机制的工作原理和应用场景，并结合多个技术范例和"睡眠质量测试系统""随手拍""实验室安全测试平台""天气预报系统"等项目案例阐述 LinearProgressIndicator、AlertDialog、SimpleDialog、BottomSheet、Card、ExpansionPanel、GridView、PopupMenuButton、Tabbar、PageView、Form 和 TextFormField 组件的使用方法，以及 shared_preferences 插件实现 key-value 键值对存储访问数据、sqflite 插件实现 SQLite 数据库操作、HttpClient 实现 GET 和 POST 请求、http 和 Dio 插件实现网络请求的方法和应用场景。

与同类图书相比，本书有以下特点：

（1）编写理念新颖：采用"案例诠释理论内涵，项目推动实践创新"的编写理念组织内容，内容编排上以案例为载体，既向读者展现案例的实现过程和步骤，也详细阐述案例实现时所需的理论知识和开发技术。

（2）案例典型实用：直接选取"易学、易用、易扩展"的技术范例和"有趣、经典、综合性"的项目案例，既可以激发读者的学习兴趣，巩固理论知识和强化工程实践能力，也可以将这些案例的解决方案创新应用到其他项目中。

（3）配套资源丰富：随书配套全部技术范例和项目案例的微课视频，读者不仅可以随时随地扫码观看重点、难点内容的讲解，还可以下载教学课件、教学大纲、习题和程序源代码等教学资源，以便更好地学习和掌握 Flutter 开发技术，提高实际开发水平。

（4）内容系统全面：依据 Flutter 官方开发文档选取侧重实战的知识点和应用场景，读者既可以系统地掌握理论知识，也可以提高分析和解决问题的能力。

（5）读者覆盖面广：由浅入深的知识点体系重构和系统全面的知识点应用场景解析，既可以让零基础的初学者快速入门并掌握 Flutter 的开发技术和开发技巧，也可以让具有一定编程基础的开发者从书中找到合适的起点，进一步提升项目开发和创新能力。

本书在编写过程中得到了清华大学出版社编辑的大力支持，周巧扣、李霞、叶苗等在资料收集和原稿校对等方面做了一些工作，在此一并表示感谢。

由于作者理论水平和实践经验有限，书中疏漏和不足之处在所难免，恳请广大读者提出宝贵的意见和建议。

倪红军
2021 年 4 月

目录 CONTENTS

第1章 移动应用开发技术 ··· 1
  1.1 概述 ··· 1
    1.1.1 原生开发技术 ·· 1
    1.1.2 跨平台开发技术 ··· 1
  1.2 Flutter 基本架构与特性 ·· 5
    1.2.1 基本架构 ·· 5
    1.2.2 特性 ·· 6
  1.3 Flutter 开发环境搭建 ··· 7
    1.3.1 搭建 Windows 系统下的开发环境 ·· 7
    1.3.2 搭建 Mac OS 系统下的开发环境 ·· 14

第2章 **Flutter 项目结构** ·· 21
  2.1 项目结构 ··· 21
    2.1.1 第一个 Flutter 项目 ··· 21
    2.1.2 目录结构 ·· 24
  2.2 工程架构 ··· 25
    2.2.1 工程项目主要文件 ·· 25
    2.2.2 Flutter 项目调试 ··· 29

第3章 **Dart 程序设计基础** ··· 31
  3.1 Dart 语言概述 ·· 31
    3.1.1 发展 ·· 31
    3.1.2 特点 ·· 31
  3.2 基本语法 ··· 32
    3.2.1 变量和常量 ··· 32
    3.2.2 数据类型 ·· 35
    3.2.3 运算符 ··· 43
    3.2.4 控制流程 ·· 46
    3.2.5 注释 ·· 50
  3.3 函数 ··· 51
    3.3.1 函数的声明 ··· 51
    3.3.2 函数的使用 ··· 51
    3.3.3 匿名函数、箭头函数及闭包 ·· 54

3.4 异常 ·· 55
    3.4.1 异常的定义 ·· 55
    3.4.2 异常的使用 ·· 56

第 4 章 Dart 面向对象程序设计 ·· 58

4.1 类 ·· 58
    4.1.1 面向对象的基本特征 ·· 58
    4.1.2 类的定义和使用 ··· 59
    4.1.3 构造方法 ·· 60
    4.1.4 存储器和访问器 ··· 62
4.2 类的继承 ·· 63
    4.2.1 继承的定义 ·· 63
    4.2.2 父类方法的覆写 ··· 64
    4.2.3 继承中的多态 ··· 65
    4.2.4 构造方法的调用 ··· 66
4.3 抽象类 ··· 67
    4.3.1 抽象类的定义 ··· 67
    4.3.2 接口 ··· 69
    4.3.3 混入 ··· 69

第 5 章 Dart 高级编程 ·· 71

5.1 泛型 ·· 71
    5.1.1 泛型的定义 ·· 71
    5.1.2 泛型的使用 ·· 72
5.2 异步 ·· 75
    5.2.1 Future ··· 75
    5.2.2 async 和 await ··· 77
    5.2.3 Stream ·· 78

第 6 章 基本组件 ··· 80

6.1 概述 ·· 80
    6.1.1 MaterialApp ··· 80
    6.1.2 Scaffold ·· 88
    6.1.3 Widget ·· 97
6.2 登录界面的设计与实现 ·· 99
    6.2.1 Text 组件 ··· 99
    6.2.2 TextField 组件 ··· 102
    6.2.3 按钮组件 ··· 113
    6.2.4 案例：登录界面的实现 ·· 117
6.3 注册界面的设计与实现 ·· 122
    6.3.1 复选框组件 ·· 122
    6.3.2 日期和时间组件 ··· 126
    6.3.3 RichText 组件 ··· 131
    6.3.4 案例：注册界面的实现 ·· 133

6.4 图片浏览器的设计与实现 ··· 138
    6.4.1 单选按钮组件 ··· 138
    6.4.2 Image 组件 ··· 141
    6.4.3 CircleAvatar 组件 ··· 144
    6.4.4 裁剪组件 ·· 146
    6.4.5 Slider 组件 ··· 147
    6.4.6 案例：图片浏览器的实现 ································· 148

第 7 章 布局组件 ·· 153
7.1 概述 ··· 153
    7.1.1 单孩子布局组件 ··· 153
    7.1.2 多孩子布局组件 ··· 157
7.2 仿今日头条关注页面的设计与实现 ····························· 163
    7.2.1 开关组件 ·· 163
    7.2.2 SingleChildScrollView 组件 ······························· 165
    7.2.3 案例：关注页面的实现 ···································· 168
7.3 仿今日头条展示页面的设计与实现 ····························· 173
    7.3.1 ListTile 组件 ··· 173
    7.3.2 ListView 组件 ·· 175
    7.3.3 RefreshIndicator 组件 ······································ 179
    7.3.4 视频播放插件 ·· 181
    7.3.5 页面间传递数据 ··· 185
    7.3.6 案例：展示页面的实现 ···································· 187

第 8 章 数据存储与访问 ··· 195
8.1 概述 ··· 195
    8.1.1 key-value 存储访问机制 ··································· 195
    8.1.2 File 存储访问机制 ·· 195
    8.1.3 数据库存储访问机制 ······································· 196
    8.1.4 网络数据存储访问机制 ···································· 196
8.2 睡眠质量测试系统的设计与实现 ································ 196
    8.2.1 进度指示组件 ·· 196
    8.2.2 shared_preferences 插件 ··································· 199
    8.2.3 案例：睡眠质量测试系统的实现 ······················· 202
8.3 随手拍的设计与实现 ··· 211
    8.3.1 对话框组件 ··· 211
    8.3.2 BottomSheet 组件 ··· 216
    8.3.3 Card 组件 ·· 218
    8.3.4 ExpansionPanel 组件 ······································· 219
    8.3.5 path_provider 插件 ··· 221
    8.3.6 案例：随手拍的实现 ······································· 226
8.4 实验室安全测试平台的设计与实现 ····························· 238
    8.4.1 GridView 组件 ··· 239

		8.4.2	顶部导航标签组件	243
		8.4.3	sqflite 插件	245
		8.4.4	实验室安全测试平台的实现	251
	8.5	天气预报系统的设计与实现		260
		8.5.1	表单组件	260
		8.5.2	flutter_webview_plugin 插件	263
		8.5.3	http 网络请求	266
		8.5.4	HttpClient	267
		8.5.5	原生 http 请求库	270
		8.5.6	第三方 dio 请求库	273
		8.5.7	案例：天气预报系统的实现	274

参考文献 285

第 1 章 移动应用开发技术

移动应用开发是为智能手机、平板电脑等移动终端设备编写软件的流程和程序的集合。移动应用开发类似 Web 应用开发，起源于传统的软件开发。随着 5G 技术的不断发展和成熟，其在各领域的应用速度不断加快，应用程度也日益深化，同时也为移动应用的开发者们提供了更大的发挥空间。但是移动应用的开发效率和性能已经成为当前开发最关注的问题，高效、跨平台的移动环境软件编程技术也已成为软件开发工程师必须掌握的技术之一。

1.1 概述

移动终端设备上的应用程序分为直接在移动终端设备上运行的本地 Native App、利用移动终端设备 Web 浏览器的 Web App、半原生半 Web 的混合类 App 以及第三方移动中间件服务 App。不管移动终端设备上运行的是哪一类应用程序，通常都是由原生开发技术和跨平台开发技术实现的。

1.1.1 原生开发技术

原生开发技术是指使用某一个移动平台支持的开发工具和语言，并直接调用系统提供的 SDK API 进行的原生应用程序开发技术。例如，Android 原生应用程序是指使用 Java 或 Kotlin 语言直接调用 Android SDK 开发的应用程序；iOS 原生应用程序是指使用 Objective-C 或 Swift 语言直接调用 iOS SDK 开发的应用程序。原生开发的主要特点如下。

① 通过调用系统平台提供的 SDK API 可以包括传感器、摄像头等软、硬件的全部功能。

② 原生应用程序运行速度快、性能高，可实现复杂的图形绘制及动画，用户体验好。

但由于原生开发是基于系统平台实现的，不同平台必须进行不同代码的开发、维护，人力成本高；应用程序的功能相对固定，在大多数情况下，功能的更新需要通过发布新的版本才能实现。随着移动互联网的快速发展，在很多业务场景中，传统的原生开发已经不能满足日益增长的业务需求。例如：

① 应用程序的动态化内容需求增大。传统的原生应用程序只能通过版本升级来更新内容，而升级的版本需要经过上架、审核等烦琐的流程。

② 业务场景中业务需求变化快，导致开发成本变大。原生开发应用程序一般由 Android 和 iOS 平台的两个不同团队维护，增加了应用程序的开发成本和测试成本。

1.1.2 跨平台开发技术

针对原生开发技术的问题，跨平台一直都是移动开发领域追求的终极目标，从最早的 Cordova

到 2015 年的 React Native、2016 年的 Weex 和 2018 年的 Flutter，现在已经有很多跨平台框架技术可以供开发者选用，具体可以分为以下三类。

1 H5＋原生混合开发

H5＋原生混合开发是为了提高 App 的开发效率、节省开发成本而利用原生开发技术与 H5 开发技术进行混合应用的一种混合式开发技术。通俗来讲，它就是网页的模式，通常由"HTML5 云网站＋App 应用客户端"两部分构成。原生代码利用 WebView 插件或者其他框架为 H5 提供容器，程序主要的业务操作、界面展示都是利用与 H5 相关的 Web 技术完成的。如微信小程序、Cordova 和 Ionic。

微信小程序是运行在微信环境中一种应用，只要能够运行微信的地方都能运行微信小程序。它的开发是基于微信小程序框架结构实现的，每个微信小程序的目录结构、整体描述文件和页面描述文件都是由相对固定的格式和语法组成的，其基本架构如图 1.1 所示。

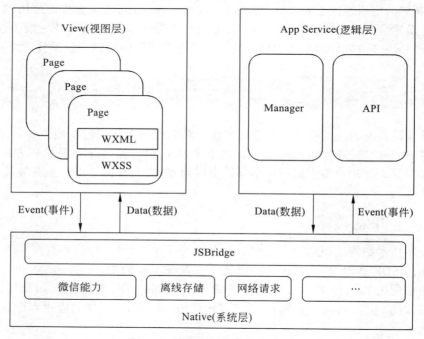

图 1.1　微信小程序的基本架构

Cordova 是 Apache 旗下的一个开源的移动开发框架，其基本架构如图 1.2 所示。它允许开发者用标准的 Web 技术（HTML 5、CSS 3 和 JavaScript）实现跨平台应用程序开发。应用程序在每个平台的具体执行被封装起来，并依靠符合标准的 API 绑定去访问设备中的传感器、摄像头等硬件设备。

Ionic 是一个强大、开源的 HTML 5 应用程序开发框架，其基本架构如图 1.3 所示。它提供了一个包含很多美观界面插件的轻量级 UI 库，让开发者可以轻松地结合 HTML 5、CSS 3 和 JavaScript 等开发技术构建高质量的、接近原生体验的跨平台移动应用程序。

2 JavaScript 开发＋原生渲染

JavaScript 开发＋原生渲染开发框架使用 JavaScript 语言和 CSS 来开发移动应用程序。如快应用、React Native 和 Weex 等。

快应用是由华为、小米、OPPO、vivo、中兴、联想等手机厂商基于硬件平台共同推出的新

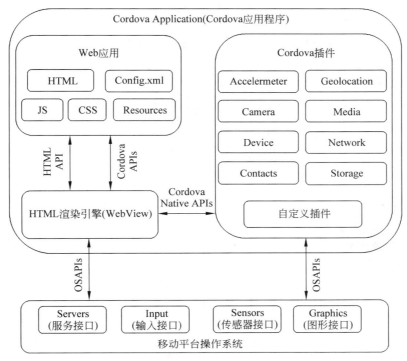

图 1.2　Cordova 的基本架构

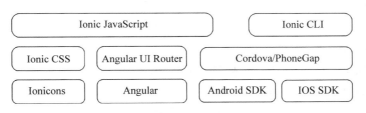

图 1.3　Ionic 的基本架构

型应用生态。它使用前端技术栈开发和原生渲染，同时具备 HTML 5 页面和原生应用的双重优点，无须下载安装，即点即用，用户能获得原生应用的性能体验，其运作流程如图 1.4 所示。

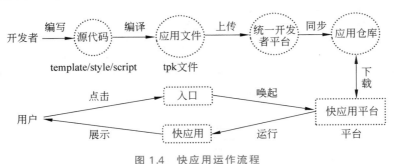

图 1.4　快应用运作流程

React Native 是 Facebook 于 2015 年 4 月实现开源的跨平台移动应用开发框架，其基本架构如图 1.5 所示。它使用 JavaScript 语言，在该开发框架下利用相同的核心代码就可以方便地创建 Web、iOS 和 Android 平台的原生应用。熟悉 Web 前端开发的技术人员只需学习很少的 React Native 框架的内容就可以进入移动应用开发领域。

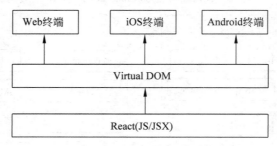

图 1.5　React Native 的基本架构

Weex 是阿里巴巴于 2016 年 4 月宣布实现开源的一套构建高性能、可扩展的原生应用跨平台开发方案,2016 年捐赠给 Apache 基金会孵化,其基本架构如图 1.6 所示。Weex 致力于让开发者能基于通用跨平台的 Web 开发技术构建 Android、iOS 和 Web 应用。

图 1.6　Weex 的基本架构

3　自绘 UI＋原生

自绘 UI＋原生开发框架是通过在不同平台实现一个统一接口的渲染引擎来绘制 UI,而不依赖系统原生控件,如 Qt、Flutter。

Qt 是 1991 年由 Qt 公司开发的基于 C++ 跨平台图形用户界面应用程序开发框架,它支持 Windows、UNIX、Linux、Mac OS 等 PC 端平台,其基本架构如图 1.7 所示。2014 年 4 月,跨平台集成开发环境 Qt Creator 3.1.0 正式发布,实现了全面支持 iOS、Android、Windows Phone 等移动端平台。

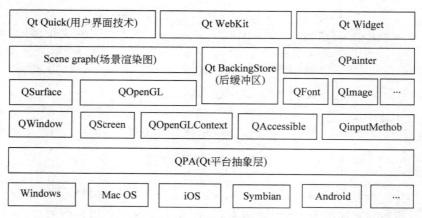

图 1.7　Qt 的基本架构

Flutter 是谷歌推出并开源的用于创建跨平台的高性能的移动应用开发框架,即开发者可以用一套 Dart 语言代码库高效地构建多平台应用。它全面支持移动、Web、桌面和嵌入式平台,本书基于 Flutter 开发框架介绍 iOS 与 Android 平台上的应用程序开发技术。

1.2 Flutter 基本架构与特性

Flutter 是移动应用开发框架,重在实现跨平台、高保真和高性能的特性。开发者在 Flutter 开发框架下可以使用 Dart 语言开发 App,并且一套代码能够同时运行在 iOS、Android 等多个平台上。Flutter 开发框架提供了丰富的组件、接口,以实现应用程序的快捷开发,开发者也可以为 Flutter 添加 native 扩展,并通过 native 引擎渲染视图,为用户提供与原生应用相媲美的良好体验。

1.2.1 基本架构

Flutter 架构的层级比较清晰,每一层都是基于前一层来构建的,主要由 Flutter Engine 和 Flutter Framework 两个结构层组成,如图 1.8 所示。

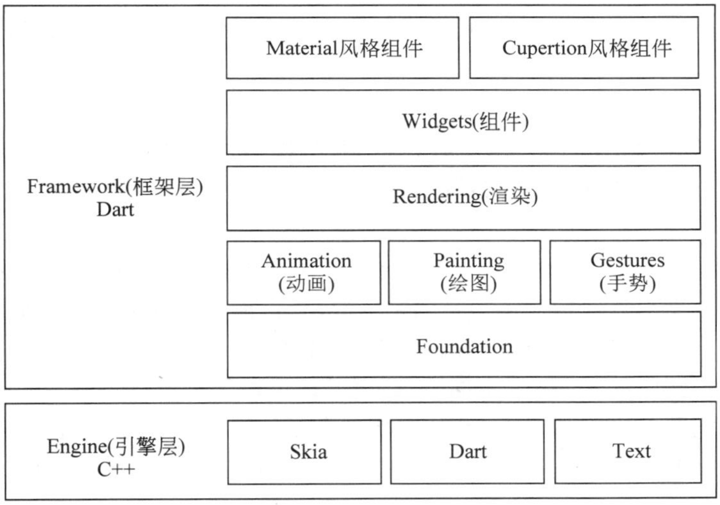

Rec0102_01

图 1.8 Flutter 基本框架结构图

1 Flutter Engine

Engine(引擎层)是一个用 C++ 实现的 SDK(软件开发包),包括 Skia 引擎(图形绘制)、Dart 运行时和 Text 引擎(文字排版)。Skia 是一个开源的二维(2D)图形库,提供了适用于多种软硬件平台的通用 API(应用程序编程接口),支持 Windows 7、Mac OS 10.10.5、iOS 8、Android 4.1、Ubuntu 14.04 等以上版本的操作系统平台。Dart 主要包括 Dart 运行时(Dart Runtime)和垃圾回收器(Garbage Collection),如果在调试(Debug)模式下,还包括 JIT(Just In Time)支持。如果在 Release(发布)模式下,会通过 AOT(Ahead of Time)将 Dart 代码编译为原生的 arm 代码,但并不存在 JIT 部分。Text 主要用于文本渲染,包含用于字体选择和分隔行的 libtxt 库及用于字形选择和成型的 HartBuzz 库。Skia 作为图形渲染的后端,在 Android 和 Fuchsia 平台上使用 FreeType 渲染字体,在 iOS 平台上使用 CoreGraphics 渲染字体。

2 Flutter Framework

Flutter Framework（Flutter框架）是一个用纯Dart语言实现的SDK（Software Development Kit），它实现了一套基础库，可以实现使用Dart语言调用Flutter Engine的强大功能。

（1）Foundation和Animation、Painting、Gestures层。Foundation中定义的大多是非常基础的、提供给其他所有层使用的工具类和方法；Animation是与动画相关的类，提供了丰富的内置插值器；Painting封装了Flutter Engine提供的绘制接口，为绘制组件等固定的样式图形提供更直观、方便的接口；Gestures提供了与手势识别相关的功能，包括触摸事件类定义和多种内置的手势识别器。

（2）Rendering层。它是一个抽象的布局层，依赖于Dart UI层。在运行时，Rendering层会构建一个Widget UI树，当Widget UI树有变化时，会计算出有变化的部分，然后更新它，最终将其绘制到屏幕上。它是Flutter UI框架最核心的部分，既要确定每个UI元素的位置、大小，也要进行坐标变换、绘制。

（3）Widgets层。它是Flutter提供的一套基础组件库，包括基本的文本、图片、容器、输入框和动画等。Flutter项目中通过组合、嵌套不同的组件来构建任意功能、任意复杂度的界面。在基础组件库之上，Flutter还提供了Material（Android风格）和Cupertino（iOS风格）两种视觉风格的组件库。在进行Flutter应用开发的大多数场景中，主要与这两层打交道。

1.2.2 特性

Flutter是一个开源、免费的UI工具包，拥有宽松的开源协议，适合商业项目。同时它的完全开源也让其有了更快的迭代、更好的生态。

1 跨平台

Flutter提供一套高性能、高可靠的用Dart语言实现基础代码的软件开发工具包，开发者通过一套代码库可以高效地构建多平台的精美应用，目前支持移动、Web、桌面和嵌入式平台。针对移动端，Flutter提供了符合Android风格的Material Design和符合iOS风格的Cupertino，同时对不同平台也做了不同兼容，更好地保留了平台的特性。也就是说，开发者编写的一套代码既能够在iOS平台上运行，也能够在Android平台上运行。与其他跨平台框架开发移动应用程序不同，Flutter既不使用WebView，也不使用系统平台的原生控件，而是使用Flutter自身的渲染引擎来绘制Widget，这样既可以保证在Android和iOS平台上UI的一致性，也可以避免依赖原生控件带来的维护成本。

2 高性能

Flutter应用程序采用Dart语言开发，Dart语言在JIT（Just In Time，运行时编译）模式下的速度与JavaScript基本持平，但在AOT（Ahead Of Time，运行前编译）模式下，其运行速度比JavaScript要快得多。另外，Flutter使用自身的渲染引擎来绘制UI，布局数据等都由Dart语言直接控制，所以在布局过程中，不需要在JavaScript和Native之间进行通信，这样在滑动和拖动的场景应用中具有明显的优势。

3 热重载

在Flutter应用程序的开发阶段，开发者只需要按Control＋S（Mac OS平台）或Ctrl＋S（Windows平台）组合键保存当前正在编写的代码，就能直接在设备上更新代码的运行效果。因为Flutter应用程序在调试（Debug）阶段不需要编译，而是直接发送Dart文件的差异包给正连接在开发环境中的设备，更新代码即可。由于没有编译（Compile）过程，所以就不需要打包、安装的过程，这比传统的 Android 应用程序的编译、打包和安装的过程节省了很多时间。

1.3 Flutter 开发环境搭建

Flutter 的集成开发环境（IDE）很多，开发者常用的有谷歌推出的 Android Studio、微软推出的 Visual Studio Code 等。由于 Android Studio 也是由谷歌推出，所以 Flutter 的一些新特性和新的调试支持在 Android Studio 开发环境最先适配，即与 Visual Studio Code 相比，Android Studio 的开发体验和调试支持更加成熟。本书选择 Android Studio 作为开发工具，选择 Android Emulator（Android 平台模拟器）和 iOS Simulator（iOS 平台模拟器）作为运行调试工具介绍 Flutter 项目开发。Flutter 开发环境既可以在 Windows 系统上搭建，也可以在 Mac OS 系统上搭建。Mac OS 系统搭建的开发环境可以同时开发 iOS 平台和 Android 平台上的应用程序，但 Windows 系统上搭建的开发环境只能开发 Android 平台上的应用程序。下面分别介绍在 Windows 系统和 Mac OS 系统下 Flutter 开发环境的搭建步骤。

1.3.1 搭建 Windows 系统下开发环境

1 安装 Android Studio

Flutter 开发环境需要安装 3.0 或更高版本的 Android Studio。打开 https://developer.android.google.cn/studio/index.html 网页，单击 DOWNLOAD ANDROID STUDIO 按钮，下载 android-studio-ide-193.6514223-windows.exe 安装文件。双击安装文件，弹出图 1.9 所示的安装对话框，开始安装 Android Studio；单击 Next 按钮，在图 1.10 所示的对话框中选择要安装的 Android SDK（Android 软件开发包，默认选中）和 Android Virtual Device（Android 模拟设备，默认选中），在同意安装协议后选择 Android Studio 的安装目录，单击 Next 按钮，直至安装完毕。

Rec0103_01

图 1.9　安装 Android Studio

第一次启动 Android Studio，需要等待一段时间下载最新版本的 Android SDK，默认保存在 C:\Users\Auser\AppData\Local\Android\Sdk 位置。启动完毕后弹出图 1.11 所示启动界

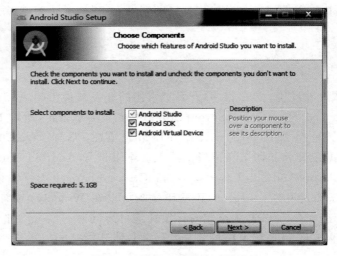

图1.10 选择安装组件对话框

图1.11 Android Studio 启动界面

面,单击右下方的 Configure 按钮后弹出图 1.12 所示的下拉菜单,选择 SDK Manager 进入图 1.13 所示的 Default Settings 对话框。在默认状态下,Android SDK Location 设置值为第一次启动 Android Studio 时下载的 SDK 存放位置,也可以单击 Edit 修改 Android SDK 的存放位置,本示例修改后指向安装 Android Studio 时的目标位置 F:\android_development\sdk。

2 创建 Android 模拟器

进行 Android 平台应用开发时,需要调试程序代码和运行程序来展现运行效果,而要运行应用程序,通常需要一个 Android 平台的设备。为了方便开发人员进行开发、调试和仿真,谷歌为

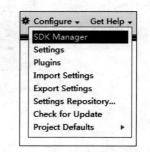

图1.12 Configure 下拉菜单

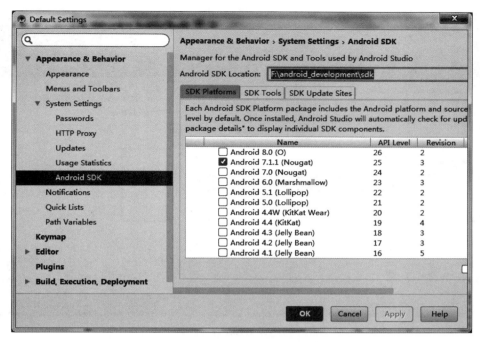

图 1.13　Default Settings 对话框

开发者提供了 Android 平台模拟器，这样在没有实际设备的情况下也能实现 Android 应用的开发、调试和运行。

安装完 Android Studio 后，启动 Android Studio，单击图 1.14 所示的开发环境工具栏中的 AVD Manager 工具按钮，在弹出的图 1.15 所示对话框中单击 Create Virtual Device…按钮，弹出图 1.16 所示的对话框，在其中选择模拟器类别、屏幕大小和分辨率等；继续单击 Next 按钮，选择对应的 Android Target 后单击 Next 按钮，弹出图 1.17 所示的对话框，其中的项目内容如下：

图 1.14　Android Studio 集成开发环境的菜单栏和工具栏

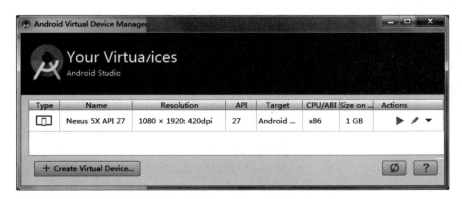

图 1.15　AVD Manager 对话框

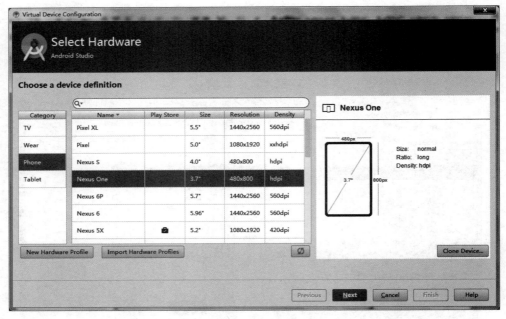

图 1.16 创建 Android 模拟器对话框(1)

图 1.17 创建 Android 模拟器对话框(2)

(1) AVD Name：自定义模拟器名。

(2) Startup orientation：模拟器横屏、竖屏选择。
(3) RAM：模拟器内存设置。
(4) SD Card：模拟器 SD 卡的设置。

设置完成后，单击 Finish 按钮即可完成模拟器的创建。然后单击图 1.15 对话框中 Actions 列的"▶"按钮，运行模拟器，运行效果如图 1.19 所示。

图 1.18　Android 模拟器运行效果

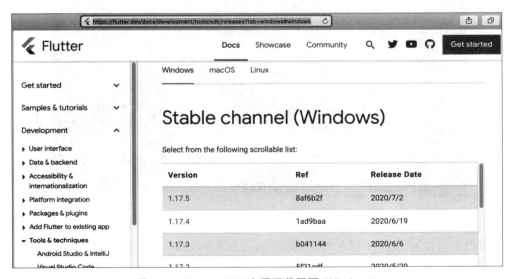

图 1.19　Flutter SDK 官网下载页面（Windows）

3　获取 Flutter SDK 安装包

登录 https://flutter.dev/docs/development/tools/sdk/releases#windows 网站，如

图 1.19 所示。单击 Stable channel（Windows）稳定版中发布的最新版本 SDK，开始下载 Flutter SDK 安装包，下载完成后将其解压，解压后的文件夹如图 1.20 所示。

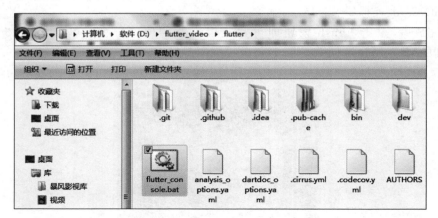

图 1.20　Flutter SDK 解压后的文件夹

④　设置环境变量

解压下载完成的 Flutter SDK 安装包后，在 Flutter SDK 安装包的解压目标文件夹（图 1.20 中的 D:\flutter_video）的 flutter 文件夹下找到 flutter_console.bat（图 1.20 中的文件夹为 d:\flutter_video\flutter），双击运行 flutter_console.bat 文件，即可打开图 1.21 所示的 flutter 命令行窗口，在其中输入相应的 flutter 命令，即可执行相关的操作。

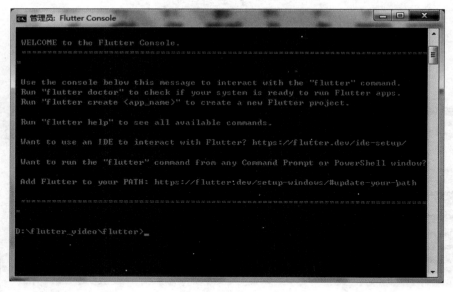

图 1.21　Flutter 命令行窗口

也可以通过设置环境变量实现在 Windows 命令行窗口直接运行 flutter 命令。即打开图 1.22 所示的环境变量设置窗口，在 PATH 环境变量中添加 flutter 命令所在的文件夹路径（本示例的文件夹路径为 D:\flutter_video\flutter\bin）后，就可以在 Windows 命令行窗口直接运行 flutter 命令，如图 1.23 所示。

⑤　检查环境依赖

在 Windows 命令行窗口输入 flutter doctor 命令，运行该命令，检查 Windows 系统下开发

图 1.22 设置 PATH 环境变量

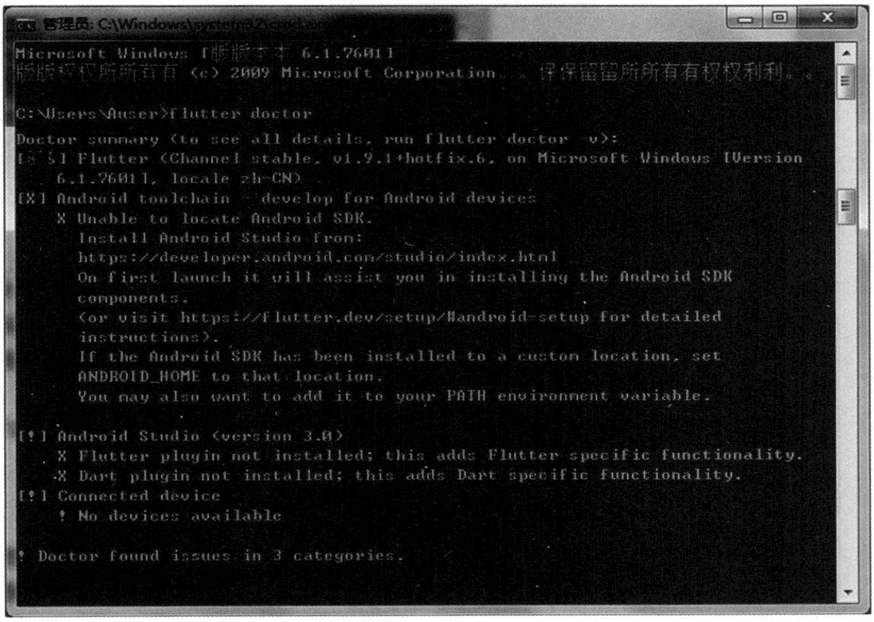

图 1.23 Windows 命令行窗口运行 flutter doctor 命令效果

环境是否有未安装的依赖,即获取可能需要安装的其他软件或进一步需要执行的任务。例如,在图 1.23 所示的显示报告中,X 标记的选项表示环境依赖没有安装完善,还需要进行必要的处理。其中 Flutter plugin not installed 表示 Flutter 开发插件没有安装。

6 安装 Flutter 插件和 Dart 插件

Flutter 插件支持 Flutter 项目开发工作流程,如运行、调试和热重载等;Dart 插件提供代码分析相关功能,如键入代码验证、代码补全等。启动 Android Studio 后,在图 1.14 所示的菜单栏中依次选择 File→Settings→Plugins 命令,打开图 1.24 所示的插件首选项对话框,在搜索框中输入 flutter 后,选择 Flutter 插件并单击 Install 按钮,开始下载、安装 Flutter 插件。Dart 插件的安装方法类似,这里不再赘述。至此,Windows 系统下 Flutter 项目开发环境搭建完成。然后在图 1.14 所示的菜单栏中依次选择 File→New→New Flutter Project…命令,在弹出的对话框中选择 Flutter Application 选项,并按照提示向导在对应位置输入相应的内容,选择对应的命令按钮,即可创建 Flutter 应用程序。

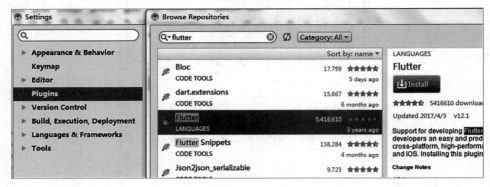

图 1.24　安装 Flutter 插件对话框

1.3.2　搭建 Mac OS 系统下的开发环境

Rec0103_02

1　安装 Android Studio

打开 https://developer.android.google.cn/studio/index.html 网页,单击 DOWNLOAD ANDROID STUDIO 按钮,下载 android-studio-ide-191.6010548-mac.dmg 安装文件。双击安装文件,弹出图 1.25 所示的检测验证对话框,检测验证完毕后,弹出图 1.26 所示的安装对话框,在该对话框中拖动 Android Studio 图标到 Applications 图标,即可完成 Mac OS 系统下 Android Studio 的安装。

图 1.25　在 Mac OS 系统下安装 Android Studio(1)

2　配置 Android Studio

Android Studio 第一次运行时会弹出 Install Type 对话框,在该对话框中选择 Custom 选项(其他选择默认选项)后弹出图 1.27 所示的 SDK 组件配置选项对话框,在该对话框中选择

图 1.26　在 Mac OS 系统下安装 Android Studio（2）

Android SDK 的安装位置及需要下载安装的组件（建议全部选中），然后单击 next 按钮，开始下载安装 Android SDK（软件开发包），Android SDK Platform（Android SDK 平台版本），Performance(Intel© HAXM)（硬件辅助虚拟引擎，用于硬件加速）和 Android Virtual Device（Android 虚拟设备，用于程序调试的模拟器）。

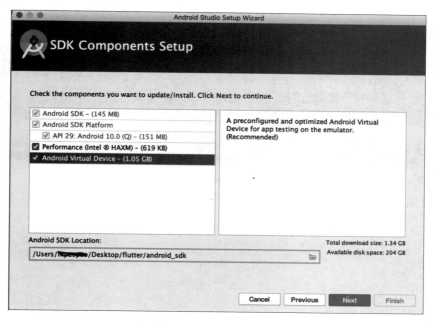

图 1.27　配置 SDK 组件

如果需要单独配置 Android Studio，在 Android Studio 启动后单击 Tools 菜单下的 SDK Manager 命令，在图 1.28 所示的 Preferences for New Projects 对话框中配置相应参数即可。

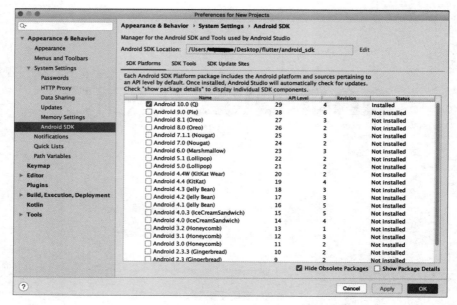

图 1.28　Preferences for New Projects 对话框

3　创建 Android 模拟器

单击 Android Studio 开发环境菜单栏 Tools 菜单下的 Android Virtual Device Manager 命令，弹出图 1.29 所示对话框。单击左下方的 Create Virtual Device… 按钮，然后按照 Windows 系统下的创建和运行步骤完成 Android 模拟器的创建和运行过程。Android 模拟器的运行效果如图 1.30 所示。

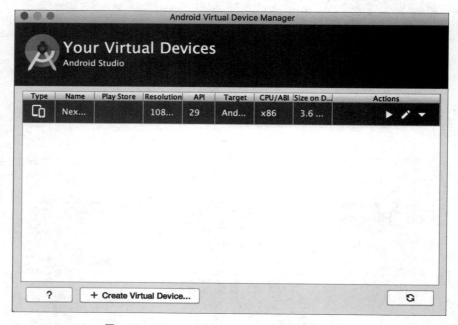

图 1.29　Android Virtual Device Manager 对话框

如果当前环境下创建了 iOS 模拟器，则需要在 Android Studio 启动完毕后选择图 1.31 所示的 Open Android Emulator 选项，启动 Android 模拟器。

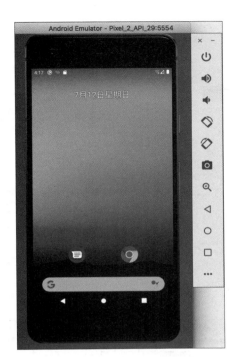

图 1.30　Android 模拟器运行效果

图 1.31　模拟器选项

4 获取 Flutter SDK 安装包

登录 https://flutter.dev/docs/development/tools/sdk/releases#macos 网站，单击页面上的 Stable channel(MAC OS)稳定版中发布的最新版本 SDK，开始下载 Flutter SDK 安装包，下载完成后将其解压到一个文件夹中即可，该文件夹既可以由开发者指定，也可以直接解压到默认位置。

5 安装 Dart 插件和 Flutter 插件

运行 Android Studio 开发环境，单击 Android Studio 菜单下的 Preference…命令，打开图 1.32 所示的 Preference 对话框，在右侧的"搜索"输入框中输入 dart，并单击 install 按钮开始安装 Dart 插件。在对话框右侧的"搜索"输入框中输入 flutter，并单击 install 按钮开始安装 Flutter 插件。

6 设置环境变量

打开 Mac OS 系统的终端命令行窗口，在命令行中输入 vim ~/.bash_profile 命令后就可以打开图 1.33 所示的 vim 编辑器，在编辑器中输入代码设置环境变量。"vim"表示打开 Mac OS 系统自带的 vim 编辑器；"~"表示当前登录用户目录；".bash_profile"表示系统配置文件名。使用 vim 编辑器编辑和保存系统配置文件".bash_profile"的步骤如下。

打开 vim 编辑器后，按下 i 键后在.bash_profile 文件中输入图 1.34 所示内容，i 键表示在

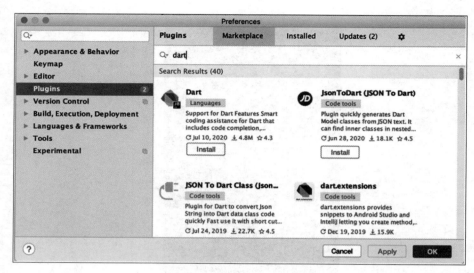

图 1.32　Preference 对话框

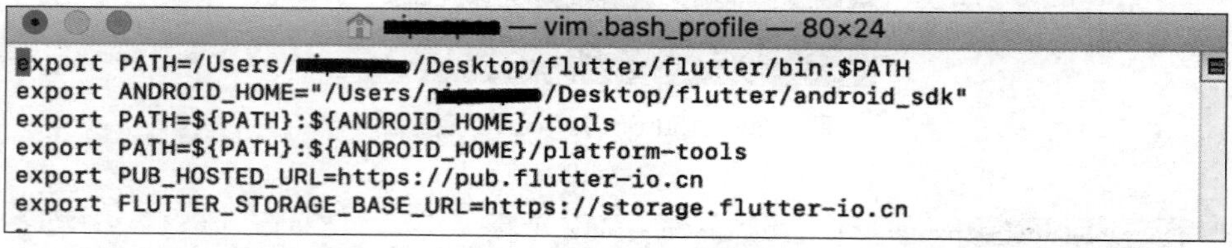

图 1.33　.bash_profile 配置文件内容

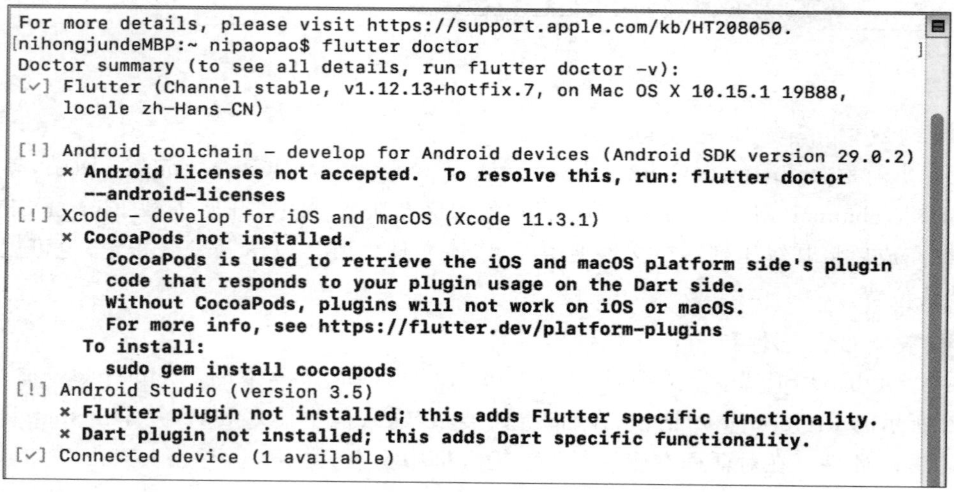

图 1.34　环境依赖信息

编辑器中插入内容；输入完毕后，按下 Esc 键即可结束内容输入，并跳到命令模式；然后在编辑器窗口的最下方出现:提示符，在:提示符后输入 wq 命令，保存.bash_profile 文件内容，并退出 vi 编辑环境；最后在终端命令行窗口输入 source ~/.bash_profile 命令，让输入的文件内容生效，也就是让设置的环境变量生效。

图 1.34 第 1 行代码用于定义 Flutter 环境变量（此处将 Flutter SDK 安装包解压在桌面的

flutter 目录中);第 2~4 行代码用于定义 Android SDK 开发环境变量(此处 Android SDK 存放在桌面的 flutter/android_sdk 目录中);第 5~6 行代码用于定义 Flutter 官方为中国开发者搭建临时镜像的环境,此临时镜像并不能保证一直可以使用,读者在配置环境变量时可以参考 https://flutter.io/community/china 页面上的内容,以便获得最新的镜像服务器地址。

7 检查环境依赖

在"终端"命令行窗口输入 flutter doctor 命令,弹出图 1.34 所示的环境依赖信息,然后根据提示信息下载、安装 Flutter 开发环境所缺失的依赖软件包。

8 安装 Xcode

要为 iOS 开发 Flutter 应用程序,需要 9.0 或更高版本的 Xcode。首先需要登录 https://developer.apple.com/xcode 网站或苹果应用商店下载 Xcode 安装包,下面以登录苹果商店为例介绍 Xcode 的安装过程。

从 Finder 启动苹果商店(App Store)后弹出图 1.35 所示的对话框,在左侧的"搜索"输入框中输入 Xcode,Xcode 软件开发工具图标即显示在图 1.35 右侧的对话框中,单击 Xcode 软件开发工具图标右侧的"获取"按钮,开始下载 Xcode 软件开发工具安装包。下载完成后图 1.35 右侧的"获取"按钮自动变为"打开"按钮,单击"打开"按钮,弹出图 1.36 所示的 Xcode 软件开发工具安装对话框,并开始安装 Xcode 软件开发工具,直到安装结束。

图 1.35 Xcode 下载对话框

图 1.36 Xcode 安装对话框

9 授权许可

在"终端"窗口命令行输入 flutter doctor --android-licenses 命令,授权 android licenses(在弹出的交互处输入"y"表示同意授权)。在"终端"窗口命令行输入 sudo xcodebuild-license 命令授权 Xcode。

10 启动 iOS 模拟器

打开 Android Studio 开发环境,单击图 1.31 下拉菜单中的 open iOS Simulator 命令,即可启动 iOS 模拟器,iOS 模拟器(iPhone)的运行效果如图 1.37 所示。

图 1.37 iOS 模拟器(iPhone)

第 2 章　Flutter 项目结构

创建 Flutter 项目时，可以选择 Flutter Application、Flutter Module、Flutter Plugin 或 Flutter Package 四种工程类型。Flutter Application 用于创建标准的 Flutter 应用程序工程项目；Flutter Module 用于创建可以混编到已有的 Android 和 iOS 工程内的 Flutter 模块；Flutter Plugin 用于创建 Flutter 插件工程；Flutter Package 用于创建一个定义公共 Widget 的纯 Dart 插件工程。本章结合 Android Studio 环境下新建的第一个 Flutter 项目，详细介绍 Flutter Application 的目录结构及文件组成。

2.1　项目结构

2.1.1　第一个 Flutter 项目

1　创建 Flutter 项目

搭建完 Flutter 项目开发环境后，第一次启动 Android Studio 时，弹出图 2.1 所示的 Welcome to Android Studio 启动对话框，单击 Start a new Flutter project 选项，弹出图 2.2 所示的创建新 Flutter 项目对话框，选择 Flutter Application 选项后开始创建一个

Rec0201_01

图 2.1　Welcome to Android Studio 启动对话框

新的 Flutter 项目。单击 Next 按钮，弹出图 2.3 所示的 Flutter 项目相关信息对话框，在对话框中输入 Flutter 项目的项目名称、存放位置和描述信息（Flutter SDK 存放目录一般使用默认

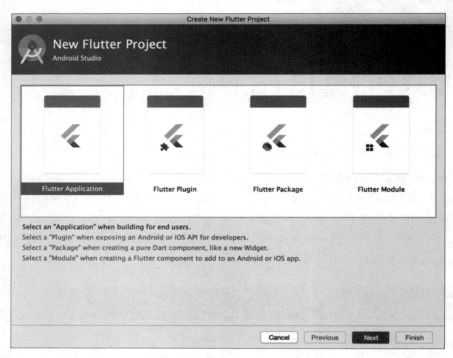

图 2.2　创建新 Flutter 项目对话框

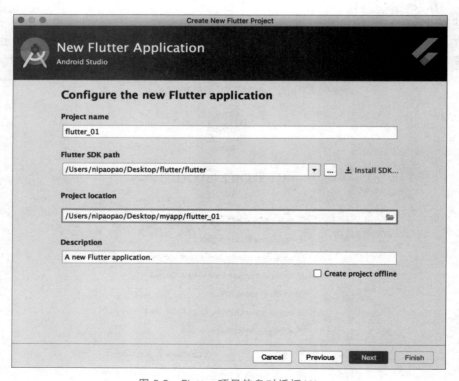

图 2.3　Flutter 项目信息对话框（1）

值)。单击 Next 按钮,弹出图 2.4 所示的 Flutter 项目相关信息对话框,输入公司域名和项目包名,单击 Finish 按钮完成 Flutter 项目创建。

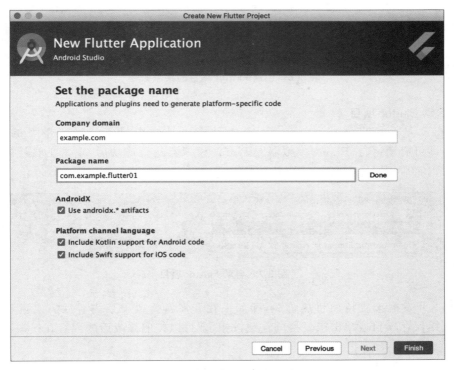

图 2.4　Flutter 项目信息对话框(2)

上述步骤创建一个项目名为 flutter01 的 Flutter 项目,该项目包含一个使用 Material 组件的简单演示应用程序,其目录结构和应用程序的 main.dart 代码窗口如图 2.5 所示。

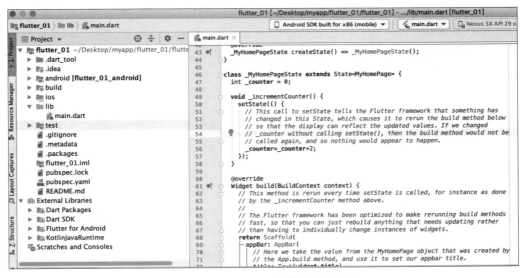

图 2.5　Flutter 项目目录结构和代码窗口

当然,在 Android Studio 启动完毕的开发环境窗口,同样可以选择图 2.6 所示的菜单命令创建 Flutter 项目。

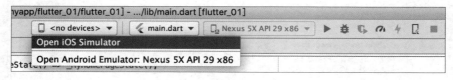

图 2.6 创建 Flutter 项目的菜单命令

2 启动 Flutter 项目

单击图 2.7 所示的 Android Studio 开发环境工具栏中设备选项菜单下的 Open iOS Simulator 即可启动运行 iPhone 模拟器。iPhone 模拟器运行成功后，单击工具栏的启动项目按钮，就可以将应用程序运行在 iOS 平台上。

图 2.7 启动 Flutter 项目

Flutter 开发框架支持项目热重载，即如果在开发者修改项目内容后需要重新运行该项目，只要直接保存项目或单击工具栏的重载按钮，就可以按照修改后的内容在模拟器中运行该项目。

由于 Flutter 框架只是一个跨平台的应用程序开发方案，而应用程序最终装载并运行到 Android 或 iOS 平台上，必须要有一个容器，所以 Flutter 工程实际上就是一个同时内嵌了 Android 和 iOS 原生子工程的父工程。在一般情况下，只要在 lib 目录下编写 Flutter 代码，就可以实现应用程序的开发，但某些特殊场景下的原生功能可能还不能由 Flutter 代码完全实现，那就需要开发者首先在对应的 Android 或 iOS 子工程中提供相应的功能代码，然后由对应的 Flutter 代码来引用。

2.1.2 目录结构

搭建好开发环境后，就可以创建 Flutter 项目，创建完成的项目会默认生成一些目录和文件，下面以 Android Studio 环境下默认生成的计数器项目为例介绍 Flutter 项目目录结构中的主要目录和配置文件功能。计数器的运行效果如图 2.8 所示，目录结构如图 2.9 所示。

（1）.dart_tool：存放用于记录 dart 工具库所在位置及信息的 package_config.json 文件和一些 dart 编译文件。

（2）.idea：存放 IDE 生成的一些临时配置文件，可以随时删除，但编译后会重新生成。

（3）android：存放 Flutter 与 Android 原生交互的一些代码，该目录下的文件和创建单独的 Android 项目基本一样，但该目录下的代码配置与单独创建的 Android 项目有些区别。

（4）build：存放运行项目时生成的编译文件，即 Android 平台和 iOS 平台的应用程序安装包。

（5）ios：存放 Flutter 与 iOS 原生交互的一些代码。

（6）lib：存放由 Dart 语言编写的代码，也是 Flutter 项目的核心代码。配置好 Android 和 iOS 的运行环境后，就可以将 Dart 代码运行到对应的设备或模拟器上，图 2.8 就是运行图 2.9

所示的 lib 目录下的 main.dart 文件的效果。在该目录下可以创建不同的子目录,用于存放不同的 Dart 代码文件,实现对应的子功能模块。

图 2.8 计数器运行效果

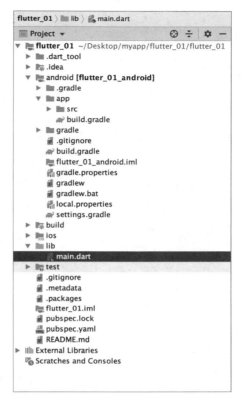

图 2.9 计数器项目目录结构

(7) test:存放项目的测试代码文件。
(8) pubspec.yaml:用于管理第三方依赖库及资源的配置文件,比如配置远程 pub 仓库的依赖库,或者指定本地资源(如图片、字体、音频、视频等)。

2.2 工程架构

2.2.1 工程项目主要文件

1 默认入口文件

每一个 Flutter 项目都有一个 lib 目录,创建项目时,该目录下会默认添加一个 main.dart 文件,该文件是 Flutter 项目的默认入口文件,文件中的 main()方法是 Dart 语言运行时的入口方法,该方法中调用的 runApp()方法是 Flutter 项目的入口方法。例如,默认创建的计数器项目的 main.dart 文件代码如下。

```
1  import 'package:flutter/material.dart';
2  void main() => runApp(MyApp());
3  class MyApp extends StatelessWidget {
```

```
4    @override
5    Widget build(BuildContext context) {
6      return MaterialApp(
7        title: 'Flutter Demo',                        //任务管理窗口中显示的应用程序标题
8        theme: ThemeData (                            //各种 UI 使用的主题颜色
9          primarySwatch: Colors.blue,                 //任务管理窗口中显示的主要颜色值
10       ),
11       home: MyHomePage(title: 'Flutter Demo Home Page'),//应用程序默认显示的 Widget
12     );
13   }
14 }
15 class MyHomePage extends StatefulWidget {
16   MyHomePage({Key key, this.title}) : super(key: key);
17   final String title;
18   @override
19   _MyHomePageState createState() => _MyHomePageState();
20 }
21 class _MyHomePageState extends State<MyHomePage>{
22   int _counter =0;
23   void _incrementCounter() {                         //自定义方法
24     setState(() {
25       _counter= _counter+1;
26     });
27   }
28   @override
29   Widget build(BuildContext context) {
30     return Scaffold(
31       appBar: AppBar(
32         title: Text(widget.title),                    //应用程序导航栏显示的标题
33       ),
34       body: Center(                                   //应用程序主体显示的 Widget
35         child: Column(
36           mainAxisAlignment: MainAxisAlignment.center,
37           children: <Widget>[
38             Text(
39               'You have pushed the button this many times:',
40             ),
41             Text(
42               '$_counter',                            //引用_counter 变量值
43               style: Theme.of(context).textTheme.display1,  //内容显示样式
44             ),
45           ],
46         ),
47       ),
48       floatingActionButton: FloatingActionButton(            //右下角 Button
49         onPressed: _incrementCounter,                 //单击 Button 时调用的方法
50         tooltip: 'Increment',                         //单击 Button 时显示的内容
```

```
51              child: Icon(Icons.add),                    //Button 上的图标
52          ),
53      );
54   }
55 }
```

Flutter 应用程序以 Widget 为基本单元。main.dart 文件中包含三个类和一个 main()方法，main()用于执行 Flutter Widget 库中定义的一个运行应用程序的 runApp()方法，runApp()方法的参数为应用程序的根 Widget。

上述第 1 行代码导入了 Material UI 组件库。Material 是谷歌开发的一种移动端和 Web 端的标准视觉设计语言，Flutter 开发框架默认提供了一套丰富的 Material 风格的 UI 组件。

第 2 行代码的"=>"是 Dart 语言的一种写法，其中 main()方法是 Dart 的入口方法，而 runApp()方法是 Flutter 的入口方法；runApp()方法中的 MyApp()参数是一个继承自 StatelessWidget 的自定义组件实例。

第 3～14 行代码自定义一个 MyApp 类，该类继承自 StatelessWidget 类。StatelessWidget 类继承自 Widget，它是无状态的 Widget。无状态的 Widget 只需要实现 build()方法即可，该方法返回当前应用程序的 UI 树形结构。MyApp 的 build()方法返回的 Widget 是应用程序的入口。从第 6 行代码开始可以看出应用程序的入口是 MaterialApp Widget，并分别设置应用程序的 title(任务管理窗口中显示的应用程序标题)、theme(UI 使用的主题颜色)和 home(应用程序默认显示的 Widget，此例为实例化的 MyHomePage 类对象)。

第 15～20 行代码自定义一个 MyHomePage 类，该类继承自 StatefulWidget 类。StatefulWidget 类继承自 Widget，它是可变状态的 Widget，可变状态的 Widget 需要实现 createState()方法，并返回可变状态的 Widget 对象。可变状态的 Widget 需要使用 setState()方法管理 Widget 状态的改变，也就是调用 setState()方法通知 Flutter 开发框架。若某个状态发生了变化，Flutter 要重新运行 build()方法，以便应用程序可以应用最新状态。关于 statelessWidget 和 statefulWidget 的功能和区别，本书的第 6 章会详细介绍。

第 21～55 行代码自定义一个继承于 State 的 _MyHomePageState 类，使用泛型 MyHomePage 说明该 State 对象代表 MyHomePage 类对象的状态。_MyHomePageState 也需要实现 build()方法，并返回一个 Widget，此处返回了一个 Scaffold 类型的对象。Scaffold 是 Material Design 布局结构的基本实现。上述第 31～33 行代码的 AppBar 属性用于设置应用程序页面顶部的导航栏(AppBar)，AppBar 对象的 title 属性值为一个 Text 组件对象，Text 组件对象的参数值为 widget.title，该 widget 为 State 中泛型所代表的 MyHomePage 对象。第 34～47 行代码的 body 属性用于设置应用程序页面所显示主要内容的 widget，其中第 38～40 行代码用 Text 组件显示一个字符串，第 41～44 行代码用 Text 组件显示 FloatingActionButton 被单击的次数。为了让 Text 组件显示在页面的中央，使用了一个 Center 布局组件。其中第 48～52 行代码的 floatingActionButton 属性用于定义一个 FloatingActionButton 按钮对象，并用 FloatingActionButton 按钮的 child 属性值设置在按钮上显示加号(+)图标；用 onPressed 属性设置当该按钮被单击时调用 _incrementCounter()方法。

需要进一步强调的是，在 _MyHomePageState 类中定义了一个代表 MyHomePage 对象当前状态的 _counter，_counter 用来表示当前页面上的 FloatingActionButton 按钮被单击的次数。当 FloatingActionButton 按钮被单击时，调用 _incrementCounter()方法，并由该方法中的

setState()方法来更新_counter的值。setState()方法的参数为一个回调接口,当setState()方法执行的时候,会调用回调接口参数,然后通知Flutter框架当前Widget的状态发生了变化,需要重新更新UI。如果不调用setState()方法而直接修改_counter的值,则UI不会更新。也就是说,计数器项目的执行流程如下。

(1) 单击页面右下角的FloatingActionButton按钮后会调用_incrementCounter()方法。

(2) 执行_incrementCounter()方法,将_counter计数器的值加1(即状态发生改变),setState()方法通知Flutter框架状态发生变化。

(3) Flutter框架调用build()方法,并用新的状态(_counter加1后的值)重新构建UI,并最终显示在设备屏幕上。

2 配置文件

Flutter项目根目录下的pubspec.yaml文件是项目的配置文件。虽然Flutter项目中的android/gradle目录下有build.gradle配置文件,但只有在添加平台相关所需的依赖关系时才使用这些文件,在声明用于Flutter的外部依赖项时需要使用pubspec.yaml配置。例如,典型的配置文件代码如下。

```
1   name: flutter_01
2   description: A new Flutter application.
3   version: 1.0.0+1
4   environment:
5     sdk: ">=2.1.0 <3.0.0"
6   dependencies:
7     flutter:
8       sdk: flutter
9     cupertino_icons: ^0.1.2
10  dev_dependencies:
11    flutter_test:
12      sdk: flutter
13  flutter:
14    uses-material-design: true
15    assets:
16       - images/park.jpg
17       - images/lake.jpg
18       - images/touxiang.jpg
19    fonts:
20      - family: Schyler
21        fonts:
22         - asset: fonts/Schyler-Regular.ttf
23         - asset: fonts/Schyler-Italic.ttf
24           style: italic
25      - family: Trajan Pro
26        fonts:
27         - asset: fonts/TrajanPro.ttf
28         - asset: fonts/TrajanPro_Bold.ttf
29           weight: 700
```

上述第 1 行代码的 name 很重要，如果修改了 name 的值，则项目中所有 Dart 源文件中的 import 代码中引用的本地文件包名都需要作相应的修改。第 3 行代码定义应用程序的版本号和构建版本号，版本号由三个以点分隔的数字组成，"+"后面的是构建版本号（可选），版本号和构建版本号都可以被覆写；第 4~5 行代码指定 Flutter SDK 的版本号（版本大于或等于 2.1.0 并且小于 3.0.0）；第 6~9 行代码设置依赖库，其中第 9 行代码表示添加的 iOS 样式图标依赖库 cupertino_icons，"^"表示适配和当前大版本一致的版本，"~"表示适配和当前小版本一致的版本；第 10~12 行代码设置测试环境依赖库。

第 13~29 行代码用于指定 Flutter 项目的设计风格、资源和字体等。其中第 14 行代码设置项目中可以使用的 Material Icons 和字体，第 15~18 行代码设置项目中可以使用的资源文件，第 19~29 行代码设置项目中可以使用的字体。

2.2.2 Flutter 项目调试

调试工具在开发项目时必不可少，开发者掌握调试工具使用方法后，可以查看 log 日志、排查错误，看内存占用情况等。在 Android Studio 开发环境下对 Flutter 项目的调试主要用到 Flutter Outline、Flutter Inspector、Flutter Performance 和 log 控制台。

1 Flutter Outline

在实际开发中，大多数情况下需要不断翻阅代码查看 Widget 之间的嵌套情况，用这种方式一般难以理解代码的结构。在 Android Studio 开发环境下的 Flutter Outline 工具默认在 IDE 的最右侧，单击 IDE 窗口右侧的 Flutter Outline，弹出图 2.10 所示的窗口，从窗口中可以清楚地看到所有 Widget 在页面中的排列情况和嵌套情况。

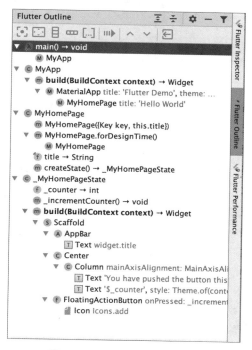

图 2.10　Flutter Outline 窗口

Flutter Outline 工具提供的 Wrap With Center、Padding、Column、Row、Container 等菜单

命令可以快速地为选中的Widget对象分别设置Center、Padding、Column、Row、Container布局；它的Extract Method、Widget等命令也可以快速地为选中的Widget对象创建一个单独的方法或Widget类，用于实例化Widget对象，从而方便代码重用。

2 Flutter Inspector

Flutter Inspector用于可视化和浏览Flutter项目中包含的Widget树，方便理解现有的布局和诊断布局问题。单击IDE窗口右侧的Flutter Inspector，弹出图2.11所示的窗口，在窗口中可以单击Widget控件树查看对应的布局，也可以跳到对应的源码（Source code）位置，方便快速修改代码。

3 Flutter Performance

Flutter Performance用于检测当前应用程序的帧渲染时间、内存使用情况等信息。打开Android Studio集成开发环境，依次选择Android Studio→Preferences→Language & Frameworks→Flutter命令，打开Performances窗口，在窗口中选中Open Flutter Inspector view on app launch选项；然后运行应用程序，单击右侧的Flutter Performance就可以弹出图2.12所示的窗口，窗口中显示当前UI帧率和GPU帧率的波图。

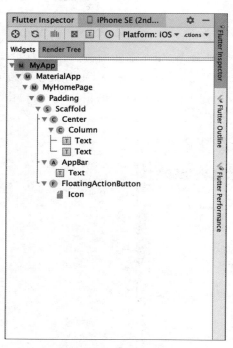

图2.11 Flutter Inspector窗口

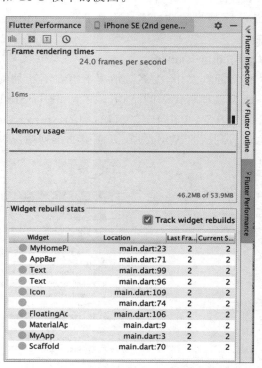

图2.12 Flutter Performance窗口

4 Logcat

由于在Android Studio环境下运行Flutter项目时默认没有Logcat视窗，所以各种日志信息级别的过滤、关键字的过滤功能都没有办法使用。为了方便开发者调试正在编写的应用程序，在Android Studio集成开发环境中打开Project Structure窗口，并切换到Facets标签，然后在当前工程下添加一个Android架构，重新启动Android Studio后Logcat视图就会显示出来。

第3章 Dart程序设计基础

随着Flutter开发框架的推出，跨平台开发框架开辟了一种全新的思路，它包括UI组件、渲染逻辑和开发语言。渲染引擎依靠跨平台的Skia图形库来实现，依赖系统的只有与图形绘制相关的接口，可以最大程度上保证不同平台、不同设备体验的一致性，逻辑处理使用支持AOT（Ahead-Of-Time，预先编译）的Dart语言，执行效率也比其他跨平台开发框架采用的JavaScript高很多。

3.1 Dart语言概述

Dart语言是由谷歌公司开发并于2011年10月10日在丹麦的"goto"大会上发布的一种网络编程语言。它与JavaScript一样，也可以用于编写网页脚本，或被用于Web、服务器、移动应用和物联网等领域的开发。

3.1.1 发展

2013年11月14日，Dart 1.0版本发布；ECMA（European Computer Manufacturers Association，欧洲计算机制造商协会）在2014年7月的第107届大会上批准了Dart语言规范第1版，并于2014年12月批准了第2版。

Rec0301_01

2015年5月的Dart开发者峰会发布了基于Dart语言的移动应用程序开发框架Sky，即Flutter。2018年8月8日发布了Dart 2.0版本，Dart语言成为强类型语言。

Dart 1.0版本发布的同时推出了相关开源工具箱和配套的编辑器，而Dart 2.0稳定版重写了Dart Web Platform，并提供了一套高性能、可扩展的生产力工具。

2018年12月4日，谷歌公司发布了Flutter 1.0版本，并宣布Flutter是一个采用Dart语言作为其底层语言的开源移动应用开发框架，具有一套代码多平台运行、高性能和Hot Reload（热重载）的特点。

3.1.2 特点

作为人机交互的重要工具，计算机语言促进了计算机的更新与发展。它的发展历程经历了机器语言、汇编语言和高级语言等不同的时期，每个时期都会有不同的计算机语言产生，每一种语言也有其各自不同的特性。当前，Dart语言作为一个优秀而年轻的现代计算机语言，其得以立足的库、框架和应用程序等"生态"都逐渐成熟。近年来，随着Flutter的推动，Dart SDK更新迭代的速度也快了很多，开发者的数量也急剧增长，其价值也真正开始体现，主要体现在以下五个方面。

(1) Dart 语言支持 JIT 与 AOT。它是少数同时支持 JIT(Just In Time,即时编译)和 AOT(Ahead of Time,运行前编译)的语言之一,这使得 Dart 语言具有运行速度快、执行性能好的特点。

(2) Dart 语言采用单线程模型。它不存在资源竞争和状态同步的问题,使用 Dart 语言提供的 async、await 异步工具可以实现异步操作。

(3) Dart 语言中一切皆为对象。所有的对象都是一个类的实例,所有的类也都直接或间接继承于 Object 类。

(4) Dart 语言是强类型编程语言,一旦确定了变量的类型,就不可以改变变量的类型。但是 Dart 语言允许弱类型语言式的编程,也就是变量的类型并不一定要在使用前声明。

(5) Dart 语言集合了各种计算机语言的优点,非常容易学习,并具有静态和动态语言用户都熟悉的特性,编程人员可以以极低的成本快速上手。

3.2 基本语法

3.2.1 变量和常量

1 变量

变量来源于数学,是计算机语言中能存放计算结果或能表示值的标识符。变量既可以通过变量名(标识符)获取变量的值,也可以通过变量名(标识符)给变量赋值。在 Dart 语言中,可以使用 var、Object、dynamic 关键字或数据类型显式地声明变量。变量名的命名规则如下:

- 变量名称必须由数字、字母、下画线或 $ 组成。
- 变量名开头不能是数字。
- 变量名不能是保留字或关键字。
- 变量名区分大小写。

(1) var 声明变量。

用 var 声明变量时,可以直接给变量指定初始值。例如,直接给变量 name 指定初始值的代码如下:

```
1  var name ="nipaopao";
```

上述代码表示创建一个名称为 name 的变量,并将该变量的值初始化为 nipaopao。用这种方式定义后,name 变量指定为字符串类型(String),再也不能将其他类型的值赋予该变量。如:

```
1  var name ="nipaopao";        //name 指定为 String 类型
2  name=1;                      //1 为 int 类型,编译报错!
```

如果用 var 声明变量时没有指定初始值,则该变量可以被赋予任何类型的数据。如:

```
1  var name ;
2  name =1;
3  name ="nipaopao"             //编译不会报错!!
```

(2) Object 声明变量。

Object 关键字声明变量的格式与 var 关键字一样。例如,定义 name 变量并指定初始值的代码如下。

```
1  Object name ="nipaopao";
```

上述代码表示创建一个在编译阶段检查数据类型的变量,这种方式声明的变量可以改变数据类型。如:

```
1  Object name ="nipaopao"
2  name =1;                    //编译不会报错!
```

(3) dynamic 声明变量。

dynamic 关键字声明变量的格式与 var 关键字一样。例如,定义 name 变量并指定初始值的代码如下。

```
1  dynamic name ="nipaopao";
```

上述代码表示创建一个在编译阶段不检查数据类型的变量,这种方式声明的变量也可以改变数据类型。如:

```
1  dynamic name ="nipaopao"
2  name =1;                    //编译不会报错!
```

如果代码中声明的变量赋予的内容不限于单一数据类型,或没有明确的数据类型,可以使用 Object 或 dynamic 关键字。

(4) 显式地声明指定类型的变量。

显式地声明指定类型的变量表示直接在定义变量时指定变量的数据类型。例如,显式地定义 age、height、depart 和 legs 变量的代码如下。

```
1  int age=34;                 //显式声明整数类型
2  double height =171.1;       //显式声明双精度类型
3  String depart='信息工程学院'; //显式声明字符串类型
4  int legs;                   //显式声明整数类型
```

上述第 1~3 行代码既显式地声明了 int、double 和 String 类型的变量,也给每个变量同时赋了初始值。第 4 行代码只声明了整数类型的变量,系统默认其初始值为 null。

2 常量

常量也称常数,是指在整个程序运行过程中一种恒定的或不可变的数值或数据项。它既可以是不随时间变化的某些量和信息,也可以是表示某一数值的字符或字符串,通常直接用数值或标识符(常量名)表示。常量名的命名规则与变量名完全一样。在 Dart 语言中,可以使用 final 或 const 定义常量。

使用 final 或 const 定义常量时必须初始化,初始化后的常量是只读的,不可变的。如分别用 const 和 final 定义 pi 和 g 的常量代码如下。

```
1  const pi = 3.1415;
2  final g = 9.8;
```

也可以在用 const 或 final 定义常量时声明常量的数据类型,如:

```
1  const double pi = 3.1415;
2  final  String myName = "nipaopao";
```

当 const 用在"="左边时,其作用是声明常量,它要求必须在声明时赋值,一旦赋值就不允许修改,而且"="右边声明的值一定确保是编译时常数。

(1) 数值、字符串及其他的 const 变量。

```
1  const a = 8;             //数值
2  const b = false;         //布尔值
3  const m = "nipaopao";    //字符串
```

(2) 表达式。

表达式的所有值都是编译时有明确结果,如:

```
1  const d = 5 * 3;
2  const c = d;
3  const e = c > 1 ? 2 : 1;            //正确,因为编译时可以得到常数值
4  const dy = new DateTime.now();      //错误,因为 DateTime.now() 编译时不是常数
```

由于上述第 1 行代码的 5 * 3 表达式的值为 15,第 2 行代码的 d 值为 15,第 3 行代码的 c > 1 ? 2 : 1 表示式的值为 2,它们编译时都有明确的结果,所以编译不会报错。而第 4 行代码编译时的值可能会发生改变,即不是明确的结果,所以编译时会报错。

(3) 集合或对象。

定义一个集合常量时,如果"="右侧直接指定一个集合,则必须用 const 修饰。定义一个常量时,如果"="右侧是由构造函数生成的对象,则定义构造函数时必须用 const 修饰。例如,用构造函数定义 const 类型的对象可以使用如下代码实现。

```
1   void main() {
2     const a = const [1,2,3];
3     const b = ConstObject(2);
4     b.log();
5   }
6   class ConstObject {
7     final value;                      //必须指定为 final 类型常量
8     const ConstObject(this.value);
9     log() {
10       print(value);
11    }
12  }
```

在定义一个集合常量时,如果"="右侧直接指定一个集合,则必须用 const 修饰,如上述

第2行代码。定义一个常量时，如果"="右侧由构造函数生成的对象，则定义构造函数时必须用const修饰，如上述代码的第3行和第8行。

当const用在"="右边时，作用是修饰值，也就是意味着右边对象的整个状态值在编译时完全确定，并且对象被冻结且完全不可变。

（1）集合的元素必须是递归的编译时常数。

```
1  var c = 2;
2  var a = const [c,2,3];    //报错,集合元素必须是编译时常数,而c是定义为变量。
```

上述第2行代码在编译时报错，因为引用的c在第1行定义为变量。如果按如下代码定义c为常量，则编译通过。

```
1  const c = 2;
2  var a = const [c,2,3];    //正确,c定义为常量。
```

（2）不允许对集合做任何改变。

如果使用const关键字定义了一个集合常量，则不允许再对集合常量中的元素值作任何修改。如：

```
1  const a = const [1,2,3];
2  a[1] = 2;         //报错,数组元素不允许修改。
```

上述第1行代码定义一个集合常量a，表示该集合中的每个元素值不能再改变，而第2行对集合中的元素进行了重新赋值，所以编译时报错。

虽然使用final声明的变量要求在赋值之后就不再改变，但是并不要求"="的右边的表达式是编译时常数。如：

```
1  final d = 5 * 3;
2  final c = d;
3  final e = c > 1 ? 2 : 1;              //编译正确
4  final dy = new DateTime.now();        //编译正确
```

另外，Dart语言中还有一个static关键字，用于修饰类的成员变量。用它修饰的成员变量是属于类的成员变量，而不是属于对象的成员变量。static修饰的变量直到运行期被使用时才会被实例化。

3.2.2 数据类型

Dart语言支持的数据类型包括Number、String、Boolean(bool)、List(也被称为Array)、Map、Set、Rune(用于在字符串中表示Unicode字符)和Symbol。

1 Number（数值类型）

Dart语言包括int(整数型)和double(浮点型)两种数据类型。int类型不能包含小数点，必须是整型；double类型既可以是整型，也可以是浮点型。例如，分别定义存放十进制整数、十六进制整数、浮点数、科学计数法表示的数和浮点数的代码如下。

Rec0302_03

```
1    var dec = 1;              //十进制整数
2    var hex = 0xDEADBEEF;     //十六进制整数
3    var heigth = 1.1;         //十进制浮点数
4    var weight = 1.42e5;      //表示 1.42 * 10^5
5    double z=1;               //int 类型的字面量,赋值给 double 类型的 z
6    print(z);                 //打印输出 1.0
7    int z=1.0;                //报错
```

Number 类型的数据包括＋、－、＊(×)、/(÷)等 4 种基本运算及 abs()、ceil()、floor()等常用方法(函数)。下面用 3 行示例代码分别介绍 abs()、ceil()和 floor()函数的功能。

```
1    int z1=(-9).abs();         //将-9 的绝对值赋给 int 型变量 z1
2    int z2=(19.511).ceil();    //将大于或等于 19.511 的最小整数值(即 20)赋给 int 型变量 z2
3    int z3=(19.511).floor();   //将小于或等于 19.511 的最大整数(即 19)赋给 int 型变量 z3
```

2 String(字符串类型)

Rec0302_04

字符串代表一系列字符。例如,要存储一些名称、地址等数据,就需要使用字符串数据类型。使用单引号(')或双引号(")定义一个字符串。如果将单引号或双引号作为字符串的内容,则必须在单引号或双引号前面加反斜杠(\)。

定义字符串变量的常用代码格式如下。

```
1    String str1 = '单引号.';                    //单引号定义字符串
2    String str2 = "双引号.";                    //双引号定义字符串
3    String str3 = 'it\'s a dog.';               //单引号中嵌套单引号作为字符串内容
4    String str6 = "\"hello world! \"";          //双引号中嵌套双引号作为字符串内容
5    String str4 = "it's a dog.";                //双引号中嵌套单引号作为字符串内容
6    String str5 = '"hello world!"';             //单引号中嵌套双引号作为字符串内容
```

String 类型的数据包括＋或{}的拼接运算,也就是实现字符串的连接。例如,拼接 str1 和 str2 的代码如下。

```
1    String str1 = '单引号字符串', str2 = "双引号字符串";           //字符串定义
2    String str3 = 'st1:$str1\tstr2:$str2';                      //字符串拼接
3    String str4 = "+号拼接:\t" +'st1:' +str1 +'\tstr2:' +str2;   //字符串拼接,'\'转义
4    String str5 = "{}号拼接:\tst1:${str1}\tstr2:${str2}";
5    print(str3);
6    print(str4);
7    print(str5);
```

上述代码用$获取字符串中的内容,用${表达式}可以将表达式的值放入字符串中。使用${表达式}时,既可以实现字符串拼接,也可以使用 String 类或 Object 里面的某些方法获得相关字符串属性。运行后的输出结果如图 3.1 所示。

也可以用 3 个单引号或双引号让字符串按格式输出。例如,要输出图 3.2 所示的字符串,可以使用如下代码。

图 3.1　String 的用法

图 3.2　三引号输出格式

```
1  String Str1 = '''
2    这是用单引号创建的
3  多行字符串。
4    ''';
5  print(Str1);
6  String Str2 = """这是用双引号创建的
7    多行字符串。""";
8  print(Str2);
```

在字符串前加字符 r，或者在字符串中"\"字符的左边再加一个"\"字符，可以避免"\"的转义作用，这种用法在正则表达式里非常有用。如：

```
1  print(r"换行符:\n");      //输出结果是换行符:\n
2  print("换行符:\\n");       //输出结果是换行符:\n
3  print("换行符:\n");        //输出结果是换行符:
```

String 类型的数据在实际应用开发中的应用范围比较广，而且需要通过对字符串的处理后才能实现一些功能。Dart 语言提供了表 3-1 所示的常用字符串方法（函数），对字符串进行相应的处理。下面以 str = "abcdef,aghijkl " 为例介绍常用字符串方法。

表 3-1　String 类型数据的常用方法及功能

方法名	功能说明	示　　例	返回值
indexOf()	返回指定字符串第一次出现的位置	str.indexOf(',')	6
lastIndexOf()	返回指定字符串最后一次出现的位置	str.lastIndexOf('a')	7

方法名	功能说明	示例	返回值
substring()	返回字符串中两个指定索引号之间的字符（两个索引不能为负值）	str.substring(0,5)	abcde
split()	把字符串分隔为子字符串数组	str.split(',')	[abcdef, aghijkl]
trim()	移除字符串首尾的空格字符	str.trim()	abcdef,aghijkl
toLowerCase()	把字符串中的字母转换成小写字母	str.toLowerCase()	abcdef,aghijkl
toUpperCase()	把字符串中的字母转换成大写字母	str.toUpperCase()	ABCDEF,AGHIJKL
startsWith()	判断字符串是否以指定的字符串开头	str.startsWith('ab')	true
endsWith()	判断字符串是否以指定的字符串结束	str.endsWith('ab')	false
str.contains()	判断字符串中是否包含指定的字符串	str.contains('ab')	true
str.replaceAll()	将字符串中的字符用指定的字符串替换	str.replaceAll('ab','12')	12cdef,aghijkl
str.compareTo()	比较两个字符串的大小（大于用1表示，等于用0表示，小于用-1表示）	str.compareTo('bbc')	-1

3 Boolean（布尔类型）

在 Dart 语言中，布尔类型的数据用 bool 关键字声明，该类型包含 true（真）和 false（假）两个值。例如，判断一个变量的值是否为空字符串，可以使用如下代码。

Rec0302_05

```
1  var emptyStr ='';
2  print(emptyStr.isEmpty);   //输出结果 true
```

上述第 2 行代码用于检查 emptyStr 是否为空字符串，若为空字符串，则输出 true，否则输出 false。

关系表达式的值为布尔类型，如：

```
1  var numberStr =0;
2  print(numberStr <=0);   //输出结果 true
```

上述第 2 行代码用于检查 numberStr 是否小于等于 0，若小于或等于 0，则输出 true，否则输出 false。

如果用 var 声明的变量没有被赋初始值，则该变量的值默认为 null，如：

```
1  var nullStr;
2  print(nullStr ==null);   //输出结果 true
```

上述第 2 行代码用于检查 nullStr 是否为 null，若是 null，则输出 true，否则输出 false。

如果表达式中的除数为 0，则该表达式的值为 NaN，如：

```
1  var value =0 / 0;
2  print(value.isNaN);   //输出结果 true
```

上述第 2 行代码用于检查 value 是否为 NaN，若是 NaN，则输出 true，否则输出 false。

4 List（列表类型）

Dart 语言中的数组（Array）就是 List（列表）对象，下面分别定义 String 类型和 int 类型的 List，介绍数组的用法。

（1）定义一个 String 类型的 List。

通常用 List 关键字定义 List 类型数组。例如，定义一个存放"中国""日本""美国""加拿大"四个国家名称的 List，可以用如下代码实现。

```
1  List list = ['中国','日本','美国','加拿大'];
2  print(list);              //输出:[中国,日本,美国,加拿大]
```

数组元素的下标索引从 0 开始，第一个元素的索引下标是 0，第二个元素的索引下标是 1，以此类推。List.length 返回元素个数。如：

```
1  List list = ['中国','日本','美国','加拿大'];
2  print(list.length);       //输出:4
3  print(list[0]+","+list[1]); //输出:中国,日本
```

（2）定义一个 int 类型的 List。

用 var 定义 List 类型数据时，Dart 会根据数组元素的类型推断 List 的类型。例如，定义一个存放 89、90、78 三个考试成绩的 List，可以用如下代码实现。

```
1  var score=[89,90,78];
2  print(score);             //输出:[89, 90, 78]
3  score[1]=10;              //编译正确
4  score[2]='10';            //编译报错
```

在上述第 1 行代码中 Dart 推断 score 是一个 int 类型的 List，该数组中共有 3 个 int 类型的数据元素；第 3 行代码表示将数组中下标为 1 的元素值更新为 10，由于 10 为 int 型，所以编译通过；第 4 行代码表示将数组中下标为 2 的元素值更新为'10'，由于'10'为 String 类型，所以在 int 类型的数组中添加一个非整型数据时，编译器会报错。但是如果将上述第 1 行代码的 var 修改为 List，则第 4 行编译不会报错，因为用 List 关键字定义的数组，其数组元素值的类型可以不一样。

为了便于对 List 中的数据元素进行操作，Dart 提供了一些常用方法。表 3-2 以 var list= [89,90,78]为例介绍 6 个 List 常用方法的功能和示例代码。

表 3-2 List 的常用方法及功能说明

操作类型	代码	功能说明	返回值
新增元素	list.add(10)	把元素 10 添加到 list 的末尾	[89,90,78,10]
移除元素	list.remove(90)	从 list 中移除元素 90	[89,78,10]
插入元素	list.insert(1, 5)	在 list 数组中索引为 1 的位置插入元素 5	[89,5,78,10]
查找元素	intvalue=list.indexOf(5)	返回 5 在 list 中的索引值，如果没有找到，返回-1	1
判断元素	bool result=list.contains(5)	判断 list 中是否包含元素 5，如果包含 5，返回 true，否则返回 false	true

续表

操作类型	代码	功能说明	返回值
转换为字符串	list.join('|')	将 list 中的数组元素用"|"分隔为一个字符串	89|90|78

5 Set（集合类型）

Dart 语言用 Set 表示一个元素唯一且无序的集合，不能通过索引下标获取数据元素。下面用示例介绍 Set 的用法。例如。

Rec0302_06

```
1  Set set={1,2,3,4,5,6,6,8,1};
2  print(set);              //输出:1,2,3,4,5,6,8 重复的数据不输出
```

（1）创建可以添加任何类型元素的集合。

创建一个空集合后，可以使用 add()方法向集合中添加元素，并且添加的元素可以是任何类型。例如，定义一个可以添加不同数据类型元素的空集合 a，实现代码如下。

```
1  var a =new Set();
2  a.add('java');           //String 类型
3  a.add(12.9);             //double 类型
4  a.add(true);             //bool 类型
5  a.add(100);              //int 类型
6  a.add([1,2,3,4]);        //List 类型
7  print(a);                //输出:{java, 12.9, true, 100, [1, 2, 3, 4]}
8  print(a[1]);             //报错,无序集合,不能通过索引下标获取元素值
```

（2）创建一个只能添加 String 类型元素的空集合。

创建一个空集合后，可以使用 add()方法向集合中添加 String 类型的元素。例如：

```
1  var s =new Set<String>();
2  s.add('java');
3  s.add(12);               //报错,不能添加 int 类型元素
```

（3）删除 List 中的重复元素。

可以用 Set 中元素唯一的特性删除数组中的重复内容，即先将 List 转换为 Set，然后再将 Set 转换为 List。例如，删除 myList 中的重复元素，代码如下。

```
1  List myList =['香蕉','苹果','西瓜','香蕉','苹果','香蕉','苹果'];
2  var mySet =new Set();
3  mySet.addAll(myList);    //将数组元素赋值给集合
4  print(mySet);            //输出:{香蕉, 苹果, 西瓜}
5  print(mySet.toList());   //输出:[香蕉, 苹果, 西瓜]
```

6 Map（映射类型）

在 Dart 语言中，Map（映射）是一个简单的键值对（key-value）。映射中的键和值可以是任何类型。映射是动态集合，即 Map 可以在运行时增长和缩短。Map 的创建方式主要有以下 3 种。

(1) 直接在声明时初始化键值对。

直接用{ }声明键值对,即里面写 key(键)和 value(值),每组键值对的中间用逗号隔开。例如,声明一个 companys 映射,并初始化 3 个键值对,代码如下。

```
1  Map companys ={'first': '阿里巴巴', 'second': '腾讯', 'fifth': '百度'};
2  print(companys);        //输出结果:{first: 阿里巴巴, second: 腾讯, fifth: 百度}
```

(2) 声明 Map 对象后用键值对赋值。

声明定义完 Map 对象后,再分别给指定的键赋值。例如,前面创建的 companys 映射也可以用如下代码实现。

```
1  Map companys =new Map();
2  companys['first'] ='阿里巴巴';
3  companys['second'] ='腾讯';
4  companys['fifth'] ='百度';
5  print(companys);        //输出结果:{first: 阿里巴巴, second: 腾讯, fifth: 百度}
```

(3) 创建一个编译时 const 属性的 Map。

定义 const(常量)属性的 Map 时,可以直接在 Map 前加 const 关键字。如:

```
1  final fruitConstantMap =const {2: 'apple',10: 'orange',18: 'banana'};
2  print(fruitConstantMap);           // 输出结果:{2: apple, 10: orange, 18: banana}
3  print(fruitConstantMap[10]);       // 输出结果:oranage。
```

上述第 3 行代码表示输出 key 为 10 的 value 值,若没有指定的键,则输出 null。

为了便于对 Map 中的数据进行操作,Dart 语言提供了表 3-3 所示的常用属性和方法。表 3-3 以 Map companys = {'first': '阿里巴巴', 'second': '腾讯', 'fifth': '百度'}为例,说明 Map 的常用属性和方法。

表 3-3 Map 常用属性和方法功能说明

代 码	功能说明	返 回 值
companys.keys	取出 companys 映射中的每个 key	(first,second,fifth)
companys.values	取出 companys 映射中的每个 value	(阿里巴巴,腾讯,百度)
companys.isNotEmpty	若 companys 不为空,则输出 true,否则输出 false	true
companys.remove('second')	删除 key 为 second 的元素	{first:阿里巴巴, fifth:百度}
var f={'thirth': '京东', 'fifth': '当当'}; companys.addAll(f)	将 f 映射合并到 companys 映射中	{first:阿里巴巴, second:腾讯, fifth:百度, thirth:京东, fifth:当当}
companys.containsValue('京东')	若 companys 包含 value 为'京东'的元素,则输出 true,否则输出 false	true
companys.containsKey('fifth')	若 companys 包含 key 为'fifth'的元素,则输出 true,否则输出 false	true

List、Set 和 Map 包含一些通用的方法,其中有一部分方法继承于 Iterable 类,List 和 Set

是 Iterable 类的实现。虽然 Map 没有实现 Iterable 类，但是 Map 的 keys 和 values 属性都是 Iterable 对象。在这些通用方法中，下列五种比较常见。

(1) forEach()。

forEach()方法用于遍历 List、Set 和 Map 中的所有元素。例如，遍历 List 和 Map 中的所有元素，代码如下。

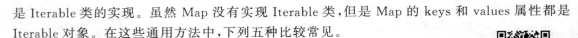

Rec0302_07

```
1    List myList = ['香蕉', '苹果', '西瓜'];
2    myList.forEach((value) {              //遍历每一个元素
3      print(value);                       //输出每一个元素
4    });
5    Map map=new Map();
6    map['name']='张三';
7    map['age']=12;
8    map['address']='江苏';
9    map.forEach((key,value){              //遍历每一个 key-value 键值对
10     print('key =$key , value =$value'); //按 key= * *,value= * * 的格式输出 key
                                              -value 键值对
11   });
```

上述第 2～4 行代码表示遍历 myList 中的每一个元素并输出。上述第 9～11 行代码表示遍历 map 中的每一个 key-value 键值对，并按照指定的格式输出。

(2) map()。

map()方法用于修改 List 和 Set 中的所有元素值。例如，定义一个只能添加 String 类型元素的 Set 集合，并且在每个数组元素后面加上"性别：女"的字符串，实现代码如下。

```
1    Set<String>sets =Set<String>();
2    sets.add('王森');
3    sets.add('江水平');
4    var newSets=sets.map((value) {
5      return value+' 性别:女';            //在原集合基础上,每一个 value 都加 "性别:女";
6    });
7    print('修改后的内容:$newSets');
```

上述第 4～6 行代码表示将 sets 集合中的所有元素后面加上"性别：女"的字符串。

(3) where()。

where()方法用于过滤 List 或 Set 中的数据元素，并返回一个集合(Set)。例如，定义一个 List 数组，并从 List 中选出大于 3 的数组元素，存放到一个 Set 中，实现代码如下。

```
1    List intList =[1, 2, 3, 4, 5, 6, 7];
2    var newIntList =intList.where((value) {
3      return value >3;
4    });
5    print(newIntList);        //输出：(4, 5, 6, 7)
```

上述第 2～4 行表示过滤掉 intList 数组中的不大于 3 的元素，即将 intList 中大于 3 的元素放入 newIntList 集合中。

(4) any()。

any()方法用于判断 List 或 Set 中的数据元素是否满足条件,如果有一个满足条件,那么该方法的返回值为 true。例如,定义一个 Set 集合,并判断 Set 中是否有元素大于 6,实现代码如下。

```
1  Set sets ={1, 2, 3, 4, 5, 6, 7};
2  var flag =sets.any((value) {
3      return value >6;      //如果满足一个大于 6 的 value,就返回 true
4  });
5  print(flag);              //输出:true
```

上述第 2~4 行代码表示判断 sets 中是否有一个大于 6,如果有满足条件的,则 flag 的值为 true,否则 flag 的值为 false。

(5) every()。

every()方法用于判断 List 或 Set 中的数据元素是否全部满足条件,如果全部满足条件,那么该方法的返回值为 true。例如,定义一个 Set 集合,并判断 Set 中的每个元素是否都大于 6,实现代码如下。

```
1  Set sets ={1, 2, 3, 4, 5, 6, 7};
2  var flag =sets.every((value) {
3      return value >6;      //如果所有元素都大于 6 的 value,就返回 true,否则返回 false
4  });
5  print(flag);              //输出:false
```

上述第 2~4 行表示判断 sets 中的数据元素是否全部大于 6。如果全部大于 6,则 flag 的值为 true,否则 flag 的值为 false。

3.2.3 运算符

Dart 语言包括算术运算符、关系运算符、逻辑运算符、赋值运算符和三目运算符,不同的运算符应用于不同的开发场景。使用运算符可以创建表达式,同一个表达式中的运算符在运算时有先后顺序(优先级),通常情况下算术运算符的优先级高于关系运算符,关系运算符的优先级高于逻辑运算符。

1 算术运算符

算术运算符及功能说明如表 3-4 所示。例如,定义 a、b 两个 int 型变量,实现 a、b 算术运算的代码如下。

表 3-4 算术运算符

序号	运算符	功能说明	序号	运算符	功能说明
1	+	加	5	~/	整除,返回整数商
2	-	减	6	%	取模,返回余数值
3	*	乘	7	++	自增
4	/	除	8	--	自减

```
1   int a =2;
2   int b =10;
3   print(a +b);       //输出:12
4   print(a -b);       //输出:-8
5   print(a * b);      //输出:20
6   print(a / b);      //输出:0.2
7   print(a ~/ b);     //输出:0
8   print(a % b);      //输出:2
9   print(a++);        //输出:2,先输出 a,然后 a 加 1
10  print(++a);        //输出:4,先 a 加 1,然后输出 a
11  print(a--);        //输出:4,先输出 a,然后 a 减 1
12  print(--a);        //输出:2,先 a 减 1,然后输出 a
```

上述第 9 行代码先取 a 的值并输出,再执行 a+1 运算;第 10 行代码先执行 a+1 运算,再取 a 的值,并输出。第 11 行代码先取 a 的值,并输出,再执行 a-1 运算;第 12 行代码先执行 a-1 运算,再取 a 的值,并输出。

2 关系运算符

关系运算符及功能说明如表 3-5 所示。例如,定义 a、b 两个 int 型变量,实现 a、b 的各种关系运算,代码如下。

表 3-5 关系运算符

序号	运算符	功能说明	序号	运算符	功能说明
1	==	相等	4	<	小于
2	!=	不相等	5	>=	大于或等于
3	>	大于	6	<=	小于或等于

```
1   int a =2;
2   int b =10;
3   print(a ==b);      //输出:false
4   print(a !=b);      //输出:true
5   print(a >b);       //输出:false
6   print(a <b);       //输出:true
7   print(a >=b);      //输出:false
8   print(a <=b);      //输出:true
```

由关系运算符构成的关系表达式的数据类型为 bool 类型,其值为 true 或 false。

3 逻辑运算符

逻辑运算符及功能说明如表 3-6 所示。例如,定义 isTrue、isFalse 两个 bool 类型变量,分

表 3-6 逻辑运算符

序号	运算符	功能说明	序号	运算符	功能说明
1	!	取反操作	3	||	或操作
2	&&	与操作			

别执行取反、与、或操作的代码如下：

```
1    bool isTrue =true;
2    bool isFalse =false;
3    print(! isTrue);              //输出:false,取反
4    print(isTrue && isFalse);     //输出:false,都为真,才为真
5    print(isTrue || isFalse);     //输出:true,一个为真,即为真
```

由逻辑运算符构成的逻辑表达式的数据类型为 bool 类型，其值为 true 或 false。上述第 4 行代码表示只有 isTrue 和 isFalse 都为 true 时，该逻辑表达式的值才为 true。第 5 行代码表示只要 isTrue 或 isFalse 中有一个值为 true 时，该逻辑表达式的值就为 true。

4 赋值运算符

赋值运算符及功能说明如表 3-7 所示。例如，定义 m、n 两个 int 型变量，分别执行赋值、复合赋值运算等操作，代码如下。

表 3-7　赋值运算符

序号	运算符	功能说明
1	=	赋值操作
2	?? =	若 ?? = 左边的变量为 null，则使用右边的值；否则使用左边的值
3	算术运算符 =	如 a+=5 表示执行 a=a+5 的赋值操作

```
1    int m =10;
2    int n =null;
3    n ?? =m;           //如果 n 为 null,则值为 m,否则值为 n
4    print(n);          //输出:10,因为 n 为 null,所以输出 m 的值
5    m +=2;             //执行:m=m+2
6    print(m);          //输出:12
7    m -=2;             //执行:m=m-2
8    print(m);          //输出:10
```

上述第 5 行和第 7 行代码使用了复合赋值运算符，分别代表执行 m＝m＋2、m＝m-2 的操作。

5 三目运算符

condition ? expr1 : expe2 表示如果 condition 的值为 true，则返回表达式 expr1 的值，否则返回 expr2 的值。如：

```
1    int age =10;
2    String str =age ==10 ? "10 岁" :"20 岁";
3    print(str);                    //输出:10 岁
```

上述第 2 行代码表示首先判断 age 是否等于 10，如果 age 等于 10，那么将 "10 岁" 赋值给 str，否则将 "20 岁" 赋值给 str。

expr1 ?? expr2 表示如果 expr1 为非 null 值，则返回表达式 expr1 的值，否则返回表达式 expr2 的值。如：

```
1  String x ;
2  String y ="java";
3  String z =x ?? y;
4  print(z);
```

上述第 3 行代码表示如果?? 运算符左边的 x 值为 null,则直接将右边的 y 值赋给 z,否则将右边的 x 值赋给 z。

3.2.4 控制流程

所有程序设计语言都包括顺序结构、选择结构和循环结构。顺序结构是最简单的程序结构,也是最常用的程序结构,程序员按照解决问题的顺序写出相应的语句,程序执行时按照自上而下的顺序依次执行,执行流程如图 3.3 所示。选择结构表示程序的处理步骤出现了分支,需要根据某一特定的条件选择其中的一个分支执行。选择结构有单选择、双选择和多选择三种形式,双选择结构的执行流程如图 3.4 所示。循环结构是指在程序中需要反复执行某个功能,它根据循环体中的条件判断是继续执行某个功能还是退出循环。根据判断条件,循环结构又分为当型循环和直到型循环,当型循环的执行流程如图 3.5 所示。

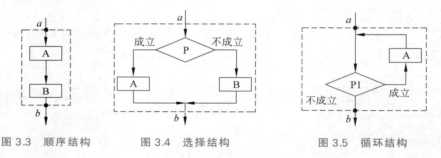

图 3.3 顺序结构　　图 3.4 选择结构　　图 3.5 循环结构

1 选择结构

（1）if-else

Dart 语言中的 if(或 else if)条件表达式的值必须为 bool 类型数据。如果条件表达式的值为 true,则执行符合条件的语句体,否则执行不符合条件的语句体。该结构中的 else 是可选的。

例如:产生 1 个 0~100 的随机整数,如果该随机数大于 50,则输出"大于";如果该数等于 50,则输出"等于";如果该数小于 50,则输出"小于"。实现代码如下。

```
1  var random =Random();              //产生随机化种子
2  var sign =random.nextInt(100);     //产生 0~100 的随机整数
3  if (sign >50) {
4      print('大于');
5  } else if (sign ==50) {
6      print('等于');
7  } else {
8      print('小于');
9  }
```

上述第 1 行代码的 Random()函数用于产生一个随机化种子数,该函数使用前需要用

"import 'dart:math';"语句导入 math 函数包；第 2 行代码的 nextInt(100)方法用于根据随机化种子数产生 0～100 的随机整数。

（2）switch-case

Dart 语言中的 switch-case 语句用于判断一个变量与一系列值中某个值是否相等，每个值称为一个分支。使用时请注意以下 7 方面。

① switch 语句中的变量类型可以是整数、字符串或枚举类型，也可以是同一类型的实例对象，但不可以是子类的实例，并且还要保证类定义中没有重写"=="运算符。

② switch 语句可以包含多个 case 语句，每个 case 语句后面跟一个要比较的值和冒号（:）。

③ case 语句后面值的数据类型必须与变量的数据类型一致，而且只能是常量或者编译时常量。

④ 除最后一个 case 语句或 case 语句包含 continue 语句外，每个 case 语句都需要包含 break 语句，否则编译时会报错。当遇到 break 语句时，switch 语句终止，程序跳转到 switch 语句后面的语句执行。

⑤ 当变量的值与 case 语句的值相等时，case 语句后面的语句开始执行，直到执行 break 语句才会跳出 switch 语句。

⑥ switch 语句可以包含一个 default 分支，该分支必须是 switch 语句的最后一个分支；default 分支只有在没有 case 语句后面的值和 switch 语句后面的变量值相等时才会执行；default 分支不需要 break 语句。

⑦ swith 语句支持空 case 语句，程序执行时遇到空 case 语句后会继续执行空 case 语句后面的语句。

例如：随机生成 OPEN、CLOSED、CANCEL 或其他字符串，如果生成 OPEN 字符串，则显示"打开系统"；如果生成 CLOSED 字符串，则显示"关闭系统"；如果生成 CANCEL 字符串，则显示"取消操作"，否则显示"输入有误！"。实现代码如下。

```
1   var random = Random();
2   List ops = ['OPEN','CLOSED','CANCEL','START','END'];
3   var index = random.nextInt(5);
4   var command = ops[index];
5   print('$index:$command');
6   switch (command) {
7     case 'CLOSED':
8       print("关闭系统");
9       break;
10    case 'CANCEL':
11      print("取消操作");
12      break;
13    case 'OPEN':
14      print("打开系统");
15      break;
16    default:
17      print("输入有误");           //当没有 case 语句匹配时，执行 default 分支代码
18  }
```

break 语句表示跳出 switch 语句，执行 swtich 语句之后的语句；continue 语句表示跳出当前的 case 语句分支，跳转到指定标识处开始执行。例如，将上述第 6～18 行代码替换为下列代码。

```
1    var operator ='CLOSED';
2    switch (operator) {
3      case 'CLOSED':
4        print("关闭系统");
5        continue nowClosed;
6      case 'OPEN':
7        print("打开系统");
8        break;
9    nowClosed:
10     case '':
11       print("正在关闭系统……");
12       break;
13   }
```

上述代码第 5 行表示跳转到 nowClosed 标识处（第 9 行代码）开始执行。所以输出结果为"关闭系统 换行 正在关闭系统……"。

2 循环结构

（1）for 循环。

程序执行时，如果一些语句需要执行多次，并且次数是已知的，就可以使用 for 循环语句。for 循环的常用语法结构如下。

Rec0302_12

```
1    for(初始化;布尔表达式;更新) {
2      //循环内容
3    }
```

for 循环结构首先执行初始化语句，初始化时可以初始化一个或多个循环控制变量，也可以是空语句；然后判断布尔表达式的值，如果值为 true，则执行循环内容，否则循环终止。在执行一次循环后，更新循环控制变量的值，再一次检测布尔表达式的值，并循环执行上面的过程。

例如，随机产生 10 个 0～100 的整数，并将它们保存在一个数组中。实现代码如下。

```
1    List lists=[];
2    for(int i=0;i<10;i++){
3      var random =Random();
4      lists.add(random.nextInt(100));
5    }
6    print(lists);
```

上述第 2 行代码定义一个循环变量 i，初始值为 0。程序执行时，先判断 i 的值是否小于 10，如果小于 10，则产生一个随机整数，并将其添加到 lists 数组中，然后执行 i＋＋语句（即 i 自增 1），直到 i 的值为 10 时循环终止。上述第 6 行代码表示输出 lists 数组的内容，也可以使用下面的代码分别输出 lists 数组中的每一个数组元素。

```
1  for (var x in lists) {
2    print(x);   //输出:0 换行 1 换行 2
3  }
```

(2) while 循环。

程序执行时,如果一些语句需要执行多次,但是次数是未知的,就可以使用 while 循环语句。while 循环的常用语法结构如下。

```
1  while( 布尔表达式 ) {
2    //循环内容
3  }
```

while 循环首先检测布尔表达式的值,如果值为 true,则执行循环内容,否则退出循环,然后执行 while 语句后面的代码。

例如,用 while 语句输出上例随机产生的 10 个 0~100 的整数。实现代码如下。

```
1  var i = 0;
2  while (i < 10) {
3    print(lists[i]);    //输出 lists 数组中索引下标为 i 的元素
4    i++;
5  }
```

上述第 2 行代码表示如果 i<10,则执行第 3 行代码,即输出 lists 数组中索引下标为 i 的元素,然后 i 自增 1。

(3) do-while 循环。

对于 while 循环语句而言,如果不满足条件,则不能进入循环。但有些程序设计的应用场景中,即使条件不满足,也需要至少执行 1 次,do-while 循环结构至少能执行 1 次的特性正好符合这样的应用场景。do-while 循环的常用语法结构如下。

```
1  do {
2    //循环内容
3  }while(布尔表达式);
```

do-while 循环结构中的布尔表达式在循环内容的后面,所以循环内容的语句块在检测布尔表达式之前已经执行了 1 次,如果布尔表达式的值为 true,则语句块一直执行,直到布尔表达式的值为 false。使用该结构时,一定要注意在 while(布尔表达式)后面有一个";"。

例如,用 do-while 语句输出上例随机产生的 10 个 0~100 的整数。实现代码如下。

```
1  var i = 0;
2  do {
3    print(lists[i]);
4    i++;
5  } while (i < 10);
```

（4）continue 和 break。

循环控制结构中的 continue 让程序立刻跳转到下一次循环。在 for 循环中，continue 语句让程序立即跳转到更新语句执行。在 while 或 do-while 循环中，程序立即跳转到布尔表达式语句执行。

例如，用 continue 语句输出上例随机产生 10 个随机整数中的偶数。

```
1   var i = 0;
2   do {
3       if (lists[i] % 2 != 0) {
4           i++;
5           continue;
6       }
7       print(lists[i]);
8       i++;
9   } while (i < 10);
```

上述第 3～6 行代码用于检测数组中的每个元素是否能被 2 整除，如果不能被 2 整除，循环变量 i 自增 1 后跳转到循环结构的布尔表达式执行，如果能被 2 整除，则输出该元素。

循环控制结构中的 break 用来跳出最内层的循环。也就是说，在循环结构的循环体内，只要遇到 break 语句，就退出当前循环体，执行该层循环结构下面的语句。如果将上例第 5 行的 continue 改为 break，则表示从第一个数组元素开始，只要数组元素为奇数，就退出 do-while 循环，否则就输出该元素。

3.2.5 注释

注释主要用于对一段代码进行解释，可以让阅读者更易理解，编程语言的编译器会忽略代码中添加的注释内容，不影响程序代码的执行。

Dart 语言的注释分为单行注释、多行注释和文档注释。

1 单行注释

单行注释以"//"开头，Dart 语言编译器会忽略"//"和行尾之间的所有内容。例如：

```
1   // todo:待完成
```

2 多行注释

多行注释以"/*"开头，以"*/"结尾。介于"/*"和"*/"之间的内容会被编译器忽略（除非该注释是一个文档注释）；多行注释可以嵌套使用。如：

```
1   /* todo:待完成 */
```

3 文档注释

文档注释以"///"或者"/**"开头，并且可以通过 dartdoc 命令导出注释文档的所有内容。如：

```
1   /// todo:待完成
```

3.3 函数

3.3.1 函数的声明

函数是一组一起执行一个任务的语句,它既可以封装在编程语言的标准库中,也可以根据一个特定的任务自定义。每个 Dart 程序都至少有一个函数,即主函数 main()。函数还可以称为方法、子例程或子程序等。

Dart 语言是一门真正面向对象的语言,程序代码中定义的函数也是对象,该对象的类型为 Function,所以 Dart 程序代码中的函数可以被赋值给变量或者作为参数传递给其他函数。使用函数之前都需要进行声明定义,函数的声明定义格式如下。

Rec0303_01

```
1  返回值类型函数名称(参数列表){
2      函数体;
3      return 返回值;
4  }
```

返回值类型表示函数的返回值数据类型。如果函数没有返回值,则返回值类型为 void,并且不能有第 3 行代码的"return 返回值"语句。函数名称和参数列表一起构成了函数签名,函数名称的命名规则与变量名一样,但为与普通变量相区别,建议第一个单词以小写字母开头,后面的单词以大写字母开头。参数列表是指函数的参数类型、顺序和参数的个数;参数是可选的,函数可以不包含任何参数;如果函数有参数,则在函数被调用时需要传递值给参数,这个值称为实参。函数体包含具体的执行语句,也就是定义该函数的功能的代码。

例如:定义一个求两个整数中较大数的函数 max()。实现代码如下。

```
1  int max(int num1, int num2) {
2      int result;
3      if (num1 > num2)
4          result = num1;
5      else
6          result = num2;
7      return result;
8  }
9  void main(){
10     print(max(10,20));   //调用 max()
11 }
```

上述代码中第 1 行最前面的 int 为函数的返回值数据类型,max 为函数名称,num1 和 num2 为参数列表,也就是在调用 max()函数时需要传递两个实参值;result 为定义的一个用于保存较大数的变量,用于作为函数的返回值。第 10 行代码直接在 print 语句中调用 max() 函数,即输出 10 和 20 中较大的数。

3.3.2 函数的使用

Dart 语言中的函数分为无参函数和有参函数,有参函数中的参数又可细

Rec0303_02

分为可选参数和必选参数。如前一节定义的 max(int num1, int num2) 函数中的参数为必选参数。进行函数声明定义时,必选参数放在参数列表的最前面,可选参数放在必选参数的后面。可选参数可以是命名参数或位置参数,两种都可以在声明定义时指定默认值,如果没有指定默认值,则默认值为 null,但是这两种参数不能同时当作可选参数。

1 可选的命名参数

声明定义函数时,参数列表为"{参数名1,参数名2,…}"格式定义的参数即为可选的命名参数。调用带有可选的命名参数函数时,参数可以根据实际情况指定,如果使用可选的命名参数,则必须用"参数名: 值"的格式指定实参,当然也可以不指定实参。

(1) 可选的命名参数无默认值。

声明函数时,可选的命名参数可以不指定默认值。例如,定义两个不指定默认值的 bool 类型可选参数,并且按照一定格式输出可选的参数值,代码如下。

```
1   /*声明函数*/
2   void printBool({bool flag, bool action}) {
3       print("flag: " +flag.toString() +"action: " +action.toString() );
4   }
5   /*调用函数*/
6   printBool();                            //没有指定实参
7   printBool(flag: true);                  //指定一个实参 flag
8   printBool(action: true);                //指定一个实参 action
9   printBool(flag: true,action: true);     //指定两个实参 flag 和 action
```

上述第 2～4 代码声明定义了一个 printBool() 函数,该函数包含两个没有指定默认值的可选参数。第 6～9 行代码分别用不同的形式调用函数。上述程序代码运行后的输出结果如图 3.6 所示。

(2) 可选的命名参数有默认值。

声明函数时,可选的命名参数也可以指定默认值。例如,定义两个 bool 类型的可选参数,其中 1 个参数指定默认值,并且按照一定格式输出可选的参数值,代码如下。

```
1   /*声明函数*/
2   void printBool({bool flag=true, bool action}) {
3       print("flag: " +flag.toString() +" action: " +action.toString() );
4   }
5   /*调用函数*/
6   printBool();
7   printBool(flag: false);
8   printBool(action: true);
9   printBool(flag: true,action: true);
```

上述第 2 行代码在定义 flag 参数时指定默认值为 true。所以在调用该函数时,如果没有指定 flag 的实参,则 flag 的实参值为默认值,上述程序代码运行后的输出结果如图 3.7 所示。

```
flutter: flag: null   action: null
flutter: flag: true   action: null
flutter: flag: null   action: true
flutter: flag: true   action: true
```

图 3.6　输出结果(1)

```
flutter: flag: true   action: null
flutter: flag: false  action: null
flutter: flag: true   action: true
flutter: flag: true   action: true
```

图 3.7　输出结果(2)

2 可选的位置参数

声明定义函数时,参数列表为"[参数名1,参数名2,…]"格式定义的参数即为可选的位置参数。调用带有可选的位置参数函数时,参数可以根据实际情况指定,如果使用可选的位置参数,只需要直接指定实参值即可,当然也可以不指定实参。

(1) 可选的位置参数无默认值。

声明函数时,可选的位置参数可以不指定默认值。例如,定义两个 String 类型的参数,其中1个参数为必选参数、1个参数为没有指定默认值的可选位置参数,如果位置参数的值不为 null,则按照一定格式返回函数值。实现代码如下。

```
1   /*声明函数*/
2   String printMsg(String msg, [String time]) {
3      if (time ! =null) {
4         return msg +' at ' +time;
5      }
6      return msg;
7   }
8   /*调用函数*/
9   print(printMsg('my'));           //没有指定可选参数
10  print(printMsg('my',));          //指定了可选参数的实参值,但使用系统默认值 null
11  print(printMsg('my','12:30'));   //指定可选参数的实参值为 12:30
```

上述第2代码定义了1个必选参数 msg 和1个可选参数 time,上述程序代码运行后的输出结果如图 3.8 所示。

```
flutter: my
flutter: my
flutter: my at 12:30
```

图 3.8 输出结果(3)

(2) 可选的位置参数有默认值。

声明函数时,可选的位置参数也可以指定默认值。例如,定义3个 String 类型的参数,其中1个参数为必选参数,1个参数为没有指定默认值的可选位置参数,1个参数为指定默认值的可选位置参数,并根据一定的条件、按照一定格式返回函数值。实现代码如下。

```
1   /*声明函数*/
2   String msg(String msg, [String time ='2018', String name]){
3      if (time ==null) {
4         return msg +" from " +name;
5      }
6      if (name !=null) {
7         return msg +" with " +time +" from " +name;
8      }
9      return msg +" with " +time;
10  }
11  /*调用函数*/
12  print(msg("This is msg content", '2017', 'liyahong'));
```

```
13    print(msg("This is msg content", null, 'liyahong'));
14    print(msg("This is msg content"));
```

上述第 2 代码定义了 1 个必选参数和 2 个可选参数，2 个可选参数中 time 指定了默认值。上述程序代码运行后的输出结果如图 3.9 所示。

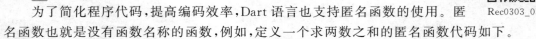

图 3.9　输出结果（4）

3.3.3　匿名函数、箭头函数及闭包

1 匿名函数

为了简化程序代码，提高编码效率，Dart 语言也支持匿名函数的使用。匿名函数也就是没有函数名称的函数，例如，定义一个求两数之和的匿名函数代码如下。

```
1    var adds =(x, y){
2         print(x+y);
3    };
4    adds(30,50);
```

上述第 1~3 行代码定义了一个包含 x、y 两个参数的匿名函数，并将匿名函数赋值给 adds 变量；第 4 行代码表示调用该匿名函数，并传递 30 和 50 两个实参。也可以在匿名函数定义时立即调用，代码如下。

```
1    var adds =(x, y) {
2      print(x +y);
3    }(30, 50);
```

2 箭头函数

箭头函数的函数体只能有一句代码。例如，将上述定义的匿名函数修改为箭头函数的代码如下。

```
1    var adds =(x, y) =>print(x +y);
2    adds(30,50);
```

3 闭包

当函数定义和函数表达式位于另一个函数的函数体内，这些内部函数可以访问它们所在的外部函数中声明的所有局部变量、参数和声明的其他内部函数。当其中一个这样的内部函数在包含它们的外部函数之外被调用时，就会形成闭包。

（1）内部函数为有参数的匿名函数。

例如，声明定义一个返回值为带参数的匿名函数的 test() 函数，并在 main() 函数中调用 test() 函数。实现代码如下。

```
1   /*声明函数*/
2   Function test(){
3     const PI =3.14;
4     return (double r) =>r * r * PI;
5   }
6   /*调用函数*/
7   void main() {
8     var result =test();
9     print(result(2.0));    //结果为:12.56
10  }
```

上述第4行代码定义的带参数的匿名函数包含在test()函数体内,第8行代码表示将调用test()函数返回的带参数的匿名函数赋值给result变量,第9行代码表示调用返回的匿名函数。

（2）内部函数为无参数的匿名函数。

例如,声明定义一个返回值为无参数的匿名函数的test()函数,并在main()函数中调用test()函数。实现代码如下。

```
1   /*声明函数*/
2   Function test( ) {
3     const PI =3.14;
4     return ( ) =>PI;
5   }
6   /*调用函数*/
7   void main() {
8     var result =test( );
9     print(result( ));   //结果为:3.14
10  }
```

上述第4行代码定义的无参数的匿名函数包含在test()函数体内,第8行代码表示将调用test()函数返回的无参数的匿名函数赋值给result变量,第9行代码表示调用返回的匿名函数。

3.4 异常

3.4.1 异常的定义

异常是指程序在执行过程中出现的非正常情况。如果没有捕获异常,则异常会抛出,导致抛出异常的程序代码终止执行。Dart语言中提供了Exception异常类型、Error异常类型及它们的子类型,程序员也可以根据实际应用场景自定义异常类型。Dart语言的程序代码可以抛出任何非null类型对象为异常。

Rec0304_01

1 Exception

Exception是程序本身可以处理的异常,即在程序代码编译时出现的问题,只要将其处理掉,程序就可以继续执行。比如IOException。通常处理的异常也是以这种类型的异常为主。

2 Error

Error 是程序无法处理的错误,表示运行应用程序中出现的较严重问题。大多数错误与代码编写者执行的操作没有关系,而表示代码运行时 DartVM 出现的问题。比如内存溢出(OutOfMemoryError)等。

3.4.2 异常的使用

1 抛出异常(throw)

Exception、Error 或自定义类型的异常都可以使用 throw 抛出。实现代码如下。

```
1   /*自定义类型异常*/
2   throwException1(){
3     throw '这是一个自定义的异常';
4   }
5   /*Exception 类型异常*/
6   throwException2(){
7     throw Exception('这是一个 Exception 的异常');
8   }
9   /*Error 类型异常*/
10  throwException3(){
11    throw Error() ;
12  }
13  /*=>写法*/
14  throwException4()=>throw Exception('这是一个 Exception 的异常的=>格式');
```

上述代码分别给出了抛出异常的 4 种定义方法,异常一旦抛出,如果没有捕获,则终止程序代码执行。如:

```
1   void main(){
2     throwException2();
3     print('这是一个异常示例!')  ;
4   }
```

上述代码执行到第 2 行,抛出异常后,第 3 行的 print 语句不再执行。

2 捕获异常(catch)

所有抛出的异常对象都可以用 catch 捕获,并且结合使用 on 可以捕获到某一指定类的异常。实现代码如下。

```
1   try {
2     throw Exception('这是一个 Exception 的异常的=>格式');
3   } on Exception catch (e) {      //匹配 Exception 类型异常
4     print("catch exception");
5     print(e);
6   } catch (e) {                   //匹配所有类型的异常
7     print(e);
8   }
```

上述第 2 行代码表示抛出 1 个 Exception 类型异常；第 3 行代码表示匹配 Exception 类型异常，而第 2 行的代码正好抛出此类型的异常，所以 catch 捕获该异常后，执行第 4～5 行代码，运行效果如图 3.10 所示。如果不匹配，则继续向下匹配；第 6 行没有 on 匹配，表示匹配所有类型的异常，并捕获后执行第 7 行代码。

图 3.10　捕获异常

为了确保代码的运行，不管是否抛出异常，如果使用 finally 子句，那么无论是否有匹配异常的 on 和 catch 子句，最终都执行 finally 子句中的代码。例如，下述代码执行时，最终都会执行 finally 子句。

```
1   void main() {
2     List lists = [1, 2, 3];
3     try {
4       print(lists[5]);
5     }
6     catch (e) {
7       print("下标只能在【0——${lists.length-1}】之间");
8     }
9     finally{
10      print('程序运行结束!');
11    }
12  }
```

上述第 4 行代码引用下标为 5 的数组元素会抛出异常，如果不捕获该异常，程序运行时会显示"RangeError（index）：Invalid value：Not in range 0..2，inclusive：5"的错误信息，并且程序运行终止。第 6～8 行对该异常进行了捕获处理，程序运行时会输出"下标只能在【0——2】之间"的信息。第 9～11 行表示不管有没有抛出或捕获异常，最终都会执行第 10 行语句，即最后都会输出"程序运行结束！"。

第4章 Dart面向对象程序设计

从20世纪90年代开始,面向对象程序设计(Object Oriented Programming,OOP)迅速地在全世界流行。它的设计思想更接近人的思维活动,人们进行程序设计时可以很大程度地提高编程能力,减少软件维护的开销,所以现在OOP已经成为程序设计的主流技术。

4.1 类

面向对象程序设计方法尽可能模拟人类的思维方式,使得软件的开发方法与过程尽可能接近人类认识世界、解决现实问题的方法和过程,也就是让描述问题的问题空间与问题的解决方案空间在结构上尽可能一致,把客观世界中的实体抽象为问题域中的对象。类是对现实世界的抽象,包括表示类属性的数据和对数据的操作。对象是类的实例化,对象之间通过消息传递相互通信,以模拟现实世界中不同实体间的联系。

4.1.1 面向对象的基本特征

面向对象的程序设计思想接近真实世界。真实世界由各类不同的事物组成,每一类事物都有共同的特征,各个事物互相作用,构成了多彩的世界。例如,"人"是一类事物,"动物"也是一类事物;人可以饲养动物、捕杀动物;动物有时也保护人、攻击人等。采用面向对象的程序设计思想解决实际问题时,需要分析待解决的实际问题中有哪些类事物,每一类事物都有哪些特征,不同的事物类别之间有什么关系,事物类别之间又是如何相互作用等。面向对象的基本特征包括抽象、封装、继承和多态。

1 抽象

在面向对象的程序设计方法中,各种事物称为"对象",将同一类事物的共同特征概括出来的过程称作抽象,抽象包括数据抽象和过程抽象。

数据抽象表示概括真实世界中某一类事物的共同特征,也就是对象的属性。例如,人有国籍、肤色、姓名、性别、年龄等共同特征。

过程抽象表示概括真实世界中某一类事物的共同行为,也就是对象的方法。例如,人会吃饭、走路、讲话和思考等共同行为。

2 封装

封装就是在对某一类事物完成抽象后,通过某种语法形式,将数据(属性)与操作数据(行为)的源代码进行有机的结合,形成"类"。

通过封装,可以将对象的一部分属性和方法隐藏起来,让这部分属性和方法对外不可见,而留下另一些属性和方法对外可见,作为对对象进行访问操作的接口。这样就能合理地安排数据的可访问范围,减少程序不同部分之间的耦合度,提高代码扩充、代码修改和代码重用的效率。

3 继承

继承指的是两种或者两种以上的类之间的联系与区别,是后者延续前者的某些方面的特点。在面向对象程序设计技术中,是指一个对象针对另一个对象的某些独有的特点、能力进行复制或者延续。

从现有的原始类中派生新类的过程称为继承。新类称为子类或派生类,原始类称为新类的父类或基类。子类可以继承父类的数据属性和操作行为,使得子类对象具有父类的属性和方法,并且子类也可以修改或增加新的属性和方法来适应新的需要。例如,中国人是人的子类,英国人也是人的子类,不管中国人还是英国人,都有国籍、肤色、姓名、性别、年龄等属性,也都会吃饭、走路、讲话和思考等行为,但他们的吃饭方式、讲话语言是不一样的。

4 多态

多态是指当不同的多个对象同时接收到同一个完全相同的消息后,所表现出来的动作是各不相同的,具有多种不同的形态。也就是指不同种类的对象都具有名称相同的行为,而具体行为的实现方式却有所不同。例如,中国人、英国人都有吃饭的方法,但中国人用筷子吃饭,英国人用刀叉吃饭。

多态通常用覆写或重载的方式实现。覆写是指在子类中重新定义父类某些特定的方法。重载是指允许类中存在多个同名的方法,而这些方法的参数表不同(参数个数不同、参数类型不同或两者都不同)。

4.1.2 类的定义和使用

面向对象的最大特征就是提出了类和对象的概念。在以面向对象的方式开发应用程序时,通常都会将各类事物抽象为类(Class),类中包含特征数据(属性)和操作行为(方法),用户通过实例化类对象来访问类中的数据和方法。

1 类的定义

Dart 语言是一门使用类和单继承的面向对象程序设计语言,所有的对象都是类的实例,并且所有的类都是 Object 的子类。类的定义格式如下。

```
1  class 类名 {
2    属性的定义;
3    ...
4    方法的定义;
5    ...
6  }
```

用 class 关键字定义类,类名的首字母一般为大写,类体中的属性用于描述类的共同特征,即类的成员变量;类体中的方法用于描述类的行为,即类的成员函数(方法)。

例如,定义一个 Person 类,包含姓名、性别、年龄、国籍 4 个属性和 1 个说话方法。实现代码如下。

```
1  class Person {
2    String name;                //姓名
3    String sex;                 //性别
```

```
4    int age;                        //年龄
5    String nation;                  //国籍
6    void say() {                    //说话
7      print('会说${this.nation}话');
8    }
9  }
```

定义类时，如果没有给成员变量提供初始值，那么在创建对象时，成员变量的初始值默认为 null；如果指定了成员变量的类内初始值，那么在创建对象时，类内初始值将作为该成员变量的初始值。

2 类的使用

对象的成员包括实例变量和方法。使用"."（对象名.实例变量名或对象名.方法名）引用实例变量或方法。为了避免对象为 null 而引发异常，可以使用"?."来确认左侧操作数不为 null。

例如：实例化一个 cPerson 对象，将姓名、性别、年龄、国籍分别指定为"张三丰""男""30""中国"，并调用 say()方法。实现代码如下。

```
1  Person cPerson = Person();         //创建 Person 类对象 cPerson
2  cPerson.name = '张三丰';            //访问 name 属性
3  cPerson.sex = '男';                //访问 sex 属性
4  cPerson.age = 30;                  //访问 age 属性
5  cPerson?.nation = '中国';           //访问 nation 属性
6  cPerson.say();                     //调用成员方法，输出：会说中国话
```

上述第 5 行代码表示先判断 cPerson 是否为 null，如果不为 null，则将"中国"赋值给 nation 实例变量；如果为 null，则不会引发异常，继续执行后面的代码。

4.1.3 构造方法

类的构造方法（构造函数）是类的一种特殊的成员方法，它会在每次创建类的新对象时执行。构造方法不会返回任何类型（包括 void）；构造方法可用于为某些成员变量设置初始值。Dart 语言中的构造方法包括默认构造方法、类名构造方法和命名构造方法 3 种。

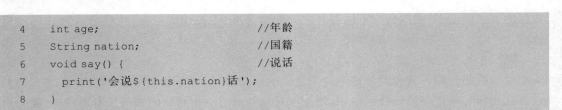

1 默认构造方法

在类中，如果没有显式定义构造方法，系统会默认定义一个空的构造方法，该构造方法没有参数，它的名称默认与类名一样。例如，前面定义的 Person 类中默认的构造方法代码如下。

```
1  Person(){
2  }
```

2 类名构造方法

所谓类名构造方法，就是类中定义的方法名与类名完全一样的方法。类名构造方法的定义格式如下。

```
1  class 类名 {
2    属性的定义;
3    ...
4    类名(参数列表){
```

```
5        //构造方法体
6      }
7      方法的定义;
8      ...
9    }
```

上述第4~6行表示定义一个类名构造方法,构造方法会在类被实例化时调用。

例如:定义一个Person类,包含姓名、性别、年龄、国籍4个属性,1个构造方法和1个说话方法。实现代码如下。

```
1   class Person {
2     String name;                    //姓名
3     String sex;                     //性别
4     int age;                        //年龄
5     String nation;                  //国籍
6     Person(name,sex,age,nation){    //类名构造方法
7       this.name =name;
8       this.sex =sex;
9       this.age =age;
10      this.nation =nation;
11    }
12    void say() {                    //说话方法
13      print('会说${this.nation}话');
14    }
15  }
```

上述第6~11行代码定义一个类名构造方法,其中this关键字指向当前的实例。在Dart语言中,只有当构造方法的参数名字与成员变量名字相同时才使用this关键字来引用当前实例;如果构造方法的参数名字与成员变量名字不相同,则可以忽略this。第6~11行代码也可以用"Person(this.name,this.sex,this.age,this.nation);"的形式代替。

例如,实例化一个aPerson对象,将姓名、性别、年龄、国籍分别指定为"kate""female""24""美国",并调用say()方法。实现代码如下。

```
1   Person aPerson =Person('kate', 'female', 24, '美国');   //实例化对象
2   aPerson.say();                                          //调用say()方法
3   print(aPerson.nation);                                  //输出:美国
```

3 命名构造方法

所谓命名构造方法,就是类中定义的方法名与类名不完全一样的方法。使用命名构造函数,可以为类提供多个不同的构造方法,应用于不同的应用场景。命名构造方法的定义格式如下。

```
1   class 类名 {
2     属性的定义;
3     ...
4     类名.标识名(参数列表){
```

```
5       //构造方法体
6    }
7    方法的定义;
8    ...
9 }
```

例如,用命名构造方法实现 Person 类的定义和实例化。实现代码如下。

```
1  /*定义类*/
2  class Person {
3    String name;                    //姓名
4    //代码与上例一样,此处略
5    Person.create(name,sex,age,nation){   //类名构造方法
6      this.name =name;
7      //代码与上例一样,此处略
8    }
9    //代码与上例一样,此处略
10 }
11 /*实例化类对象*/
12 Person jPerson =Person.create('岗本松田', '男', 21, '日本');
13 jPerson.say();
14 print(jPerson.nation);
```

4.1.4 存储器和访问器

Dart 语言可以使用 set 关键字定义存储器(setter),使用 get 关键字定义访问器(getter)。定义存储器的格式如下。

Rec0401_04

```
1  set 属性名(参数){
2      //功能代码
3  }
```

定义访问器的格式如下。

```
1  返回值类型 get 属性名
2  {
3      return 表达式;    //返回属性值
4  }
```

访问器(getter)没有参数并返回一个值,存储器(setter)只有一个参数,但不返回值。

例如:定义一个求矩形面积的类,实现访问器取出面积值、存储器设置矩形的高和宽。实现代码如下。

```
1  class Rect {
2    double width;
3    double height;
4    Rect(this.width, this.height);
```

```
5    set newHeight(value) {
6      this.height =value;
7    }
8    set newWidth(value) {
9      this.width =value;
10   }
11   double get area {
12     return this.width * this.height;
13   }
14 }
```

上述第 5~7 行代码和第 8~10 行代码分别定义改变矩形高度和宽度的存储器；第 11~13 行代码定义一个获得矩形面积的访问器。

例如：实例化 rect 对象，用存储器更改矩形的高，用访问器输出矩形的面积。实现代码如下。

```
1  Rect rect =Rect(1.2, 4.5);
2  print(rect.area);
3  rect.newHeight =12.0;
4  print(rect.area);
```

其实，每次用"对象名.属性名"引用对象的属性时，Dart 语言都会隐式地调用一次访问器（getter）方法；每次用"对象名.属性名＝值"给对象的属性赋值时，Dart 语言都会隐式地调用一次存储器（setter）方法。所以，通过 get 和 set 关键词相当于覆写对象的默认取值和赋值行为。

4.2 类的继承

面向对象程序设计中的继承与现实生活中继承的含义差不多，比如子承父业、徒弟继承师傅的手艺等过程就是继承。使用继承创建一个类不再需要重新编写新的数据成员和成员方法，只需要指定新建的类继承了一个已有的类即可，这个已有的类称为父类或基类，新建的类称为子类或派生类。这使得创建和维护一个应用程序变得更容易，也达到了重用代码功能和提高执行效率的效果。

4.2.1 继承的定义

使用 extends 关键字继承一个类，子类会继承父类可见的属性和方法，不会继承构造方法。定义代码如下。

Rec0402_01

```
1  class 子类名 extends 父类名{
2      //子类属性
3      //子类方法
4  }
```

例如，定义一个 Shape 类，包含 1 个 name 属性和 1 个 show() 方法；定义一个继承自 Shape 类的子类 Circle，包含 1 个 r 属性和 1 个 area() 方法。实现代码如下。

```
1  class Shape {
2    String name;              //形状的名称
3    void show() {
4      print(this.name);       //输出形状名称
5    }
6  }
7  class Circle extends Shape {
8    double r;                 //圆的半径
9    double area() {           //计算圆的面积
10     return 3.14 * r * r;
11   }
12 }
```

上述第 1~6 行代码用于定义 Shape 类;第 7~12 行代码用于定义继承自 Shape 类的 Circle 子类。

例如,实例化 Circle 对象,指定圆的名称和半径,并输出圆的面积。实现代码如下。

```
1  Circle circle =Circle();
2  circle.name ='圆';
3  circle.r =2.0;
4  circle.show();           //输出:圆
5  print(circle.area()); //输出:12.56
```

上述第 2 行代码引用父类的 name 属性,第 4 行代码引用父类的 show()方法,第 3 行代码引用子类的 r 属性,第 5 行代码引用子类的 area()方法。

Dart 语言不支持多重继承,也就是每个类最多只可以从一个父类继承。当然,类也可以从另一个子类继承。

4.2.2 父类方法的覆写

子类能够覆写父类的方法、访问器(getter)和存储器(setter)。子类覆写父类方法只要在方法前添加"@override"一行代码即可。

Rec0402_02

例如,在 Circle 子类中覆写 Shape 类的 show()方法。实现代码如下。

```
1  class Circle extends Shape {
2    double r;
3    double area() {
4      return 3.14 * r * r;
5    }
6    @override
7    void show() {
8      print(this.name +"半径:" +this.r.toString());
9    }
10 }
```

也可以在 Circle 子类覆写的 show()方法中调用父类的方法,实现代码如下。

```
1    super.show();
```

覆写方法时,方法的参数数量和类型必须匹配。如果参数数量或其数据类型不匹配,Dart编译器将抛出错误。

4.2.3 继承中的多态

Rec0402_03

Dart 语言中的多态就是父类定义一个完全没有实现或部分实现的方法,让继承它的子类去实现,这样就可以让每个子类有不同的表现行为。其实也就是通过子类覆写父类的方法,让同一个方法的调用会有不同的执行效果。

例如,定义一个继承自 Shape 的 Rect 子类,包括宽、高 2 个属性和 1 个覆写 show() 的方法。实现代码如下。

```
1    class Rect extends Shape {
2      double width;
3      double height;
4      double area() {
5        return width * height;
6      }
7      @override
8      void show() {
9        print(this.name +"宽:$width,高:$height,面积:" +this.area().toString());
10     }
11   }
```

在上述第 7~10 行代码定义的 Rect 类中,show() 方法和前面示例中的 Circle 类中的 show() 方法都是对它们共同的父类 Shape 中的 show() 方法进行了覆写,根据 Rect 类和 Circle 类创建的对象对该 show() 方法进行调用时,执行了不同的功能,从而形成了多态的特征。

另外,在实际应用中,还可能存在另一种多态用法。如:

```
1    Shape r =Rect();
2    r.name ='矩形';
3    print(r.area());        //报错
4    if (r is Rect) {
5      r.height =1.5;
6      r.width =1.5;
7      print(r.area());
8    }
```

上述第 3 行代码编译时报错,因为用多态生成的对象 r 是 Shape 类型,而 Shape 类型中没有 area() 方法。而上述第 4~8 行代码表示判断 r 是否为 Rect 类型,如果是 Rect 类型则给 height 和 weight 赋值,并且调用 area() 方法输出 r 的面积。上述第 4~8 行代码可以替换为如下代码。

```
1    (r as Rect).height=1.5;
```

```
2    (r as Rect).width=1.5;
3    print((r as Rect).area());
```

上述代码中的 as 运算符表示将 r 的类型转换成 Rect 类型后进行相应的操作。

4.2.4 构造方法的调用

Rec0402_04

在 Dart 语言中，构造方法的调用可以归纳为 4 种方式，下面分别介绍。

如果父类中有无参构造方法，则子类的构造方法会默认调用父类的无参构造方法。

例如，定义一个 Father 类，该类中包含 1 个无参构造方法；定义一个继承自 Father 类的子类 Child，Child 中也包含 1 个无参构造方法，并在 main() 方法中实例化 Child 对象，实现代码如下。

```
1    class Father {
2      Father(){
3        print('Father......');
4      }
5    }
6    class Child extends Father {
7      Child(){
8        print('Child......');
9      }
10   }
11   void main(){
12     Child child =Child();
13   }
```

运行上述代码后，先输出"Father......"，再输出"Child......"。也就是在第 12 行代码运行时，调用子类 Child 的构造方法时，默认先调用父类 Father 的无参构造方法。

如果父类没有无参构造方法，则需要在构造方法参数后使用":"显式调用父类的自定义构造方法。

例如，定义一个 Father 类，该类中包含 1 个带参数的构造方法；定义一个 Child 类，该类中包含 1 个带参数的构造方法。实现代码如下。

```
1    void main(){
2      Child child =Child('kate');
3    }
4    class Father {
5      String firstName;
6      Father(this.firstName) {
7        print('Father\'s fistname:......$firstName');
8      }
9    }
10   class Child extends Father {
11     Child(String firstName) : super(firstName) {
12       print('Child\'s fistname:......$firstName');
```

```
13     }
14 }
```

运行上述代码后,先输出"Father's fistname:……kate",再输出"Child's fistname:……kate"。如果在定义 Child 子类时没有使用":"显式调用父类带参数的构造方法,则会报错。因为 Child 子类中也应有构造方法给父类传参,super 表示实例化子类时,把赋值的参数传给父类的构造方法。super 关键字既可用于引用类的直接父级,也可用于引用父类的变量、属性或方法等。

父类的构造方法在子类构造方法体开始执行的位置调用,如果子类提供了初始化参数列表,在实例化子类对象时,首先执行子类的初始化参数列表,然后执行父类的构造方法。

上述示例第 11 行代码提供了初始化参数列表,所以第 2 行在实例化 child 对象时,首先将"kate"值赋给 firstName,然后才执行父类 Father 中的构造方法。

如果类中的一个构造方法调用类中的其他构造方法,则这种构造方法称为重定向构造方法。

例如,定义一个 Animal 类,该类中既包含 1 个带参数的 Animal 构造方法,也包含 1 个调用该构造方法的 Animal.productDog 重定向构造方法,实现代码如下。

```
1 class Animal{
2     String  name;
3     int  legs;
4     Animal(this.name, this.legs);
5     Animal.productDog(int legs): this("dog", legs);
6 }
```

上述第 5 行代码定义了 1 个重定向构造方法,该构造方法用 this 关键字调用了 Animal 类中的另一个 Animal()构造方法。

4.3 抽象类

面向对象程序设计中的所有对象都是由类来实例化的,但是反过来,并不是所有的类都可以实例化对象。如果一个类中并没有包含足够的信息来实例化一个具体的对象,那么这样的类就称为抽象类。

4.3.1 抽象类的定义

抽象类除了不能实例化对象之外,具有普通类的其他所有功能,包括成员属性、成员方法和构造方法的访问方式等。其定义代码如下。

Rec0403_01

```
1 abstract class 类名{
2     //成员属性
3     //构造方法
4     //抽象方法
5     //普通方法
6 }
```

例如，定义一个 People 类，要求它的子类必须包含 sport()方法和 think()方法。定义一个继承自 People 类的 Chinese 子类，实现代码如下。

```
1  abstract class People {
2    String nation;              //成员属性
3    People(this.nation);        //构造方法
4    void sport();               //抽象方法
5    void think();               //抽象方法
6    void eat() {                //成员方法
7      print('eat');
8    }
9  }
10 class Chinese extends People {
11   Chinese(nation) : super(nation);
12   @override
13   void sport() {
14     print(super.nation + '喜欢运动');
15   }
16   @override
17   void think() {
18     print(super.nation + '善于思考');
19   }
20 }
```

结合上例，抽象类具有以下 4 个特点。

（1）抽象类中没有方法体的方法称为抽象方法。如上述第 4～5 行代码定义的 sport()方法和 think()方法。

（2）抽象类不能实例化对象，只有继承它的子类才可以被实例化。如上述第 10～20 行代码定义的 Chinese 子类才可以被实例化。

（3）子类继承抽象类时必须实现抽象类中的抽象方法。如上述第 12～15 行和第 16～19 行代码覆写的 sport()和 think()方法。

（4）抽象类作为接口使用的时候必须实现抽象类中定义的所有属性和方法。

例如，定义一个继承自 People 接口的 Japanese 子类，实现代码如下。

```
1  class Japanese implements People {
2    @override
3    String nation;                    //覆写 nation 属性
4    Japanese(this.nation);
5    @override
6    void sport() {                    //覆写 sport()方法——抽象方法
7      print(this.nation + '喜欢运动');
8    }
9    @override
10   void think() {                    //覆写 think()方法——抽象方法
11     print(this.nation + '善于思考');
12   }
```

```
13      @override
14      void eat() {              //覆写 eat()方法——普通方法
15        print(this.nation +'爱吃寿司');
16      }
17    }
```

上述第3行代码覆写 nation 属性,第 7~8 行、9~12 行、13~15 行代码分别覆写 sport()、think()和 eat 方法。

4.3.2 接口

Dart 语言没有提供 interface 关键字定义接口,但是定义的每个类都是一个隐式的接口,其中包含类里的所有成员属性、成员方法和构造方法等。在实际应用开发中,如果需要定义一个子类拥有父类的属性和方法,但并不需要父类里属性和方法的具体实现,就可以把父类当作接口。当类被当作接口使用时,类中的方法和成员属性就是接口的方法和成员属性,它们都需要在子类中重新实现,即在子类中实现该方法和成员属性时添加"@override"。一个子类可以实现多个父类接口中的成员属性和成员方法。

例如,定义一个 Person 类和一个 Food 类,创建一个继承自 Person 和 Food 类的子类 Student,Student 类只需要拥有 Person 类和 Food 类的成员属性和成员方法,但并不需要它们的具体实现。实现代码如下。

```
1   class Person {
2     String nation;
3     void run() {}
4   }
5   class Food {
6     String type;
7     void water() {}
8   }
9   class Student implements Person,Food{
10    @override
11    String nation;         //覆写 nation 属性
12    @override
13    void run() {           //覆写 run()方法
14    }
15    @override
16    String type;           //覆写 type 属性
17    @override
18    void water() {         //覆写 water()方法
19    }
20  }
```

4.3.3 混入

由于 Dart 语言不支持多继承,所以引入了混入(Mixins)概念。所谓混入,就是能够将一个或多个父类的功能添加到子类中,而无须继承这些父类。

例如,定义一个 Worker 类,引用 4.3.2 节中定义的 Person 类和 Food 类中所有功能,实现代码如下。

```
1    class Worker extends with Person,Food{
2    }
```

如果 Person 类和 Food 类中有相同的方法,则 Food 类中的方法会覆盖 Person 类中的同名方法。也就是说,Dart 语言中混入的原则是相同方法被覆盖,并且 with 后面类中的方法会覆盖前面类中的同名方法。

第5章 Dart高级应用

从前面章节的介绍可以看出,Dart 语言的基本语法、面向对象程序设计思想继承了 C、Java、JavaScript 及其他语言相同的语句和表达式语法。但是 Dart 语言作为一个基于编译器的优化编程语言,主要用于为不同的环境(如 Android、iOS、Web 和 Desktop)开发应用程序,它也支持泛型、Future、async 和 await 等高级编程技术。

5.1 泛型

泛型是程序设计语言的一种特性,它允许程序员在强类型程序设计语言中编写代码时并不在类型定义部分直接指出明确的类型,而是用 E(Element)、T(Type)、V(Value)或 K(Key)等单字母表示,只有在使用前才明确指定类型。相当于将类型参数化,从而既提供了编译时类型安全检测机制,又提高了代码复用率和软件开发效率。

5.1.1 泛型的定义

泛型即泛类型,也就是类型并不需要在声明时决定,而是延迟到使用时决定。例如,Dart 语言的 API 文档中用"List<E>"表示 List 类型,其中的<E>就是表示 List 是一个泛型类型。所以在实际使用时,可以使用如下代码明确 List 中数组元素的数据类型。

```
1    List<String>list =List();
2    list.add('abc');
3    list.add(1);          //报错
```

上述第 1 行代码明确 List 数组中只能存放 String 类型的数据元素。第 2 行代码将"abc"的值添加到 list 中,而第 3 行代码执行时会报错,因为 1 是 int 类型,而不是 String 类型。

从上述代码可以看出,虽然 List 数组中的元素值类型是可选的,但是编写代码时程序员也可以选择不指定类型,这样 List 数组中的元素值就可以是不同的数据类型。如果程序员希望编写代码时清晰地表明预期类型,则可以使用第 1 行代码的格式传入具体的类型参数。也就是可以把泛型看作是类型的变量,而为泛型类型指定具体类型时,就类似给变量赋值。

例如,定义一个可以表示任何类型信息的类,该类中包含 1 个成员属性、1 个构造方法和 1 个自定义方法。实现代码如下。

```
1    class Info<T>{
2        T value;
3        Info(this.value);
```

```
4    void showPrint() {
5      print("你目前输入的$value是$T类型");
6    }
7  }
```

上述第1行<T>表示定义一个泛型类,该类的成员属性 value 的类型也指定为 T,并且第5行代码用"$T"引用 T 的值。下面分别指定 T 为 String 类型和 int 类型,实现代码如下。

```
1  Info StringInfo =Info<String>('nixiaoniu');   //泛型指定数据类型为 String
2  StringInfo.showPrint();
3  Info intInfo =Info<int>(200);                  //泛型指定数据类型为 int
4  intInfo.showPrint();
```

从上述第1行和第3行代码可以看出,使用泛型可以指定类中的成员属性类型为 String、int 等多种不同的类型。其实,泛型也可以减少重复代码,它允许程序员在许多类型之间共享一个接口和实现。

5.1.2 泛型的使用

泛型的本质是参数化类型,也就是说所操作的数据类型被指定为一个参数。参数化类型的目的是告诉编译器要处理实例的类型,从而在处理其他类型时做出提示,并保证编译时的类型安全。参数化类型可以在类、接口和方法的创建中表现,分别称为泛型类、泛型接口和泛型方法。

Rec0501_02

1 泛型类

泛型类和普通类的区别就是类名后有类型参数声明,声明类型参数可以有一个或多个,多个参数间用逗号隔开。一个泛型参数,也被称为一个类型变量,是用于指定一个泛型类型名称的标识符,一般用 E、T、V 或 K 等字母表示。在类名中声明参数类型后,内部成员、方法就可以使用声明后的参数类型。例如,前面示例的 Info<T>就是一个泛型类,它在类名后声明了一个类型参数 T,它的成员属性 value 就可以使用 T 表示成员类型。

2 泛型接口

泛型接口和泛型类一样,泛型接口在接口名后添加类型参数,接口声明类型后,接口的成员属性和方法就可以直接使用这个类型。

例如,定义一个可以操作 MySQL、SQL Server 和 MongoDB 的接口 OperateDB,实现步骤如下。

(1) 定义数据库类。

为了操作 MySQL、SQL Server 和 MongoDB 等不同类型的数据库,可以用下列代码定义 MySQL、SQL Server 和 MongoDB 数据库。

```
1  class MySQL {
2    //定义 MySQL 数据库类
3  }
4  class MsSQL {
5    //定义 SQL Server 数据库类
6  }
```

```
7   class MoSQL {
8     //定义 MongoDB 数据库类
9   }
```

(2) 定义操作数据库的接口。

由于操作的数据库可能为 MySQL、SQL Server 或 MongoDB，所以可以用泛型定义一个可以操作不同数据库的接口，实现代码如下。

```
1   abstract class OperateDB<T>{
2     T currentRecord;                          //当前记录
3     T getRecord(int index);                   //取指定记录
4     bool insertRecord(int index, T mySQL);    //插入指定记录
5   }
```

上述代码中的 currentRecord 为成员属性，getRecord()和 insertRecord()为成员方法，接口声明类型后的 T 可以直接用于成员属性和方法。

(3) 实现 OperateDB 接口。

只有具体实现 OperateDB 接口后，才可以具体操作指定的数据库。实现代码如下。

```
1   class DB<T> implements OperateDB<T>{
2     DB() {
3       print('正在操作的数据库为:$T');
4     }
5     @override
6     T currentRecord;
7     @override
8     T getRecord(int index) {
9       //方法体
10    }
11    @override
12    bool insertRecord(int index, T mySQL) {
13      //方法体
14    }
15  }
```

实现 OperateDB 接口时需要覆写接口中的所有属性和方法，上述第 2~4 行定义实现 OperateDB 接口的 DB 类的构造方法；第 5~6 行代码覆写 currentRecord 属性；第 7~10 行和 11~14 行代码分别覆写 getRecord()和 insertRecord()方法。

(4) 实例化对象操作 MySQL、SQL Server 和 MongoDB 数据库。

只有实例化 MySQL、SQL Server 或 MongoDB 数据库对象后，才能具体操作 MySQL、SQL Server 或 MongoDB 数据库，实现代码如下。

```
1   DB dbMySQL =DB<MySQL>();
2   DB dbMsSQL =DB<MsSQL>();
3   DB dbMoSQL =DB<MoSQL>();
```

上述第 1 行代码实例化操作 MySQL 数据库对象；第 2 行代码实例化操作 SQL Server 数据库对象；第 3 行代码实例化操作 MongoDB 数据库对象。代码运行结果如图 5.1 所示。

图 5.1 泛型接口操作数据库

泛型接口比较实用的使用场景就是用作策略模式的公共策略。上面案例的 OperateDB 就是一个泛型接口，MySQL、SQL Server 和 MongoDB 的数据库操作都是按照 OperateDB 接口约束实现的。

3 泛型方法

泛型方法是指使用泛型的方法，调用该方法时可以接收不同类型的参数。根据传递给泛型方法的参数类型，编译器适当地处理每一个方法调用。泛型方法可以约束一个方法使用同类型的参数、返回同类型的值，可以约束里面的变量类型。泛型方法可以定义在泛型类中，也可以定义在普通类中。

例如，定义一个可以显示数组元素的泛型方法，并且数组元素可以是任何类型的数据。实现代码如下。

```
1   class PrintList {
2     void show<T>(List<T> name) {
3       name.forEach((value) {
4         print(value);
5       });
6     }
7   }
```

上述第 2 行代码定义的 show() 为泛型方法，按如下代码格式实例化不同数组元素类型的对象，就可以调用 show() 方法输出数组元素。

```
1   PrintList printList = PrintList();
2   List<int> list1 = [1, 2, 3, 4, 5];
3   List<String> list2 = ["中国", "美国", "日本", "朝鲜", "德国"];
4   List<Map> list3 = [{'first': '阿里巴巴'}, {'second': '腾讯', 'fifth': '百度'},
                       {'fifth': '百度'}];
5   printList.show(list1);
6   printList.show(list2);
7   printList.show(list3);
```

上述第 1~3 行代码分别定义了存放 int、String 和 Map 类型数组元素的 List；第 4 行代码表示实例化 printList 对象；第 5~7 行代码分别调用 printList 对象的 show() 方法输出 int、String 和 Map 类型的 List 数据。

5.2 异步

异步(Asynchronous, async)与同步(Synchronous, sync)是相对的概念。在传统的单线程编程中，程序的运行都是同步的，程序按照连续的顺序依次执行，即只有前面的事务处理完毕后，后面的事务才会继续执行。而异步指的是后一个事务并不一定需要前一个事务处理完毕就可以继续执行，异步一般需要在多线程编程中实现。Dart 语言是单线程编程语言，它没有主线程和子线程，但是 Dart 语言类库中有很多返回 Future 或 Stream 类型对象的异步方法支持异步编程，从而避免程序在执行网络请求、文件读写等耗时操作时阻塞线程，导致程序不能完成任务。

5.2.1 Future

Future 表示在将来某时获取一个值的方式。当一个返回 Future 的方法被调用时，该方法会把要执行的某个事件放入队列，并返回一个未完成的 Future 对象。在该事件执行完毕后，Future 对象的状态会自动变成已经完成，此时可以通过 then 链式调用或 async 和 await 获取该事件的返回值，并对返回值进行相应的处理。

1 异步读文件

Dart 语言提供了异步读文件机制，即调用 File 类的异步读文件方法 readAsString()读文件时，并不会阻塞程序代码其他功能模块的执行。

例如，定义 1 个从指定文件异步读出文件内容的方法，并输出文件内容。实现步骤如下。

(1) 定义 readFile()方法。

自定义的 readFile()方法用于从指定位置异步读出文件内容。实现代码如下。

```
1  Future<String>  readFile(String filePath) {
2    File file =File(filePath);              //创建 File 文件对象
3    return file.readAsString();
4  }
```

上述第 3 行代码中 readAsString()方法的返回值是 Future 类型。Dart 语言通过 File 对象的 readAsString()方法异步读取文件，该方法返回一个 Future<String>对象，表明该操作返回的是一个未来的对象，而 Future 有一个 then 方法，该方法的原型代码如下。

```
1  Future<R>then<R>(
2    FutureOr<R>onValue(
3     T value
4    ), {
5   Function onError}
6  );
```

then()方法用来注册将来完成时要调用的回调方法，该方法有以下两个参数。

① Callback(成功返回的回调方法)：因为调用 then()方法的对象是 Future 类型，该 Future 类型对象是一个潜藏的 value(正常返回值)或者 error(返回错误)，如果 Future 类型的对象成功完成，则会执行 onValue 这个 Callback。

② onError(失败返回的回调方法):它是一个可选的命名 Function 参数,这个方法只有在 Future 返回失败的时候才会被执行。onError 也包含两个参数,第一个是 Exception,第二个是可选参数 StackTrace。

(2) 定义 main()方法。

调用 readFile()方法读出 temp/info.txt 文件内容的实现代码如下。

```
1  void main() {
2    print("start");
3    Future info = readFile("temp/info.txt");
4    info.then(
5      (value) {
6        print(value);}
7    );
8    print('end');
9  }
```

上述第 4~7 行代码用 then 链式调用获取 Future 对象的返回值 value,并输出 value 值,即读出的文件内容。图 5.2 所示为程序的运行结果。从中可以看出,当执行到第 3 行代码时,调用的 readFile()方法不是阻塞的,而是把自己放入队列,不会暂停程序代码的执行,程序继续执行第 8 行代码;当 readFile()方法读完文件后,执行第 4~7 行代码并输出文件内容。其实,虽然 readFile()方法需要消耗一定时间执行完成,但通过 Future 的异步处理机制,当它在读文件时,并不会影响程序的其他代码执行,即在读完文件之前可以正常处理其他事务,这也就是图 5.2 所示输出结果中先输出第 8 行代码执行结果的原因。如果需要在读完文件后才能执行第 8 行代码,可以将第 8 行代码放到第 7 行代码之前,这样输出图 5.3 所示的结果。

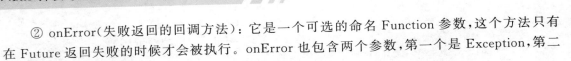

图 5.2 Future 读文件(1)

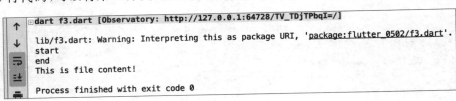

图 5.3 Future 读文件(2)

当然,在进行访问网络、读写文件这些耗时操作时,也可能发生网络连接不上、要读写的文件不存在等问题,也就是调用 then()方法的 Future 返回值发生错误,此时可以使用如下代码处理。

```
1  void main() {
2    print("start");
```

```
 3    Future info =readFile("temp/info.txt");
 4    info.then(
 5      (value) {
 6        print(value);
 7        print('end');},
 8      onError: (e) {
 9        print(e);}
10    );
11  }
```

上述第 8~9 行代码定义了一个 Future 对象失败返回的回调方法 onError,并指定了出错异常参数 Exception,一旦出错,输出异常信息。

2 同步读文件

Dart 语言同样也提供了同步读文件机制,即调用 File 类的同步读文件方法 readAsStringSync()。用 readAsStringSync() 方法读文件时,需要等文件读完后才能执行后面的功能模块。

例如:定义 1 个从指定文件同步读出文件内容的方法,并输出文件内容。实现步骤如下。

(1) 定义 readFileSync() 方法。

自定义的 readFileSync() 方法用于从指定位置同步读出文件内容。实现代码如下。

```
1  String readFileSync(String filePath) {
2    File file =File(filePath);
3    return file.readAsStringSync();
4  }
```

如果 readAsStringSync() 方法同步读文件成功,则该方法的返回值为 String 类型。

(2) 定义 main() 方法。

调用 readFileSync() 方法读出 temp/info.txt 文件内容。实现代码如下。

```
1  void main() {
2    print('start');
3    String info =readFileSync("temp/info.txt");
4    print(info);          //输出读出的文件内容
5    print('end');
6  }
```

上述代码执行后的运行效果如图 5.3 所示,即必须等第 3 行代码执行完成后,才能执行后续第 4 行、第 5 行及后面的代码。

5.2.2 async 和 await

Futurn 处理异步任务时,需要注册回调方法才能处理异步任务和返回的结果,这种程序的可读性比较差,尤其是多层回调方法层层嵌套的时候。为了解决这个问题,Dart 语言提供了 await 和 async 机制,让异步任务的执行跟同步代码的执行顺序一致。

例如,用 async 和 await 机制实现异步读文件,并产生图 5.3 所示的输出效果。main() 方法的代码修改如下。

```
1  void main() async {
2    print('start');
3    String info = await readFile("temp/info.txt");
4    print(info);
5    print('end');
6  }
```

上述第 1 行代码用 async 标记 main()方法是一个异步方法；第 3 行代码用 await 表示后面语句返回的是 Future 对象，并等待 Future 异步执行任务的结果，直到执行任务结束获得返回结果后，才继续执行后面的程序代码。

async 用来表示定义的方法是异步执行的，该方法会返回一个 Future 对象；await 后面也是一个 Future 对象，表示等待该异步任务完成。只有异步任务执行完成后才会继续执行后面的任务代码。简单地说，async 的作用就是标记一个方法是异步方法；await 的作用就是等待异步任务的结果。综上所述，使用 async 和 await 实现代码的异步执行机制包含以下 4 个要点。

① await 只能在标记了 async 的异步方法中使用，否则报错。
② 当使用 async 作为方法名后缀声明时，说明这个方法的返回值是一个 Future 类型。
③ 当执行到该方法中用 await 标注的代码时，会暂停该方法其他部分的代码执行。
④ 当 await 标注的代码引用的 Future 类型返回值执行完成，await 标注的代码后的下一行代码会立即执行。

5.2.3　Stream

Stream 和 Future 是 Dart 语言实现异步处理机制的核心 API。用 Future 实现异步处理时，所有异步操作的返回值都有 Future 标注，但是 Future 只能表示一次异步获得的数据。而 Stream 实现异步事件流的处理表示多次异步获得的数据。比如，用前面介绍的 File 类的 readAsString()方法实现异步读和 readAsStringSync()方法实现同步读，都是一次性把整个文件的内容读取出来，如果文件很大，就会导致内存占用太大而影响程序性能等问题。而采用 Stream 方式读文件内容时，一般情况下每次可以读取一部分数据，并进行相应的处理。

例如，定义 1 个用 Stream 方式从指定文件读出文件内容的方法，并输出文件内容，实现步骤如下。

（1）定义 getContent()方法。

自定义 getContent()方法用于从指定位置读出文件内容。实现代码如下。

```
1  Stream getContent(String filePath) {
2    File file = File(filePath);
3    return file.openRead();
4  }
```

上述第 3 行代码的 openRead()方法返回一个 Stream<List<int>>类型的数据，也就是一个存放了 int 类型数组的数据流。获得一个 Stream 实例对象后，就是通过 listen()方法订阅 Stream 上发出的数据（即事件），有事件发出时，就会通知订阅者进行相应的事件处理。listen()方法的原型代码如下。

```
1  StreamSubscription<T>listen(
2    void onData(T event),
3    { Function onError,
4      void onDone(),
5      bool cancelOnError }
6  );
```

listen()方法一共有 4 个参数,其中有 1 个必选参数和 3 个可选参数。onData 用于处理收到数据时的回调方法,它是必选参数;onError 用于处理遇到错误时的回调方法;onDone 用于处理结束时的通知回调方法;cancelOnError 用于处理遇到第一个 Error 时是否取消监听,默认为 false,即不取消监听。

(2) 定义 main()方法。

调用 getContent()方法读出 temp/info.txt 文件内容的实现代码如下。

```
1  void main() {
2    print('begin');
3    Stream stream = getContent("temp/info.txt");
4    stream.listen(
5      (value) {
6       print(value); },
7      onError: (e) {
8       print(e);},
9      onDone: () {
10       print('end'); }
11    );
12  }
```

上述第 4~11 行代码表示订阅 stream 事件流,其中第 4~5 行表示处理收到数据时的操作,由于 stream 流中存放的是 int 类型的数组,所以会将 info.txt 中的内容转换为 ASCII 值的数组元素后输出,运行结果如图 5.4 所示;第 7~8 行表示处理遇到错误时的操作;第 9~10 行表示处理结束时的操作。

```
dart f3.dart [Observatory: http://127.0.0.1:65119/rLJQtz7lR0c=/]
lib/f3.dart: Warning: Interpreting this as package URI, 'package:flutter_0502/f3.dart'.
begin
[84, 104, 105, 115, 32, 105, 115, 32, 102, 105, 108, 101, 32, 99, 111, 110, 116, 101, 110, 116, 33]
end

Process finished with exit code 0
```

图 5.4 Stream 读文件

第6章 基本组件

任何一个应用程序都需要有一个美观、易用的用户界面,才能吸引更多的用户使用和推广。基于 Flutter 框架开发的应用程序用户界面都是由一个或多个 Widget 元素组合而成的。在 Flutter 开发中,这些组成用户界面的 Widget 元素既可以理解为原生应用程序开发中的用户界面组件(UI Component),也可以理解为原生应用程序开发中的用户界面布局(UI Layout)。本章结合具体的应用案例介绍 Flutter SDK 提供的基本界面组件的使用方法和应用场景。

6.1 概述

进行移动应用开发时,严格的设计规范和个性化的设计风格,从某种程度上会影响产品的用户流量和体验效果。谷歌自 2011 年开始重视产品的设计,2014 年在 I/O 大会上推出了一种视觉设计语言——Material Design(原质化设计),它既遵循优秀设计的经典原则,也结合创新理念和新技术。同时宣布旗下的电脑、可穿戴设备、电视等设备都可以使用 Material Design 作为视觉规范,甚至还鼓励开发者在 iOS 平台上也使用它。Material Design 并不是简单的扁平设计,而是一种注重卡片式设计、纸张的模拟,使用强烈对比色彩的设计风格。它的目标包括以下 3 点。

(1) 创造性(Create)。创造一种视觉语言,将经典的优秀设计原则与技术和科学的创新和可能性相结合。

(2) 统一性(Unify)。开发一个单一的底层系统,让用户在不同的平台、设备和输入方法之间具有统一的用户体验效果。

(3) 定制性(Customize)。在统一规范的基础上突出设计者自己产品的个性化效果和品牌特征。

6.1.1 MaterialApp

MaterialApp 是 Flutter 开发中最常用的符合 Material Design 设计理念的入口 Widget,它封装了应用程序,实现 Material Design 需要的一些基本 Widget。下面介绍 MaterialApp 的常用属性。

Rec0601_01

1 home

home 属性用于指定进入应用程序后显示的第一个页面,即用来定义打开当前应用程序时显示的界面。该属性值为 Widget 类型。例如,下列代码运行后,显示图 6.1 所示的界面。

```
1  import 'package:flutter/material.dart';
2  void main() =>runApp(MyApp());
3  class MyApp extends StatelessWidget {
4    @override
5    Widget build(BuildContext context) {
6      return MaterialApp(
7        home: Center(                              //设定居中
8          child: Text(
9            'home 属性使用示例',                    //设定显示文本
10           style: TextStyle(                      //设定字的样式
11             color: Colors.green,                 //颜色
12             fontSize: 25,                        //字号
13             fontStyle: FontStyle.italic,         //字型
14             decoration: TextDecoration.none      //装饰
15           ),
16         ),
17       ),
18     );
19   }
20  }
```

图 6.1　home 属性使用(1)

在实际应用开发中,通常使用 Scaffold 构造一个 Material Design 风格的对象布局页面上的 Widget 元素。例如,将上述第 6～18 行代码替换为如下代码,显示图 6.2 所示的界面。

```
1      return MaterialApp(
```

```
 2        home: Scaffold(
 3          body: Center(                        //设定居中
 4            child: Text(
 5              'home 属性使用示例',                //设定显示文本
 6              style: TextStyle(                //设定字的样式
 7                color: Colors.green,           //颜色
 8                fontSize: 25,                  //字号
 9                fontStyle: FontStyle.italic    //字型
10              ),
11            ),
12          ),
13        ),
14      );
```

图 6.2　home 属性使用（2）

上述两段代码用 Center（居中布局）组件设定 Text（文本）组件在界面上居中显示。若没有使用 Center 组件设定 Text 组件的显示位置，默认从设备的左上角开始显示。

为了让代码结构层次更加清楚，也可以定义一个 Widget 类型的实例化对象，然后将该实例化对象赋值给 home 属性。所以，使用如下代码可以实现图 6.1 所示的界面效果。

```
1  import 'package:flutter/material.dart';
2  void main() => runApp(MyApp());
3  class MyApp extends StatelessWidget {
4    //定义 Widget 类型实例化对象
5    Widget appWidget =Center(
6      child: Text(
7        'home 属性使用示例！',                    //设定显示文本
```

```
 8            style: TextStyle(                    //设定字的样式
 9               color: Colors.green,              //颜色
10               fontSize: 25,                     //字号
11               fontStyle: FontStyle.italic,      //字型
12               decoration: TextDecoration.none   //装饰
13            ),
14         ),
15      );
16      @override
17      Widget build(BuildContext context) {
18         return MaterialApp(
19            home: appWidget,
20         );
21      }
22   }
```

上述第 4～15 行代码定义一个 Widget 类型实例化对象，该对象用 Center 页面布局方式设置了一个 Text 对象；第 19 行代码用于设置 home 的属性值为第 4～15 行代码定义的 appWidget 对象。

2 routes

routes 属性用于指定应用程序中页面跳转的路由。该属性值为 Map＜String key，WidgetBuilder value＞类型，其中 key 指定路由名称，value 指定路由对应的页面。当使用 Navigator.pushNamed 方法根据命名路由实现页面跳转时，首先会在 routes 属性设置的路由表中查找对应的路由名称，然后切换到该路由指定的页面。例如，当应用程序运行后，首先启动 MainPage 页面，显示图 6.3 所示的效果；然后单击页面上的"当前为主页，点击跳转到新闻页"即可跳转到 NewsPage 页面，显示图 6.4 所示的效果。实现步骤如下。

图 6.3　routes 属性使用（1）

图 6.4　routes 属性使用（2）

(1) 创建 MainPage 页面。

用 GestureDetector 组件(手势监测)创建的手势监测对象,实现单击 MainPage 页面可以跳转到"/news"路由指定的 NewsPage 页面,实现代码如下。

```
1   class MainPage extends StatelessWidget {
2     @override
3     Widget build(BuildContext context) {
4       return Scaffold(
5         body: Center(
6           child: GestureDetector(
7             onTap: () {
8               Navigator.pushNamed(context, '/news');
9             },
10            child: Text('当前为主页,点击跳转到新闻页',
11              style: TextStyle(
12                fontSize: 20.0,
13                color: Colors.blue,
14                decoration: TextDecoration.none)))));
15      }
16    }
```

上述第 6～14 行代码用 GestureDetector 组件(手势监测)创建了手势监测对象,其中第 7～9 行代码用 onTap()方法实现了触碰该对象事件,即调用/news 路由,启动 routes 表中设置的对应页面。其中第 10～14 行创建了一个 Text 对象,用于显示"当前为主页,点击跳转到新闻页"。

(2) 创建 NewsPage 页面。

用 GestureDetector 组件(手势监测)创建的手势监测对象,实现单击 NewsPage 页面可以跳转到"/main"路由指定的 MainPage 页面,实现代码如下。

```
1   class NewsPage extends StatelessWidget {
2     @override
3     Widget build(BuildContext context) {
4       return Scaffold(
5         body: Center(
6           child: GestureDetector(
7             onTap: () {
8               Navigator.pushNamed(context, '/main');
9             },
10            child: Text('当前为新闻页,点击跳转到主页',
11              style: TextStyle(
12                fontSize: 20.0,
13                color: Colors.blue,
14                decoration: TextDecoration.none)))));
15      }
16    }
```

上述第 6～14 行代码用 GestureDetector 组件（手势监测）创建了手势监测对象，其中第 7～9 行代码用 onTap() 方法实现了触碰该对象事件，即调用 "/main" 路由，启动 routes 表中设置的对应页面。其中第 10～14 行创建一个 Text 对象，用于显示"当前为新闻页，点击跳转到主页"信息。

（3）创建路由表。

页面间的跳转可以使用 routes 属性创建路由表，并通过路由表中 key 指定的路由名称和 value 指定的对应页面来实现，实现代码如下。

```
1  import 'package:flutter/material.dart';
2  void main() =>runApp(MyApp());
3  class MyApp extends StatelessWidget {
4    @override
5    Widget build(BuildContext context) {
6      return MaterialApp(
7        home: MainPage(),
8        routes: {
9          '/main': (BuildContext context) =>MainPage(),
10         '/news': (BuildContext context) =>NewsPage(),
11       },
12       onGenerateRoute: (setting) {
13         return PageRouteBuilder(pageBuilder: (BuildContext context, _, __) {
14           return NewsPage();
15         });
16     );
17   }
18  }
```

上述第 8～11 行代码创建了"/main"和"/news"两个路由，分别用于跳转到 MainPage 页面和 NewsPage 页面。第 12～16 行代码表示如果查找的路由在 routes 属性设置的路由表中不存在，则会通过 onGenerateRoute 属性设置的拦截进行路由查找。即在上述代码中，如果用 Navigator.pushNamed 指定的路由在 routes 属性设置的路由表中不存在，则会跳转到 NewsPage 页面。关于 onGenerateRoute 的属性用法，后面章节会详细介绍。

如果应用程序只有一个页面，则不用设置 routes 属性，直接使用 home 属性设置该唯一页面即可。如果 home 属性值不为 null 值，则 routes 属性设置的路由中不能包含"/"路由。因为"/"路由会与 home 属性值指定的应用程序启动后的第一个页面发生冲突而报错。

3 initialRoute

initialRoute 属性用于指定启动应用程序时的初始路由，即启动应用程序后跳转的第一个页面。应用程序中即使设置了 home 属性值，启动后的第一个页面也是 initialRoute 路由指定的页面。该属性值为 String 类型，即设置为 routes 属性中路由表指定的 key 路由名称。

Rec0601_03

例如，MainPag 页面和 NewsPage 页面仍为实现图 6.3 和图 6.4 效果的代码。下列代码因为用 initialRoute 属性指定了应用程序启动时的初始路由"/news"，所以即使 home 属性指定了 MainPage 页面，但是应用程序启动后展现的页面仍为"/news"路由指定的 NewsPage 页面。

```
1  import 'package:flutter/material.dart';
2  void main() => runApp(MyApp());
3  class MyApp extends StatelessWidget {
4    @override
5    Widget build(BuildContext context) {
6      return MaterialApp(
7        home: MainPage(),
8        initialRoute: '/news',
9        routes: {
10         '/main': (BuildContext context) => MainPage(),
11         '/news': (BuildContext context) => NewsPage(),
12       },
13       onGenerateRoute: (setting) {
14         return PageRouteBuilder(pageBuilder: (BuildContext context, _, __) {
15           return NewsPage();
16         });
17     });
18   }
19 }
```

开发应用程序时，home、initialRoute 和 onGenerateRoute 3 个属性至少要设置 1 个。如果 home、initialRoute 属性同时存在，则启动 initialRoute 属性路由指定的页面；如果只有 onGenerateRoute 属性存在，则启动 onGenerateRoute 属性路由指定的页面。

4 theme

theme 属性用于指定应用程序的主题（即共享颜色和字体样式）。在 Flutter 应用开发中，有全局主题和局部主题两种，全局主题由应用程序根 MaterialApp 创建，应用程序的某个区域范围内可以定义局部主题覆盖全局主题，本节仅介绍全局主题。该属性值为 ThemeData 类型。使用全局主题比较简单，只要提供 ThemeData 给 MaterialApp 即可，如果没有提供，则 Flutter 会提供一个默认主题。例如，需要将应用程序的备用主题颜色设置为蓝色，主题主色（即决定导航栏颜色）设置为红色，主题次级色（即界面上大多数 Widget 的颜色，如进度条、开关等）设置为黄色等，可以使用如下代码。

```
1  @override
2  Widget build(BuildContext context) {
3    return MaterialApp(
4      home: Scaffold(
5        appBar: AppBar(
6          title: Text('MaterialApp 主题'),
7        ),
8      ),
9      theme: ThemeData(
10       primarySwatch: Colors.blue,     //备用主题色
11       primaryColor: Colors.red,       //主题主色(导航栏颜色)
12       accentColor: Colors.yellow,     //主题次级色(Widget 颜色)
13     ),
```

```
14      );
15  }
```

上述代码如果没有第 11 行，导航栏就会采用第 10 行的备用主题色。定义完主题后，就可以在应用程序对应的 Widget 中使用。而且 Flutter 提供的 Material Widgets 将使用定义完成的主题 Theme 为 AppBars、Buttons、Checkboxes 等组件设置背景颜色和字体样式。ThemeData 类包含很多属性，用于设置主题各个组成部分的颜色和样式，其常用属性如下。

```
1   ThemeData({
2       Brightness brightness,                      //深色还是浅色
3       MaterialColor primarySwatch,                //备用主题色
4       Color primaryColor,                         //主题主色，决定导航栏颜色
5       Color accentColor,                          //主题次级色，决定大多数 Widget 的颜色，如进度条、开关等
6       Color cardColor,                            //卡片颜色
7       Color dividerColor,                         //分割线颜色
8       ButtonThemeData buttonTheme,                //按钮主题
9       Color cursorColor,                          //输入框光标颜色
10      Color dialogBackgroundColor,                //对话框背景颜色
11      String fontFamily,                          //文字字体
12      TextTheme textTheme,                        //字体主题，包括标题、body 等文字样式
13      IconThemeData iconTheme,                    // Icon 的默认样式
14      TargetPlatform platform,                    //指定平台，应用特定平台控件风格
15      Brightness primaryColorBrightness,          //主题主色的深浅色
16      Color canvasColor,                          //画布颜色
17      Color disabledColor,                        //禁用时的颜色
18      Color backgroundColor,                      //背景颜色
19  })
```

5 其他属性

除了前面介绍的 home、routes、initialRoute 和 theme 等属性，MaterialApp 还包含表 6-1 所示的属性，限于篇幅，本节不再详细阐述。在实际应用开发时，读者可以参考官方文档。

表 6-1　MaterialApp 的其他属性及功能

属 性 名	类　　型	功能说明
navigatorKey	GlobalKey\<NavigatorState\>	导航键
onUnknownRoute	RouteFactory	未知路由
navigatorObservers	List\<NavigatorObserver\>	导航观察器
builder	TransitionBuilder	建造者
title	String	标题
onGenerateTitle	GenerateAppTitle	生成标题
color	Color	颜色
locale	Locale	本地化初始地点

续表

属 性 名	类 型	功能说明
localizationsDelegates	Iterable＜LocalizationsDelegate＜dynamic＞＞	本地化委托
localeResolutionCallback	LocaleResolutionCallback	区域分辨回调
supportedLocales	Iterable＜Locale＞	本地化支持区域列表
debugShowMaterialGrid	bool	调试材质网格是否显示
showPerformanceOverlay	bool	性能叠加是否显示
checkerboardRasterCacheImages	bool	棋盘格光栅缓存图像是否显示
checkerboardOffscreenLayers	bool	棋盘格是否渲染到屏幕外位图图层
showSemanticsDebugger	bool	框架报告的可访问性信息覆盖是否显示
debugShowCheckedModeBanner	bool	调试器横幅是否显示

6.1.2 Scaffold

Scaffold 是 Flutter 开发中实现 Material Design 布局结构的"脚手架",只要是在 Material Design 中定义过的单个界面显示的布局组件元素,都可以用 Scaffold 绘制。通常 Flutter 开发中总是定义一个 Scaffold 对象,并将其当作实参传给 MaterialApp 的 home 属性。而 Scaffold 对象可以理解为定义的一个 UI 框架,该框架包括顶部标题栏、底部导航栏和左侧侧边栏等。在应用程序开发时,通过设置 Scaffold 的属性值可以实现相应的界面效果。下面介绍 Scaffold 的常用属性。

1 body

body 属性用于设定当前页面显示的主要内容,它由多个 Widget 元素组成。该属性值为 Widget 类型组件。

2 backgroundColor

backgroundColor 属性用于设定当前页面内容的背景色,默认使用的是 ThemeData.scaffoldBackgroundColor。该属性值为 Color 类型对象。

3 appBar

appBar 属性用于定义应用程序的顶部标题栏,显示在 Scaffold 的顶部区域。该属性值为 AppBar 类型组件,该组件包含表 6-2 所示的常用属性,用于设定顶部标题栏显示的效果。例如,使用如下代码可以实现图 6.5 所示的效果。

表 6-2 AppBar 的常用属性及功能

属 性 名	类 型	默 认 值	功能说明
leading	Widget	null	设置一个标题左侧显示的组件,如"返回"按钮
title	Widget	null	设置当前页面的标题名
actions	List＜Widget＞	null	设置标题右侧显示的多个组件,如"搜索"按钮等

续表

属性名	类型	默认值	功能说明
bottom	PreferredSizeWidget	null	设置一个在 ToolBar 标题栏下显示的 Tab 导航栏
elevation	double	4	设置 Material Disign 中组件的 z 坐标顺序
flexibleSpace	Widget	null	设置一个显示在 AppBar 下的组件
backgroundcolor	Color	ThemeData.primaryColor	设置背景色
brightness	Brightness	ThemeData.primaryColorBrightness	设置 AppBar 的亮度（包括白色和黑色两种主题）
iconTheme	IconThemeData	ThemeData.primaryIconTheme	设置 AppBar 上图标的颜色、透明度和尺寸信息
textTheme	TextTheme	ThemeData.primaryTextTheme	设置 AppBar 上的文字样式
centerTitle	bool	true	设置标题显示是否居中

```
1   import 'package:flutter/material.dart';
2   void main() => runApp(MyApp());
3   class MyApp extends StatelessWidget {
4     @override
5     Widget build(BuildContext context) {
6       return MaterialApp(
7         home: Scaffold(
8           appBar: AppBar(
9             title: new Text(
10              'AppBar 属性的使用',                              //标题内容
11              style: TextStyle(color: Colors.red, fontSize: 20),  //标题样式
12            ),
13            backgroundColor: Colors.blue,                         //标题栏背景色
14            leading: Icon(Icons.menu),                            //标题左侧按钮
15            iconTheme: IconThemeData(
16                color: Colors.yellow,
17                opacity: 30,
18                size: 25),                                         //icon 的主题
19            actions: <Widget>[
20              IconButton(                                          //标题右侧按钮
21                  icon: Icon(Icons.search),
22                  tooltip: '搜索',
23                  onPressed: null),
24              IconButton(
25                  icon: Icon(Icons.add), tooltip: '添加', onPressed: null)
                                                                     //标题右侧按钮
26            ],
```

```
27          ),
28        ),
29      );
30    }
31  }
```

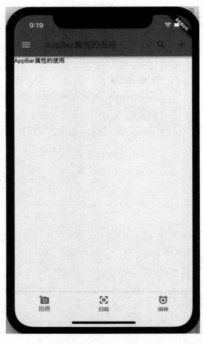

图 6.5 顶部标题栏和底部导航栏显示效果

上述第 15~18 行代码用于设置 AppBar 上所有 Icon 图标的主题样式,但不包含 IconButton 图标,所以 iconTheme 设置的 Icon 图标的主题样式并没有作用于"搜索"按钮和"添加"按钮。

4 bottomNavigationBar

bottomNavigationBar 属性用于定义应用程序的底部导航栏,主要由按钮加文字组成,可以实现单击按钮切换不同页面的功能,显示在 Scaffold 的底部区域。该属性值为 BottomNavigationBar 类型组件,BottomNavigationBar 组件包含表 6-3 所示的常用属性,用于设定不同页面的索引值、单击按钮的颜色、按钮图标大小等显示的效果。

表 6-3 BottomNavigationBar 的常用属性及功能

属 性 名	类 型	功 能 说 明
currentIndex	int	设置用于切换按钮的当前索引值
fixedColor	Color	设置选中按钮的颜色,如果没有指定,则用系统主题色
iconSize	double	设置按钮图标大小
items	List<BottomNavigationBarItem>	设置底部导航栏按钮集,每一项是一个 BottomNavigation-BarItem,由 icon 图标及 title 文本属性组成

属 性 名	类 型	功能说明
onTap	ValueChanged<int>	设置按下某一个按钮的回调事件,需要根据返回的索引值设置当前索引值

例如,使用如下代码可以实现图 6.5 所示效果。

```
1   import 'package:flutter/material.dart';
2   void main() =>runApp(MyApp());
3   class MyApp extends StatelessWidget {
4     @override
5     Widget build(BuildContext context) {
6       var _selectedIndex =0;                  //选中按钮索引值
7       return MaterialApp(
8         home: Scaffold(
9           appBar: AppBar(
10            //代码与上例相同
11          ),
12          bottomNavigationBar: BottomNavigationBar(
13            items: <BottomNavigationBarItem>[
14              BottomNavigationBarItem(
15                icon: Icon(Icons.add_a_photo), title: Text('拍照')),
16              BottomNavigationBarItem(
17                icon: Icon(Icons.center_focus_weak), title: Text('扫码')),
18              BottomNavigationBarItem(
19                icon: Icon(Icons.add_alarm), title: Text('闹钟')),
20            ],
21            onTap:(value) {                    //处理单击事件
22              _selectedIndex =value;
23            },
24            currentIndex: _selectedIndex,     //处理单击事件后当前选项的索引值
25            fixedColor: Colors.cyan,          //处理单击选项按钮的颜色
26          ),
27          body: Container(
28            //代码与上例相同
29          ),
30        ),
31      );
32    }
33  }
```

运行上述代码后,单击底部导航栏的按钮并不能让选中按钮的颜色改变为 cyan,因为 bottomNavigationBar 继承自 StatefulWidget(即有状态的 Widget)。有状态的 Widget 在其内部都有一个 state,用来标记是否发生了变化,然后调用 setState()方法来更新自己。就是说,如果要实现选中按钮的颜色,根据单击目标的动态变化,就需要使用有状态的 Widget——StatefulWidget。关于 StatefulWidget(有状态的 Widget)和 StatelessWidget(无状态的

Widget),6.1.3 节将详细介绍。

5 drawer

drawer 属性用于定义应用程序的左侧侧边栏,通常与 ListView 组件组合使用。该属性值为 Drawer 类型组件,该组件包含表 6-4 所示的常用属性,用于设定左侧侧边栏显示的对象。

Rec0601_07

表 6-4 Drawer 的常用属性及功能

属性名	类 型	默认值	说 明
child	Widget		设置左侧侧边栏需要放置的可显示对象
elevation	double	16	设置 Material Design 中组件的 z 坐标顺序

Drawer 组件可以用 DrawerHeader 和 UserAccountsDrawerHeader 两个组件添加头部效果。DrawerHeader 组件用于展示基本信息,常用属性如表 6-5 所示。UserAccountsDraweHeader 组件用于展示用户头像、用户名、E-mail 等信息,常用属性如表 6-6 所示。

表 6-5 DrawerHeader 的常用属性及功能

属性名	类 型	功能说明
decoration	Decoration	设置头部区域的装饰效果。通常用于设置背景颜色或背景图片
curve	Curve	设置切换动画效果。如果 decoration 发生了变化,则会使用 curve 设置的变化曲线和 duration 设置的动画时间来做一个切换动画
child	Widget	设置头部区域显示的组件
padding	EdgeInsetsGeometry	设置头部区域组件的 padding 值。如果 child 为 null,则这个值无效
margin	EdgeInsetsGeometry	设置头部区域四周的间隙

表 6-6 UserAccountsDraweHeader 的常用属性及功能

属性名	类 型	说 明
margin	EdgeInsetsGeometry	设置头部区域四周的间隙
decoration	Decoration	设置头部区域的装饰效果。通常用来设置背景颜色或背景图片
currentAccountPicture	Widget	设置当前用户的头像
otherAccountsPictures	List<Widget>	设置当前用户其他账号的头像
accountName	Widget	设置当前用户名
accountEmail	Widget	设置当前用户的 E-mail
onDetailsPressed	VoidCallBack	设置当 accountName 或 accountEmail 被单击时所触发的回调函数

例如,使用如下代码可以实现图 6.6 所示效果。

```
1  import 'package:flutter/material.dart';
2  void main() =>runApp(MyApp());
3  class MyApp extends StatelessWidget {
4    @override
5    Widget build(BuildContext context) {
6      return MaterialApp(
7        home: Scaffold(
```

```
8              appBar: AppBar(
9                //代码与上例相同
10             ),
11             bottomNavigationBar: BottomNavigationBar(
12               //代码与上例相同
13             ),
14             drawer: Drawer(
15               child: ListView(
16                 children: <Widget>[
17                   Container(
18                     height: 160,
19                     child: UserAccountsDrawerHeader(
20                       accountName: Text('倪泡泡'),              //设置用户名
21                       accountEmail: Text('tznkf@qq.com'),     //设置用户邮箱
22                       currentAccountPicture: CircleAvatar(    //设置当前用户的头像
23                         backgroundImage: AssetImage('images/pman.png'),
24                       ),
25                       onDetailsPressed: (){                   //回调事件
26                         print('pressed');
27                       },
28                     ),
29                   ),
30                   ListTile(
31                     leading: Icon(Icons.school),
32                     title:  Text('毕业学校'),
33                     subtitle:  Text('您的母校要记得常回去看看!'),
34                   ),
35                   ListTile(
36                     leading: Icon(Icons.location_on),
37                     title: new Text('家庭住址'),
38                     subtitle: new Text('家永远是您温馨的港湾!'),
39                   ),
40                   ListTile(
41                     leading: Icon(Icons.phone),
42                     title: new Text('联系电话'),
43                     subtitle: new Text('电话是连接您和远方的桥梁!'),
44                     onTap: (){
45                       print('开始拨电话!');
46                     },
47                   ),
48                 ],
49               )
50             ),
51             body: Container(
52               //代码与上例相同
53             ),
54           ),
```

```
55        );
56    }
57 }
```

图 6.6　左侧侧边栏显示效果

上述第 23 行代码用 AssetImage 组件加载本地图片资源文件。
下面介绍在项目开发中使用本地图片资源文件的步骤。
（1）在项目中创建存放本地图片资源文件的 images 文件夹。
（2）将图片文件 pman.jpg 复制到 images 文件夹中。
（3）在 pubspec.yaml 文件中声明本地图片资源文件，声明代码如下。

```
1  flutter:
2    assets:
3     -images/pman.png   #-后面有1个空格
```

添加 Drawer 组件后，Scaffold 会自动在应用程序界面上生成一个 Drawer 的图标按钮。单击这个图标按钮，或从页面的最左侧向右滑动，都会弹出左侧侧边栏。如果在 appBar 中用 "leading：Icon(Icons.menu)" 代码设置了标题栏左侧的图标，则单击这个图标就不会弹出左侧侧边栏。为了解决这个问题，需要在 appBar 属性中设置自定义标题栏左侧显示的图标，实现代码如下。

```
1  leading: Builder(
2    builder: (BuildContext context){
3      return IconButton(
4        icon: Icon(Icons.person),
```

```
5            onPressed: (){
6              Scaffold.of(context).openDrawer();
7            }
8          );
9        }
10      ),
```

6 floatingActionButton

foatingActionButton 属性用于定义应用程序页面上悬停在内容上面的一个圆形图标按钮,该按钮通常用以展示对应页面中的主要动作。该属性值为 FloatingActionButton 类型组件,FloatingActionButton 组件包含表 6-7 所示的常用属性,用于设定圆形图标的样式。在默认状态下,悬停圆形图标显示在页面的右下角。另外,还可以用 floatingActionButtonLocation 属性控制悬停圆形图标在页面上的位置,该属性的取值主要包含下列 6 种。

Rec0601_08

(1) FloatingActionButtonLocation.centerDocked(底部中间)。
(2) FloatingActionButtonLocation.endDocked(底部右侧)。
(3) FloatingActionButtonLocation.centerFloat(底部中间偏上)。
(4) FloatingActionButtonLocation.endFloat(底部偏上)。
(5) FloatingActionButtonLocation.startTop(顶部偏左)。
(6) FloatingActionButtonLocation.endTop(顶部偏右)。

表 6-7　FloatingActionButton 的常用属性及功能

属 性 名	类　　型	功能说明
child	Widget	设置按钮上显示的组件。一般为 icon
tooltip	String	设置长按按钮时的提示文字
foregroundColor	Color	设置按钮的前景色
backgroundColor	Color	设置按钮的背景色
elevation	double	设置按钮未单击时的阴影值,默认为 6.0
highlightElevation	double	设置按钮单击时的阴影值
onPressed	void	设置按钮单击回调事件
shape	ShapeBoder	设置按钮的形状,默认为 CircleBorder
mini	bool	设置按钮的大小,默认为 false(大按钮)

例如,实现图 6.7 所示的效果,可以在上述代码的基础上增加 foatingActionButton 和 floatingActionButtonLocation 属性,实现代码如下。

```
1  floatingActionButton: FloatingActionButton(
2        child: Icon(Icons.print),        //打印机图标
3        tooltip: '打印',
4        foregroundColor: Colors.yellow,
5        backgroundColor: Colors.blue,
6        elevation: 10.0,
7        highlightElevation: 20.0,
```

```
8            mini: true,                          //小型按钮
9            onPressed: () {
10              print('点击了FloatingButton');    //按钮单击事件
11        }),
12    floatingActionButtonLocation: FloatingActionButtonLocation.centerFloat,
                                                  //设置按钮在页面上的位置
```

上述第1~11行代码用于定义悬停圆形按钮实例化对象,并根据图6.7的显示效果设置了悬停圆形按钮的相关属性值;第12行代码用floatingActionButtonLocation属性设置悬停圆形按钮在页面上的显示位置。

7 persistentFooterButtons

persistentFooterButtons属性用于定义应用程序页面底部持久化显示的内容,该属性值为List<Widget>类型组件集,组件集通常由FlatButton组成。例如,为了显示图6.8所示效果,可以在实现图6.7显示效果的基础上增加persistentFooterButtons,实现代码如下。

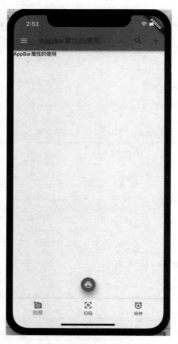

图6.7 悬停圆形按钮显示效果

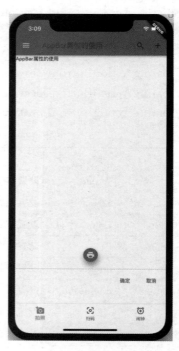

图6.8 页面底部固定按钮显示效果

```
1    persistentFooterButtons: <Widget>[
2        new FlatButton(
3            child: new Text("确定"),
4            onPressed: () {},          //单击事件
5        ),
6        new FlatButton(
7            child: new Text("取消"),
8            onPressed: () {},
9        ),
10   ],
```

6.1.3 Widget

Rec0601_09

在 Flutter 开发的应用程序中，页面上显示的所有内容都是 Widget。这些 Widget 既包括显示文本内容的 Text 组件、显示按钮的 RaiseButton 组件等，也包括对相应组件进行修饰设置的大小、位置、边距等属性。概括地讲，在 Flutter 中，每个 Widget 只对自己关注的部分负责。例如，对文本框 Text 组件，它本身只负责如何显示一个文本内容，而不需要考虑 Text 组件的大小、位置、边距等属性，它们可以由其他专门负责此功能的 Widget 来控制。

Widget 分为无状态 Widget（StatelessWidget）和有状态 Widget（StatefulWidget）两种。因为 Flutter 中的 Widget 仅支持一帧，即可以理解为一次性绘制整个界面，所以无状态 Widget 就是指绘制完这一帧后，保持在这一帧的状态下不会变化。而有状态 Widget 在数据更新时，其实是绘制了一个新的 Widget，从而实现了跨帧的数据同步保存，即 Widget 可能会在运行时发生变化。下面详细介绍 StatefulWidget 和 StatelessWidget 的应用场景和步骤。

1 StatelessWidget

StatelessWidget 应用于 Widget 不会在运行时发生变化的场景。例如，对应用程序的启动页面来说，仅需要展示一张启动图或一段文本内容。使用时，StatelessWidget 会通过 build 方法创建一个不可变的 Widget，这样 Widget 只需要绘制一次。具体实现时直接继承 StatelessWidget，然后实现 build() 方法即可。实现代码如下。

```dart
import 'package:flutter/material.dart';
void main() =>runApp(MyApp());
class MyApp extends StatelessWidget {
  @override
  Widget build(BuildContext context) {
    return MaterialApp(
      theme: ThemeData(
        primarySwatch: Colors.blue,
      ),
      home: Scaffold(
        appBar: AppBar(
          title: Text('StatelessWidget 示例'),
        ),
        body: StatelessWidgetPage()),
    );
  }
}
//创建一个继承自 StatelessWidget 的类
class StatelessWidgetPage extends StatelessWidget {
  @override
  Widget build(BuildContext context) {
    return Center(child: Text('正在启动……'));   //页面正中显示文本
  }
}
```

2 StatefulWidget

StatefulWidget 应用于 Widget 在运行时会发生变化的场景，也就是根据用户交互或网络请求，页面显示的内容需要发生变化，即需要重新绘制新的 Widget。例如，应用程序的页面上有一个文本框组件 Text 和一个按钮组件 FloatingActionButton，单击按钮后 Text 组件上显示的内容发生变化。

使用 StatefulWidget 实现页面中 Widget 元素的动态变化，首先需要创建一个继承自 StatefulWidget 的类 A，并在该类中实现 createState()方法时返回一个 State＜StatefulWidget＞对象；然后创建一个继承自 State 的类 B，通常在类 B 中绘制应用程序的界面和一些逻辑处理模块。下面详细介绍具体实现步骤。

（1）创建继承自 StatefulWidget 的自定义类——StatefulWidgetPage。

继承自 StatefulWidget 的 StatefulWidgetPage 类的实现代码如下。

```
1  class StatefulWidgetPage extends StatefulWidget {
2    @override
3    State<StatefulWidget> createState() =>new StatefulWidgetPageState();
4  }
```

上述第 3 行代码用 createState()方法创建了一个继承自 State 类的 StatefulWidgetPageState 类对象。

（2）创建继承自 State 的自定义类——StatefulWidgetPageState。

State 是 Flutter 用来渲染动态 Widget 的类。当 Widget 的 State 改变时，State 对象会调用 setState()方法，通知 Flutter 框架去重绘 Widget。继承自 State 类的 StatefulWidgetPageState 类的实现代码如下。

```
1  class StatefulWidgetPageState extends State {
2    String textInfo ='启动时数据!';
3    bool flag =true;
4    @override
5    Widget build(BuildContext context) {
6      return Scaffold(
7        appBar: AppBar(
8          title: Text('StatefulWidget'),
9        ),
10       body: Text(textInfo),
11       floatingActionButton: FloatingActionButton(
12         child: Icon(Icons.info),
13         onPressed: () {
14           showTextInfo();
15         },
16       ),
17     );
18   }
19   showTextInfo() {
20     setState(() {
21       if (flag) {
```

```
22          textInfo ="启动时数据!";
23          flag =! flag;
24      } else {
25          textInfo ="执行后数据!";
26          flag =! flag;
27      }
28    });
29  }
30 }
```

上述第13～14行代码表示单击页面上的悬停按钮时调用showTextInfo()方法,该方法通过调用setState()方法动态改变页面上Text组件上的内容,即textInfo变量的值。

(3)调用StatefulWidget的自定义类。

在应用程序的入口类中指定应用程序启动后的页面,即指定home属性值为StatefulWidgetPage类对象。实现代码如下:

```
1  import 'package:flutter/material.dart';
2  void main() =>runApp(MyApp());
3  class MyApp extends StatelessWidget {
4    @override
5    Widget build(BuildContext context) {
6      return MaterialApp(
7        theme: ThemeData(
8          primarySwatch: Colors.blue,
9        ),
10       home: StatefulWidgetPage(),
11     );
12   }
13 }
```

6.2 登录界面的设计与实现

现在,安装在移动设备端的应用程序几乎都需要登录后才能使用它们的功能。如网易邮箱、微信、抖音等。本节将采用Text组件、TextField组件、RaiseButton组件和Column页面布局技术实现一个邮箱登录界面。

6.2.1 Text组件

Text组件(简单样式文本框组件)是Flutter应用开发中最常用的组件之一,用于显示简单的样式文本。它包含一些控制文本显示样式的属性,常用属性及功能说明如表6-8所示。

表6-8 Text组件的常用属性及功能

属性名	类型	默认值	功能说明
data	String		设置要显示的文本

续表

属性名	类型	默认值	功能说明
maxLines	int	0	设置文本显示的最大行数
style	TextStyle	null	设置文本样式。可以使用表6-9的属性设置字体大小、颜色、粗细等
textAlign	TextAlign	TextAlign.center	设置文本水平方向的对齐方式。取值包括center(居中)、end(结束位置对齐)、justify(两端对齐)、left(左对齐)、right(右对齐)、start(开始位置对齐)等
textDirection	TextDirection	TextDirection.ltr	设置文本的书写方向。取值包括ltr(从左到右)、rtl(从右到左)等
textScaleFactor	double	1	设置文本的缩放系数。例如,如果值为1.5,则文本会被放大到150%,即比原来大了50%
textSpan	TextSpan	null	设置文本块。可以包含文本内容及样式
overflow	TextOverflow	clip	设置多余文本截断方式。取值包括clip(截断)、ellipsis(溢出内容省略号表示)、fade(溢出内容透明化,softWrap值为false有效)等
softWrap	bool	true	设置文本过长是否允许换行

表6-9 TextStyle组件常用属性及功能

属性名	类型	默认值	功能说明
color	Color		设置文本颜色。如果指定了foreground,则该值必须为null
decoration	TextDecoration	none	设置文本装饰。取值包括underline(下画线)、overline(上画线)、lineThrough(删除线)、none(无)
decorationColor	Color		设置文本装饰的颜色
decorationStyle	TextDecorationStyle		设置文本装饰的样式。取值包括dashed(虚线)、dotted(点画线)、double(双线)、solid(实线)、wavy(波浪线)
fontStyle	FontStyle	normal	设置字体样式。取值包括normal(常规)、italic(倾斜)
fontWeight	FontWeight	normal	设置字体粗细。取值包括normal(常规)、bold(加粗)取值范围为w100～w900
letterSpacing	double		设置字母间距,负值让字母更接近
wordSpacing	double		设置单词间距,负值让单词更接近
fontFamily	String		设置字体名称
fontSize	double	14	设置字体大小。单位为sp、pt
height	double		设置字体大小的倍数作为行间的高度。取值为1～2
shadows	List<Shadow>		设置阴影。如[Shadow(color: Colors.red, offset: Offset(1, 1), blurRadius: 5)]
background	Paint		设置背景色
foreground	Paint		设置前景色,不能与color同时设置

例如,使用如下代码可以在页面上显示图6.9所示的效果。

```
1   import 'package:flutter/material.dart';
2   void main() =>runApp(MyApp());
3   class MyApp extends StatelessWidget {
4     Widget text =Text(
5       '【环球网报道记者崔天也】......................。',
6       textAlign: TextAlign.justify,
7       textDirection: TextDirection.ltr,
8       maxLines: 3,
9       overflow: TextOverflow.ellipsis,
10      textScaleFactor: 1.2,
11      style: TextStyle(
12        color: Color(0xFF000000),
13        decoration: TextDecoration.underline,
14        decorationColor: Color(0xFF00FFFF),
15        decorationStyle: TextDecorationStyle.dashed,
16        fontFamily: '宋体',
17        fontSize: 20.0,
18        fontStyle: FontStyle.italic,
19        fontWeight: FontWeight.w100,
20        letterSpacing: 1,
21        shadows: [
22          Shadow(color: Colors.blue, offset: Offset(1, 1), blurRadius: 5)
23        ],
24        textBaseline: TextBaseline.ideographic,
25        wordSpacing: 1,
26        height: 3.0),
27    );
28    @override
29    Widget build(BuildContext context) {
30      return MaterialApp(
31        theme: ThemeData(
32          primarySwatch: Colors.blue,
33        ),
34        home: Scaffold(
35          appBar: AppBar(
36            title: Text('Text 示例'),
37          ),
38          body: text,
39        ),
40      );
41    }
42  }
```

上述第 4~27 行代码定义了一个 Text 对象,并且在 Text 对象中用 TextStyle 定义文本内容的格式。第 38 行代码用于设置 Scaffold 组件的 body 属性值为第 4~27 行定义的 Text 组件对象。

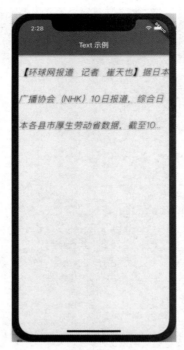

图 6.9 Text 组件显示效果

6.2.2 TextField 组件

TextField 组件（输入框组件）用于在应用程序中输入用户名、密码、查找内容等，也是 Flutter 应用开发中比较常用的组件。该组件的属性会根据应用场景的不同而不同，下面结合实际示例详细阐述它的使用方法和应用场景。

1　maxLength

maxLength 属性用于设置输入框中可以输入的最大字符长度，并在输入框的右下角显示"当前输入长度/最大长度"。该属性通常与 maxLengthEnforced 配合使用，当 maxLengthEnforced 值为 true 时，输入的字符达到最大字符长度后不可以继续输入，否则可以继续输入，默认值为 true。例如，使用如下代码可以实现图 6.10 和图 6.11 的显示效果。

```
1  TextField(maxLength: 8 ,maxLengthEnforced: true);    //图 6.10 显示效果
2  TextField(maxLength: 8 ,maxLengthEnforced: false) ;  //图 6.11 显示效果
```

图 6.10　maxLength 属性显示效果（1）

图 6.11　maxLength 属性显示效果（2）

2　maxLines

maxLines 属性用于设置允许展现的最大行数。在默认状态下，maxLines 的值为 1，即输

入的内容超过 1 行时不会自动换行；如果设置值为 null 或具体的整数值，则可以自动换行。例如，在页面上最多可以输入 130 个字符，并且可以自动换 2 行或任意行的代码如下。

```
1  TextField(maxLength: 130,  maxLines: null);    //自动换任意行
2  TextField(maxLength: 130,  maxLines: 2);       //自动换 2 行
```

3 obscureText

obscureText 属性用于设置是否隐藏输入的内容，该属性常用于密码输入框。当 obscureText 值为 true 时，输入框隐藏输入的内容，否则不隐藏，默认值为 false。例如，要实现图 6.12 的显示效果，可以使用如下代码。

```
1  TextField(maxLength: 8 ,maxLengthEnforced: true,obscureText: true);
```

图 6.12　obscureText 属性显示效果

4 enableInteractiveSelection

enableInteractiveSelection 属性用于设置长按是否弹出"剪切/复制/粘贴"菜单。当 enableInteractiveSelection 值为 true 时，弹出"剪切/复制/粘贴"菜单，否则不弹出该菜单；默认值为 true。例如，长按输入框不弹出"剪切/复制/粘贴"菜单，可以使用如下代码。

```
1  TextField(maxLength: 8 ,maxLengthEnforced: true,enableInteractiveSelection: false);
```

5 textCapitalization

textCapitalization 属性用于设置输入字符的大小写，该属性值包括 none（默认值）、sentences（句子的第一个字母大写）、characters（每个字母大写）和 words（每个单词首字母大写）。例如，让输入框中输入的每个单词首字母大写，可以使用如下代码。

```
1  TextField(textCapitalization:TextCapitalization.words);
```

6 keyboardType

keyboardType 属性用于设置输入内容时软键盘的类型；该属性值包括 datetime（键盘上含有"："和"/"字符）、phone（键盘上含有"#""*"和"+"字符）、number（数字键）、emailAddress（键盘上含有"@"和"."字符）、url（键盘上含有"/"".""和".com"字符）、text（英文键盘，默认）。例如，设置软键盘类型为数字键，可以使用如下代码。

```
1  TextField(keyboardType:TextInputType.number);
```

7 decoration

decoration 属性用于设置输入框的修饰。该属性值为 InputDecoration 类

型,以调整输入框的外观及提示信息等。应用 InputDecoration 控制输入框的外观及提示信息的样式分为输入框内容样式和输入框外边框样式两类。

下面详细介绍用 InputDecoration 控制输入框提示信息样式的常用属性。

(1) icon:设置输入框左侧显示图标。例如,在输入框左侧显示 person 图标,可以使用如下代码:

```
1  TextField(decoration: InputDecoration(icon: Icon(Icons.person),),);
```

(2) labelText:设置输入框描述信息,当输入框获得焦点时,会默认浮动到输入框的上方。该属性可以与 lableStyle 属性配合使用,lableStyle 属性用于设置输入框描述信息的文本样式,它的属性值为 TextStyle 类型。例如,使用如下代码可以实现图 6.13 的显示效果。

```
1  TextField(
2    decoration: InputDecoration(
3      icon: Icon(Icons.person),                              //输入框左侧图标
4      labelText: '输入用户名',
5      labelStyle: TextStyle(fontStyle: FontStyle.italic)),   //描述信息为斜体
6  );
```

图 6.13 InputDecoration 的 labelText 属性显示效果

hasFloatingPlaceholder 属性用于控制 labelText 是否浮动,默认值为 true,表示可以浮动;当属性值为 false 时,labelText 在输入框获得焦点时不会浮动且不显示。

(3) helperText:设置输入框辅助信息,位于输入框下方。该属性可以与 helperStyle 属性配合使用,helperStyle 属性用于设置输入框辅助信息的文本样式,它的属性值为 TextStyle 类型。例如,使用如下代码可以实现图 6.14 的显示效果。

```
1  TextField(
2    decoration: InputDecoration(
3      icon: Icon(Icons.lock),
4      labelText: '输入密码',
5      labelStyle: TextStyle(fontStyle: FontStyle.italic),
6      helperText: '密码必须包含字母和数字!',
7      helperStyle: TextStyle(color: Colors.red)),   //辅助信息的颜色为红色
8  );
```

(4) errorText:设置输入框中内容输入错误时的提示信息,位于输入框下方。如果设置了 errorText 属性,则在输入框下方显示错误提示信息,而 helperText(辅助信息)不会显示。该属性可以与 errorStyle 属性配合使用,errorStyle 属性用于设置输入框错误提示信息的文本样式,它的属性值为 TextStyle 类型。

图 6.14　InputDecoration 的 helperText 属性显示效果

（5）hintText：设置输入框内的提示信息。该属性可以与 hintStyle 属性配合使用，hintStyle 属性用于设置输入框内提示信息的文本样式，它的属性值为 TextStyle 类型。例如，使用如下代码可以实现图 6.15 的显示效果。

```
1  TextField(
2    decoration: InputDecoration(
3      icon: Icon(Icons.lock),
4      labelText: '密码',
5      labelStyle: TextStyle(fontStyle: FontStyle.italic),
6      helperText: '密码必须包含字母和数字!',
7      helperStyle: TextStyle(color: Colors.red),
8      hintText: '请输入密码'),
9  );
```

图 6.15　InputDecoration 的 hintText 属性显示效果

（6）prefixIcon：设置输入框内的前置图标，使用方法与 icon 属性一样，但图标位于 icon 属性所设置图标的右侧。

（7）prefixText：设置输入框内的前置文本，该属性可以与 prefixStyle 属性配合使用，prefixStyle 属性用于设置输入框内前置的文本样式，它的属性值为 TextStyle 类型。

（8）suffixIcon：设置输入框内的后置图标，使用方法与 icon 属性一样，但图标位于输入框的右侧。

（9）suffixText：设置输入框内的后置文本，该属性可以与 suffixStyle 属性配合使用，suffixStyle 属性用于设置输入框内后置的文本样式，它的属性值为 TextStyle 类型。

例如：使用如下代码可以实现图 6.16 的显示效果。

```
1  txtField =TextField(
2    decoration: InputDecoration(
3      hintText: "请输入电话号码",
4      prefixIcon: Icon(Icons.phone),
5      prefixText: "+86",
6      suffixIcon: Icon(
```

```
7            Icons.confirmation_number,
8        ),
9        suffixText: "->",
10   ),
11 );
```

图 6.16 InputDecoration 的 prefixIcon 属性显示效果

（10）counterText：设置输入框右下方显示的文本，常用于显示输入的字符数量。该属性可以与 counterStyle 属性配合使用，counterStyle 属性用于设置输入框右下方的文本样式，它的属性值为 TextStyle 类型。

（11）counter：设置输入框右下方的 Widget 小组件，但不能与 counterText 同时使用。

（12）filled：设置填充输入框的背景色，如果它的值为 true，则用 fillColor 属性指定的颜色作为输入框的背景色。fillColor 属性用于设置输入框的背景颜色，它的属性值类型为 Color 类型。

TextField 在不同状态下的边框样式接收属性值的类型都一样，但实际使用时需要注意优先级。大概包括以下 3 种情况。

第一种情况，TextField 组件禁用。当 TextField 的 enabled 属性值为 false 时，如果 TextField 的 decoration 属性设置了 disabledBorder，则优先使用 disabledBorder 属性值，否则使用 decoration 属性设置的 border 属性指定的部分样式（颜色默认是灰色）。

第二种情况，TextField 组件启用，但 errorText 属性有值。当 TextField 的 enabled 属性值为 true 时，如果 TextField 输入框没有获得焦点，则优先使用 decoration 属性中设置的 errorBorder 样式；如果 TextField 输入框获得焦点，则优先使用 decoration 属性中设置的 focusedErrorBorder 样式；如果 errorBorder 和 focusedErrorBorder 属性都没有设置，则使用 decoration 属性设置的 border 属性指定的部分样式（颜色默认是红色）。

第三种情况，TextField 组件启用，但 errorText 属性没有值。当 TextField 的 enabled 属性值为 true 时，如果 TextField 输入框没有获得焦点，则优先使用 decoration 属性中设置的 errorBorder 样式；如果 TextField 输入框获得焦点时，则优先使用 decoration 属性中设置的 focusedBorder 样式；如果 errorBorder 和 focusedErrorBorder 属性都没有设置，则使用默认的 border 样式。

从上述 3 种情况可以看出，默认的 border 优先级别较低。在开发过程中，如果需要 errorText 属性指定的错误提示信息，则代码中只需要设置 errorBorder、focusedError 和 border 属性；如果不需要 errorText 属性指定的错误提示信息，则代码中只需要设置 enabledBorder 和 focusedBorder 属性。下面详细介绍 InputDecoration 控制输入框外边框样式的常用属性。

（1）border：设置输入框的边框线。默认有边框线，输入框没有获得焦点时，外边框线为灰色；输入框获得焦点时，外边框线为黄色。该属性值如下所示。

① InputBorder.none，设置输入框无边框线。

② OutlineInputBorder，设置输入框边框线样式。例如，使用如下代码可以实现图6.17的显示效果，即边框线边角弧度值为30。

```
1  TextField(
2    maxLength: 11,
3    decoration: InputDecoration(
4      border: OutlineInputBorder(
5        borderRadius: BorderRadius.all(
6          Radius.circular(30),   //边角为30
7        ),
8      ),
9      hintText: "请输入电话号码",
10     prefixIcon: Icon(Icons.phone),
11     prefixText: "+86",
12     suffixIcon: Icon(
13       Icons.confirmation_number,
14     ),
15     suffixText: "->",
16   ),
17 );
```

图6.17 InputDecoration 的 border 属性显示效果

另外，还有一个设置输入框内容错误时边框样式的 errorBorder 属性，它的使用方法与 border 完全相同。

③ UnderlineInputBorder，设置输入框下边框线样式。例如，使用如下代码可以实现图6.18的显示效果，即下边框线边角弧度值为30。

```
1  TextField(
2    maxLength: 11,
3    decoration: InputDecoration(
4      border: UnderlineInputBorder(
5        borderRadius: BorderRadius.all(
6          Radius.circular(30),   //边角弧度值为30
7        ),
8      ),
9      //此处与实现图6.17的代码一样
10   ),
11 );
```

图 6.18　InputDecoration 的 border 用法属性显示效果

（2）enabledBorder：设置可用状态输入框的边框线颜色、边角弧度等，该属性值与 border 属性相同。例如，实现图 6.19 的显示效果，即边框线边角弧度值为 30，边框线为黄色，宽度为 8，可以将上述第 4～8 的代码替换为如下代码。

```
1  enabledBorder: OutlineInputBorder(
2      borderRadius: BorderRadius.all(
3        Radius.circular(30),   //边角弧度值为 30
4      ),
5      borderSide: BorderSide(
6        color: Colors.yellow,  //边框颜色为黄色
7        width: 8,              //边框线宽度为 8
8      ),
9  ),
```

图 6.19　InputDecoration 的 enabledBorder 属性显示效果

另外，有一个设置输入框禁用时边框颜色、边角弧度的 disabledBorder 属性，它的使用方法与 enabledBorder 完全相同，但要使 disabledBorder 属性生效，必须设置 enabled 的属性值为 false。

（3）focusedBorder：设置输入框获得焦点时边框线的颜色、边角弧度等，使用方法与 enabledBorder 属性相同。例如，输入框获得焦点时下边框线的颜色为绿色、宽度为 5 的实现代码如下。

```
1  focusedBorder: UnderlineInputBorder(
2      borderSide: BorderSide(
3        color: Colors.green,   //边框颜色为绿色
4        width: 5,              //宽度为 5
5      ),
6  ),
```

另外，有一个设置输入框获取焦点且内容错误的边框线颜色、边角弧度的 focusedErrorBorder 属性，它的使用方法与 focusedBorder 完全相同。

8 textInputAction

textInputAction 属性用于设置键盘上动作按钮的类型。该属性值为 TextInputAction 类型。TextInputAction 是一个枚举类型,动作按钮显示样式及功能如表 6-10 所示。具体使用时,还需要考虑 Android 和 iOS 平台的兼容性问题。使用方法如下。

```
1   textInputAction: TextInputAction.go,    //设置键盘上显示 go
```

表 6-10 TextInputAction 类型的值及功能

值	功能说明
no	键盘上的 return 键(↵)表示执行动作,不支持 iOS 平台
unspecified	由设备平台决定键盘按钮类型
done	键盘上的 done 键(完成或√)表示执行完成动作
go	键盘上的 go 键(前往或→)表示执行前往动作
search	键盘上的 search 键(搜索或♀)表示执行查找动作
send	键盘上的 send 键(发送或＞)表示执行发送动作
next	键盘上的 next 键(下一个或＞|)表示执行下一个动作
previous	键盘上的 previous 键(前一个或|＜)表示执行前一个动作
continueAction	键盘上的 continue 键(继续)表示执行继续动作,Android 平台不显示键盘
route	键盘上的 route 键(路由)表示执行路由动作,Android 平台不显示键盘
emergencyCall	键盘上的 emergencyCall 键(路由)表示执行拨打紧急电话动作,Android 平台不显示键盘
newline	键盘上的 return 键(换行或↵)表示执行换行动作

9 onChange

onChange 属性用于设置输入框输入文本发生变化时的回调方法,该回调方法的参数为输入框中的值。例如,当输入框中内容发生变化时,输出输入框中输入的内容。实现代码如下。

```
1       onChanged: (value) {
2         print('输入的内容为:'+value);
3       },
```

10 onEditingComplete

onEditingComplete 属性用于设置单击键盘的动作按钮时的回调方法,该回调方法没有参数。例如,当单击了动作按钮后,输出"你单击了键盘上的动作按钮"。实现代码如下:

```
1       onEditingComplete: (){
2         print('你单击了键盘上的动作按钮!');
3       },
```

11 onSubmitted

onSubmitted 属性用于设置单击键盘的动作按钮时的回调方法,该方法的参数为当前输入框中的值。例如,当单击了动作按钮后,输出输入框中输入的内容。实现代码如下。

```
1    onSubmitted: (value){
2        print('你输入的内容为:'+value);
3    },
```

12 onTap

onTap 属性用于设置单击输入框时的回调方法,该方法没有参数。例如,当单击了输入框后,输出"单击了输入框"。实现代码如下。

```
1    onTap: (){
2        print('单击了输入框');
3    },
```

13 inputFormatters

inputFormatters 属性用于限制输入框中输入的内容。该属性值为 TextInputFormatter 类型的集合。TextInputFormatter 类型的集合用于设置输入框输入内容的校验规则,具体包括以下 3 类校验规则,它们都是用 RegExp()定义的正则表达式。

(1) WhitelistingTextInputFormatter(白名单校验),表示只允许输入符合规则的字符。

(2) BlacklistingTextInputFormatter(黑名单校验),表示除了规定的字符,其他的都可以输入。

(3) LengthLimitingTextInputFormatter(长度限制),功能与 maxLength 属性作用类似。

例如,只允许在输入框中输入小写字母 a~z,可以使用如下代码。

```
1    inputFormatters: [WhitelistingTextInputFormatter(RegExp("[a-z]"))],
```

例如,输入框中除了不可以输入小写字母,其他字符都可以输入,可以使用如下代码。

```
1    inputFormatters: [BlacklistingTextInputFormatter(RegExp("[a-z]"))],
```

例如,输入框中只能输入数字 1~9,并且不超过 11 位,可以使用如下代码。

```
1    inputFormatters: [
2        WhitelistingTextInputFormatter(RegExp("[1-9]")),
3        LengthLimitingTextInputFormatter(11)
4    ],
```

14 controller

controller 属性用于控制输入框中的内容,包括向输入框中赋值和从输入框中取值。该属性值为 TextEditingController 类型。例如,为了实现图 6.20 的显示效果,并且当单击"确定"按钮后,将输入框中的内容显示在文本框中。实现步骤如下。

(1) 创建继承自 StatefulWidget 的自定义类——MyHomePage。

创建自 StatefulWidget 的 MyHomePage 类的实现代码如下。

```
1    class MyHomePage extends StatefulWidget {
2        @override
3        _MyHomePageState createState() => _MyHomePageState();
4    }
```

图 6.20　TextField 的 controller 属性显示效果

上述第 3 行代码用 createState()方法创建了一个继承自 State 类的 MyHomePageState 类对象。

（2）创建继承自 State 的自定义类——_MyHomePageState。

State 是 Flutter 用来渲染动态 Widget 的类，当 Widget 的 State 改变时，State 对象会调用 setState()方法，通知 Flutter 框架去重绘 Widget。继承自 State 类的_MyHomePageState 类的实现代码如下。

```
1   class _MyHomePageState extends State<MyHomePage>{
2     var info='nipaopao';
3     TextEditingController userNameController =TextEditingController();
4     void getValue(){
5      setState(() {
6        info =userNameController.text;   //从输入框中取出输入的内容
7      });
8     }
9     @override
10    Widget build(BuildContext context) {
11      return Scaffold(
12        appBar: AppBar(
13          title: Text('Controller'),
14        ),
15        body: Column(
16          children: <Widget>[
17            TextField(
18              decoration: InputDecoration(hintText: '请输入用户名'),
19              controller: userNameController,
20            ),
21            Text('你输入的用户名为:'+info)
22          ],
23        ),
```

```
24        floatingActionButton: FloatingActionButton(
25          child: Text('确定'),
26          onPressed: getValue,    //调用
27        ),
28     );
29   }
30 }
```

上述第 3 行代码定义了一个输入框控制器 userNameController，第 19 行代码将 userNameController 控制器与"请输入用户名"的输入框进行绑定。第 6 行代码表示从输入框中取出输入的内容后赋值给 info 变量，然后结合第 21 行代码，将输入的内容显示在 Text 上。第 15～23 行代码使用 Column 布局组件，将 TextField 和 Text 垂直放置在页面上；第 24～27 行代码定义了一个悬停按钮，并设置了 onPressed 属性来调用 getValue()方法，从而实现单击事件。

要单击"确定"按钮后将 info 的值赋值给输入框，可将上述第 6 行代码修改为：

```
1  userNameController.text = info;//赋值
```

（3）调用 StatefulWidget 的自定义类。

在应用程序的入口类中指定应用程序启动后的页面，即指定 home 属性值为 StatefulWidgetPage 类对象。实现代码如下。

```
1  import 'package:flutter/material.dart';
2  void main() =>runApp(MyApp());
3  class MyApp extends StatelessWidget {
4    @override
5    Widget build(BuildContext context) {
6      return MaterialApp(
7        theme: ThemeData(
8          primarySwatch: Colors.blue,
9        ),
10       home: MyHomePage()
11     );
12   }
13 }
```

15 其他属性

进行 Flutter 应用开发时，还可以使用 cursorWidth（光标宽度）、cursorRaduis（光标四角弧度）和 cursorColor（光标颜色）控制输入框中光标的样式。例如，使用下列代码可以实现图 6.21 的显示效果。

```
1  Column(
2        children: <Widget>[
3          TextField(
4            decoration: InputDecoration(hintText: '请输入用户名'),
5            controller: userNameController,
```

```
  6            cursorColor: Colors.green,
  7            cursorWidth: 50,
  8            cursorRadius: Radius.circular(50),
  9          ),
 10          Text('你输入的用户名为:'+info)
 11        ],
 12     ),
```

图 6.21　TextField 的光标样式

上述第 6 行代码用 cursorColor 属性值指定光标颜色为绿色；第 7 行代码用 cursorWidth 属性值指定光标的宽度为 50；第 8 行代码用 cursorRadius 属性指定光标的四个角弧度为 50。

6.2.3　按钮组件

按钮组件是应用程序中用于交互的最常用的组件之一，Material Widget 库提供了多种按钮 Widget，如 RaisedButton（凸起按钮组件）、FlatButton（扁平按钮组件）和 OutlineButton（带边框按钮组件）等，它们都是直接或间接对 RawMaterialButton 的包装定制，从而形成不同的外观样式，所以它们的属性和使用方法基本一样。例如，它们都有用来设置单击回调方法的 onPressed 属性，当按钮按下时，会执行该回调方法；如果没有提供该回调方法，则按钮会处于禁用状态，禁用状态不响应用户单击事件。它的常用属性和功能说明如表 6-11 所示。

Rec0602_05

表 6-11　按钮组件的常用属性及功能

属性名	类型	说明
color	Color	设置按钮的颜色
textColor	Color	设置按钮上的文本颜色。onPressed 属性不为 null 时生效
disabledTextColor	Color	设置按钮禁用时文本的颜色。默认为主题里的禁用颜色
disabledColor	Color	设置按钮禁用时的颜色。默认为主题里的禁用颜色
onPressed	VoidCallback	设置按下按钮时触发的回调。如果属性值为 null，则表示按钮禁用，会显示禁用的相关样式

续表

属性名	类型	说明
child	Widget	设置显示在按钮上的组件。通常为 Text 组件
enable	bool	设置按钮是否为可用状态。默认值为 true
splashcColor	Color	设置单击按钮时水波纹的颜色
highlightColor	Color	设置长按按钮后按钮的颜色
elevation	double	设置阴影的范围。值越大，阴影范围越大
padding	EdgeInsetsGeometry	设置内边距
shape	ShapeBorder	设置按钮的形状
minWidth	double	设置按钮的最小宽度
height	double	设置按钮的高度
colorBrightness	Brightness	设置按钮高亮显示。取值可以为 Brightness.light 或 Brightness.dark

1 Raisebutton（凸起按钮组件）

RaisedButton 按钮默认有阴影和灰色背景，按下后阴影还会逐渐变深。下面列出 8 种类型的 Raisebutton 按钮实现代码，这些代码稍作变化后就可以应用到实际的应用开发场景中。

（1）默认按钮。

默认按钮是最常用的一种按钮样式，child 属性用于指定默认按钮上显示的组件，onPressed 属性用于指定单击按钮要执行的事件。例如，实现"确定"按钮的代码如下。

```
1    RaisedButton(
2      onPressed: () {},
3      child: Text("确定"),    //默认按钮
4    ),
```

（2）带有文本、背景颜色按钮。

如果要设定按钮上显示的文本颜色、按钮的背景色和按钮长按时的颜色，则需要分别设置 RaisedButton 组件的 textColor、color 和 highlightColor 属性。例如，设定"确定"按钮上的文本颜色为白色、按钮的背景色为品红、按钮长按时的颜色为蓝色。实现代码如下。

```
1    RaisedButton(
2      onPressed: () {},
3      child: Text("确定"),
4      textColor: Colors.white,         //文本颜色
5      color: Colors.pink,              //背景颜色
6      highlightColor: Colors.blue,     //按钮长按下的颜色
7    ),
```

（3）带有文本、背景颜色的禁用按钮。

如果要禁用某个按钮，则不能设置 RaisedButton 组件的 onPressed 属性值；如果要设定按钮禁用时其上的文本颜色和背景颜色，则需要分别设置 disabledTextColor 和 disabledColor 属性。例如，禁用"确定"按钮，并设定禁用时按钮上的文本颜色为白色、背景颜色为绿色。实

现代码如下：

```
1    RaisedButton(
2      //onPressed: () {},              //没有此行表示禁用
3      child: Text("确定"),
4      disabledTextColor: Colors.white,  //按钮禁用时文本颜色
5      disabledColor: Colors.green,      //按钮禁用时背景颜色
6    ),
```

(4) 带有按下时水波纹颜色按钮。

如果要设定按钮按下时的水波纹颜色，则需要设置 splashColor 属性。例如，设置"确定"按钮按下时的水波纹颜色为红色。实现代码如下。

```
1    RaisedButton(
2      onPressed: () {},
3      child: Text("确定"),
4      splashColor: Colors.red,         //按钮按下时水波纹颜色
5    ),
```

(5) 带有主题高亮按钮。

如果要设定带有主题高亮按钮，则需要设置 colorBrightness 属性。例如，设置"确定"按钮带有主题高亮。实现代码如下。

```
1    RaisedButton(
2      onPressed: () {},
3      child: Text("确定"),
4      colorBrightness: Brightness.light,  //按钮主题高亮
5    ),
```

(6) 带有下面阴影按钮。

如果要设定带有下面阴影按钮，则需要设置 elevation 属性。例如，设置"确定"按钮带有下面阴影，大小为 10。实现代码如下。

```
1    RaisedButton(
2      onPressed: () {},
3      child: Text("确定"),
4      elevation: 10.0,                 //10 表示按钮下面的阴影
5    ),
```

(7) 带有高亮时阴影按钮。

如果要设定带有高亮时阴影按钮，则需要设置 highlightElevation 属性。例如，设置"确定"按钮带有高亮时阴影，大小为 50。实现代码如下。

```
1    RaisedButton(
2      onPressed: () {},
3      child: Text("确定"),
```

```
4        highlightElevation: 50,           //50表示按钮高亮时的阴影
5    ),
```

(8)带有水波纹高亮变化回调事件按钮。

如果要设定带有水波纹高亮变化回调事件按钮,则需要设置 onHighlightChanged 属性。例如,设置"确定"按钮带有水波纹高亮变化回调事件按钮。实现代码如下。

```
1      RaisedButton(
2        onPressed: () {},
3        child: Text("确定"),
4        onHighlightChanged: (bool b) {
5            print(b);
6        },
7      ),
8    ],
9  );
```

上述第4~6行代码表示在按钮水波纹变化时执行回调方法,如果按下按钮,则触发回调方法,即输出"true";如果松开按钮,则触发回调方法,即输出"false"。

2 FlatButton(扁平按钮组件)

FlatButton 按钮默认情况下背景透明并不带阴影,按下后会有背景色。使用方法与 RaisedButton 按钮类似。例如,实现1个红色字样的"取消"按钮,实现代码如下。

```
1  FlatButton(
2    onPressed: () {},
3    child: Text('取消'),
4    textColor: Colors.red,
5  )
```

上述第2行代码定义按钮按下时执行的事件;第3行代码定义按钮上显示的组件;第4行代码指定按钮上"取消"的颜色为红色。

3 OutlineButton

OutlineButton 按钮默认情况下没有阴影且背景透明,按下后边框的颜色会变亮,同时出现背景和阴影,它的 borderSide 属性用来自定义按钮的边框颜色和样式。例如,设置1个带有蓝色边框、红色字样的"确定"按钮。实现代码如下。

```
1  OutlineButton(
2        onPressed: () =>{},
3        child: Text(
4          "确定",
5        ),
6        highlightColor: Colors.blue,              //按下按钮时按钮颜色
7        highlightedBorderColor: Colors.black,     //按下按钮时边框颜色
8        disabledBorderColor: Colors.green,        //按钮禁用时边框颜色
9        textColor: Colors.red,                    //按钮上文本颜色
```

```
10        borderSide: BorderSide(          //设置按钮边框
11            color: Colors.blue,           //边框颜色色
12            width: 2.0,                   //边框线宽度
13            style: BorderStyle.solid,     //边框线类型
14        ),
15    ),
```

当然，通过设置 FlatButton 按钮和 RaiseButton 按钮的相关属性也能够模拟出 OutlineButton 按钮的效果。

6.2.4 案例：登录界面的实现

1 需求描述

应用程序运行后显示图 6.22 所示的登录页面。用户在登录页面上输入登录邮箱名和登录密码后，应用程序可以对邮箱名和密码进行格式校验，如果邮箱名格式不对，则邮箱名输入框的右下角显示"邮箱格式有误！"；如果密码格式不对，则密码输入框的右下角显示"密码不能超过 8 个字符！"。单击页面上的"登录"按钮，对用户输入的邮箱名和密码的正确性进行判断，如果不正确，弹出图 6.23 所示的消息提示框。

图 6.22　登录界面（1）

图 6.23　登录界面（2）

2 设计思路

根据登录界面的需求描述和图 6.22 的显示效果，整个页面按垂直方向（列方向）布局，从上往下分别用 Text 组件显示"邮箱账号登录"，用 TextField 组件实现邮箱名输入和密码输入，用 RaiseButton 组件实现"登录"按钮，用 Text 组件显示"忘记密码？|注册新账号"。用于给出用户登录提示的消息提示框由 Fluttertoast 组件实现。

3 实现流程

1）准备工作

本案例使用 Fluttertoast 组件弹出消息提示框，而默认开发环境并没有安装 Fluttertoast 组件，所以需要配置并安装该组件。安装和使用 Fluttertoast 组件的步骤如下。

（1）打开项目文件夹中的 pubspec.yaml 文件，并在 dependencies 处添加配置 Fluttertoast 组件的代码。

```yaml
1  dependencies:
2    fluttertoast: ^3.1.3
3    flutter:
4      sdk: flutter
5    cupertino_icons: ^0.1.2
```

pubspec.yaml 文件是管理依赖库及资源的配置文件，上述第 2 行代码表示添加的为本项目配置 Fluttertoast 组件的代码。

（2）单击开发环境编辑窗口上部的"Packages get"按钮，开发环境会自动安装 Fluttertoast 组件的安装包。安装完毕后，就可以在本项目所有 dart 文件中直接引用 fluttertoast.dart 中的 Fluttertoast 组件。

2）创建继承自 State 的 _MyHomePageState 类

由于登录页面上的内容会根据用户输入的邮箱名、密码内容或单击"登录"按钮等操作发生变化，所以需要一个继承自 State 的类来监听发生变化的内容（本案例的类名为 _MyHomePageState，类名可以修改），然后根据发生变化的内容重新绘制新的 Widget，并显示在页面上。

根据登录界面的需求描述，_MyHomePageState 类主要包括初始化变量、判断密码 8 位字符长度、重写 initState() 方法判断邮箱输入框失去焦点后的邮箱格式，显示消息提示框，重写 build() 方法构建页面。

（1）初始化变量。

为了获得邮箱名和密码输入框中的内容，需要定义 usernameController 和 userpwdController 两个输入框控制器；为了统一设定输入框外框线样式和输入框获得焦点时的外框线样式，需要定义 outlineInputBorder 和 focuslineInputBorder 两个外框线样式，实现代码如下。

```dart
1  TextEditingController usernameController =TextEditingController();//邮箱名控制器
2  TextEditingController userpwdController =TextEditingController();  //密码控制器
3  var msg ='';            //消息提示信息
4  var userpwd ='';        //密码
5  var username ='';       //邮箱名
6  var errorEmail =' ';    //邮箱错误提示
7  var errorPwd =' ';      //密码错误提示
8  var emailReg ="^\\w+([-+.]\\w+)*@\\w+([-.]\\w+)*\\.\\w+([-.]\\w+)*\$";
                          //邮箱正则表达式
9  /*输入框外框线*/
10 OutlineInputBorder outlineInputBorder =OutlineInputBorder(
```

```
11      borderRadius: BorderRadius.all(Radius.circular(10)),
12      borderSide: BorderSide(color: Colors.black12, width: 2));
13 /*输入框获得焦点时的外框线*/
14 OutlineInputBorder focuslineInputBorder =OutlineInputBorder(
15      borderRadius: BorderRadius.all(Radius.circular(10)),
16      borderSide: BorderSide(color: Colors.orangeAccent, width: 2));
17 FocusNode _focusNode =FocusNode();    //输入框焦点
```

上述第 10～12 行代码用于定义页面上邮箱输入框和密码输入框的外框线样式；第 14～16 行代码用于定义在邮箱输入框、密码输入框获得焦点后的外框线样式。第 17 行代码用于定义 FocusNode 对 TextField 的焦点事件监听，即通过向 addListener() 方法传入回调方法来实现对 TextField 获得或失去焦点的监听。

（2）定义判断密码长度的方法。

当输入的密码超过 8 个字符时，页面上会提示"密码不能超过 8 个字符"的出错信息。也就是当密码输入框中的内容发生改变时，就需要取出密码输入框中的内容，并判断密码的长度。实现代码如下。

```
1  void judgePwd(value) {
2    setState(() {
3      if (value.length >8) {
4        errorPwd ='密码不能超过 8 个字符';
5      }
6    });
7  }
```

上述代码用 value 作为参数，表示输入的密码内容，并通过 setState() 方法通知页面状态发生了变化，从而改变页面显示的内容。

（3）判断邮箱输入框失去焦点后邮箱的格式。

```
1   @override
2   void initState() {
3     _focusNode.addListener(() {
4       if (!_focusNode.hasFocus) {         //失去焦点
5         setState(() {
6           if (!RegExp(emailReg).hasMatch(username)) {
7             errorEmail ='邮箱格式有误!';
8           }
9         });
10      } else {
11        setState(() {
12          errorEmail =' ';
13        });
14      }
15    });
16  }
```

上述第 4~10 行代码表示在输入框失去焦点后,立即将输入框中输入的邮箱名和定义的邮箱规则(emailReg 字符串)进行匹配。然后根据匹配的状态,用 setState()方法修改邮箱输入框右下角的提示信息,即如果不匹配,则显示"邮箱格式有误!",否则显示空字符串。

State 的生命周期可以分为创建(插入视图树)、更新(在视图树中存在)和销毁(从视图树中移除)三个阶段。initState()方法属于创建阶段,它是在 State 对象被插入视图树时调用,在 State 的生命周期中只会被调用一次,通常在 initState()中实现一些初始化操作。

(4) 定义显示消息提示框的方法。

单击"登录"按钮后,会弹出由 Fluttertoast 组件实现的消息提示框。消息提示框上显示的信息由邮箱名输入框和密码输入框中的内容决定。实现代码如下。

```
1    void showInfo() {
2      msg = '';
3      var uname = usernameController.text;     //获取输入框中的邮箱名
4      var upwd = userpwdController.text;       //获取输入框中的密码
5      if (uname.length == 0) {
6        msg = '邮箱名不能为空';
7      } else if (upwd.length == 0) {
8        msg = '密码不能为空';
9      } else if (uname != 'admin') {
10         msg = '邮箱名不正确';
11     } else if (upwd != 'pwd') {
12         msg = '密码不正确';
13     } else {
14         msg = '登录成功';
15     }
16     Fluttertoast.showToast(
17         msg: msg,                             //消息内容
18         toastLength: Toast.LENGTH_LONG,       //消息内容的长度
19         gravity: ToastGravity.CENTER,         //消息框弹出的位置
20         timeInSecForIos: 10,                  //持续的时间(目前 iOS 有效)
21         backgroundColor: Colors.red,          //背景色
22         textColor: Colors.white,              //文字颜色
23         fontSize: 16.0);                      //文字大小
24   }
```

上述第 16~24 行代码定义了一个 Fluttertoast 消息提示框对象,并根据该对象的属性设置了消息提示框的内容和样式。其中第 19 行的 gravity 属性用于设置消息提示框显示在页面上的位置,该属性的值可以为 ToastGravity.CENTER(居中)、ToastGravity.TOP(顶部)或 ToastGravity.BOTTOM(底部)。

(5) 重写 build()方法构建页面。

根据图 6.22 的页面显示效果和设计思路,所有组件按列居中的方式排列在页面上,并根据需求描述设置邮箱输入框、密码输入框和"登录"按钮的相应属性,实现代码如下。

```
1    @override
2    Widget build(BuildContext context) {
```

```
3      return Scaffold(
4        appBar: AppBar(
5          title: Text('登录邮箱'),
6        ),
7        body: Column(
8          crossAxisAlignment: CrossAxisAlignment.center,
                                                        //交叉轴居中(此处为水平居中)
9          children: <Widget>[
10           Text('邮箱账号登录',
11               style: TextStyle(
12               color: Colors.black,
13               fontSize: 20,
14               fontWeight: FontWeight.bold,
15               height: 5),),
16           TextField(                                 //邮箱输入框
17             controller: usernameController,   //输入框控制器(初始化变量部分定义)
18             decoration: InputDecoration(
19               counterText: errorEmail,          //输入框右下角显示的内容
20               counterStyle: TextStyle(color: Colors.red, fontSize: 15),
21               icon: Icon(Icons.person),         //输入框内左侧图标
22               hintText: "请输入邮箱名",
23               enabledBorder: outlineInputBorder,  //输入框外框线样式
24               focusedBorder: focuslineInputBorder),//输入框获得焦点后外框线样式
25             inputFormatters: [
26               WhitelistingTextInputFormatter(
27                   RegExp("[a-zA-Z0-9@.]"))     //只能输入邮箱包含的字符
28             ],
29             focusNode: _focusNode,              //输入框获得焦点、失去焦点事件
30             onChanged: (value) {                //输入框内容改变事件
31               username =value;
32             },
33           ),
34           TextField(                             //密码输入框
35             controller: userpwdController,
36             obscureText: true,                   //密码隐藏显示
37             decoration: InputDecoration(
38               counterText: errorPwd,
39               counterStyle: TextStyle(color: Colors.red, fontSize: 15),
40               icon: Icon(Icons.lock_open),
41               hintText: '请输入密码',
42               enabledBorder: outlineInputBorder,
43               focusedBorder: focuslineInputBorder),
44             onChanged: (value) {
45               userpwd =value;
46               judgePwd(value);                   //调用密码规则判断方法
47             },
48           ),
```

```
49          RaisedButton(
50            child: Text('登录',
51              style: TextStyle(color: Colors.white, fontSize: 18),
52            ),
53            color: Colors.lightGreen,
54            onPressed: () {                        //按下按钮事件
55              showInfo();                          //调用显示消息提示框方法
56            },
57          ),
58          Text('忘记密码？|注册新账号'),
59        ],
60      ),
61    );
62  }
```

上述第 7 行代码的 Column 表示将页面从上至下的所有组件按垂直方向布局在页面上；第 8 行代码的 crossAxisAlignment 属性表示设置该 Column 布局交叉轴方向组件的对齐方式，本案例的交叉轴即为水平轴，该属性的值为 CrossAxisAlignment.center，表示水平轴方向居中；第 9 行代码的 children 属性表示在 Column 布局中放置的子组件，该属性值为＜Widget＞[ ] 数组类型。

6.3 注册界面的设计与实现

随着移动终端设备的普及应用，越来越多的商家为了搜集用户群体的爱好、需求等信息，往往在用户使用客户端应用程序时，请用户输入用户名、密码、性别、爱好、籍贯等信息进行注册。本节将利用 CheckboxListTile 组件、showDatePicker()、showTimePicker()、RichText 组件和 Padding、Center 页面布局技术实现一个通用注册界面。

6.3.1 复选框组件

复选框组件用于在一个或多个选项中进行选择。实际应用中，这些选项可以不选，可以只选一个，也可以选中多个。Flutter 包含传统简单型复选框 Checkbox 组件和自带标题、副标题的复杂型复选框 CheckboxListTile 组件。

Rec0603_01

1 Checkbox 组件

Checkbox 的常用属性及功能说明如表 6-12 所示。例如，在页面上显示足球、购物、旅游和音乐 4 种爱好，单击右上角的 FAB 按钮（"保存"图标），可以输出选中的爱好，运行效果如图 6.24 所示。实现代码如下。

表 6-12　CheckBox 组件的常用属性及功能

属性名	类型	功能说明
value	bool	设置复选框是否选中，取值包括 true(选中)、false(没选中)
onChanged		设置监听复选框的值发生改变时回调
tristate	bool	设置复选框是否是三态，取值包括 true、false 和 null

续表

属 性 名	类 型	功能说明
activeColor	Color	设置复选框选中时的颜色
checkColor	Color	设置复选框选中时选中图标(√)的颜色
materialTapTargetSize	double	设置单击目标的大小，取值包括 padded、shrinkWrap 两种

图 6.24　Checkbox 组件显示效果

```
1   import 'package:flutter/material.dart';
2   void main() =>runApp(MyApp());
3   class MyApp extends StatelessWidget {
4     @override
5     Widget build(BuildContext context) {
6       return MaterialApp(
7         theme: ThemeData(primarySwatch: Colors.blue, ),
8         home: MainPage(),
9       );}
10    }
11  class MainPage extends StatefulWidget {
12    @override
13    MainPageState createState() =>MainPageState();
14  }
15  class MainPageState extends State {
16    List values =[false, false, false, false];        //选中状态数组
17    List likes =['足球', '购物', '旅游', '音乐'];      //爱好数组
18    @override
19    Widget build(BuildContext context) {
20      Row row =Row(
21        children: <Widget>[
22          Text('爱好:'),
23          Checkbox(
24            activeColor: Colors.red,
25            checkColor: Colors.lightGreen,
```

```
26          value: values[0],
27          onChanged: (value) {
28            setState(() {
29              values[0] =value;
30            });
31          }),
32        Text(likes[0]),
33        // 购物、旅游、音乐复选框代码与爱好复选框类似,此处略
34      ], );
35    return Scaffold(
36      appBar: AppBar(
37        title: Text('CheckBox示例'),
38      ),
39      body: row,
40      floatingActionButton: FloatingActionButton(
41        child: Icon(Icons.save),
42        tooltip: '输出爱好',
43        backgroundColor: Colors.orangeAccent,
44        onPressed: () {
45          String info ='';
46          for (int i =0; i < likes.length; i++) {
47            if (values[i]) {info = info + likes[i] +',';}
48          }
49          print('你的爱好是:$info');
50        },
51      ),
52      floatingActionButtonLocation: FloatingActionButtonLocation.endTop,
53    );}
54  }
```

由于单击"爱好"复选框时,复选框的状态变化结果会更新到页面,所以本示例使用了StatefulWidget组件。上述第20~34行代码定义一个Row类型的变量row,Row组件(水平布局组件)用于将children属性定义的子元素组件排列成一行,即用Row组件将爱好选项复选框(CheckBox)、爱好内容(Text)等组件按行方向布局后,再用第39行代码将row作为Scaffold的body属性值显示在页面上。第27~31行代码定义了CheckBox组件的onChanged属性的回调方法,实现当复选框的状态值value发生变化时,通过setState()方法通知发生变化的内容,并将变化内容更新到页面上。第44~50行代码定义了FAB按钮("保存"图标)的onPressed属性的回调方法,实现当单击该按钮时,根据CheckBox的选中状态输出用户选择的爱好。

2 CheckboxListTile 组件

Rec0603_02

CheckboxListTile组件除了包含Checkbox组件的常用属性外,还包含如表6-13所示的其他常用属性。例如,在页面上显示游泳、网球、长跑和爬山4种爱好,单击上方的全选复选框,既可以实现选中全部爱好,也可以实现不选中,运行效果如图6.25所示。为了实现图6.25所示的显示效果,可以在图6.24的代码的基础上作如下修改。

表 6-13　CheckboxListTile 组件的常用属性及功能

属 性 名	类　　型	功能说明
title	Widget	设置主标题组件
subtitle	Widget	设置副标题组件
isThreeLine	bool	设置显示的复选框是否占三行,默认值为 false
dense	bool	设置是否垂直密集显示标题
secondary	Widget	设置显示的小组件,与□所在位置相反
selected	bool	设置选中后标题文字高亮,默认值为 false
controlAffinity	ListTileControlAffinity	设置□相对于标题文字的位置。取值包含 leading(前面)、platform(根据移动终端设备平台默认显示)和 trailing(后面)

图 6.25　CheckboxListTile 组件显示效果

(1) 将第 16、17 代码替换为如下代码。

```
1   bool allSelected = false;                              //全选
2   List selecteds = [true, true, false, false];           //爱好默认选中状态
3   List sports = ['游泳', '网球', '长跑', '爬山'];         //爱好项目
4   void setSelected() {                                   //全选或不全选方法
5     for (int i = 0; i < selecteds.length; i++) {
6       selecteds[i] = allSelected;
7     }
8   }
```

上述代码中定义的 setSelected()方法在全选复选框的 onChanged 属性设置的回调方法中调用,用于在单击全选复选框时修改游泳、网球、长跑和爬山复选框的状态值。即当全选复选框的状态值为 true 时,游泳、网球、长跑和爬山复选框的状态值也为 true(表示爱好全部选中),否则为 false(表示爱好全部没有选中)。

(2) 将第 20～34 代码替换为如下代码。

```
1   Column column = new Column(children: <Widget>[
2     CheckboxListTile(                                    //全选复选框
3       title: Text('全选'),
```

```
4       subtitle: Text('表示选中下列所有爱好'),
5       secondary: Icon(Icons.done_all),
6       value: allSelected,
7       controlAffinity: ListTileControlAffinity.leading,
8       onChanged: (value) {
9         setState(() {
10          allSelected =value;
11          setSelected();
12        });
13      },
14    ),
15    CheckboxListTile(                                //游泳复选框
16      title: Text(sports[0]),
17      subtitle: Text('有益于改善体型'),
18      secondary: Icon(Icons.scatter_plot),
19      value: selecteds[0],
20      controlAffinity: ListTileControlAffinity.trailing,
21      dense: true,
22      onChanged: (value) {
23        setState(() {
24          selecteds[0] =value;
25        });
26      },
27    ),
28    //网球、长跑、爬山复选框与游泳复选框类似,此处略
29  ]);
```

上述第 2~14 行代码定义了全选复选框, title、subTitle 属性值为 Text 类型对象, 它们也可以用 TextStyle 定义文本信息的样式。由于 controlAffinity 的属性值为 ListTileControlAffinity.leading, 表示复选框的方框显示在标题对象的前面, 所以用 secondary 属性设置的 Icon 对象显示在标题对象的后面。

(3) 将第 39 行代码替换为如下代码。

```
1    body: column,
```

上述代码表示将上面第 2 步定义的 Column 布局方式封装的"全选""游泳""网球""长跑"和"爬山"等复选框按列方式显示在页面上。

6.3.2 日期和时间组件

Flutter 并没有提供直接创建日期和时间选择器的组件, 而是通过调用 showDatePicker()方法弹出日期选择器组件, 通过调用 showTimePicker()方法弹出时间选择器组件, 下面分别介绍它们的使用场景和使用方法。

Rec0603_03

1 showDatePicker

showDatePicker()方法用于弹出一个日期选择器对话框, 该对话框有系统默认的样式, 也可以通过 builder 属性设置自定义样式。选择日期后, 返回一个 DateTime 类型的数据。它的

常用属性及功能说明如表 6-14 所示。

表 6-14 showDatePicker 组件的常用属性及功能

属 性 名	类 型	功能说明
context	BuildContext	设置 BuildContext
initialDate	DateTime	设置日期选择器打开时的默认日期
firstDate	DateTime	设置日期选择器可选择的起始日期
lastDate	DateTime	设置日期选择器可选择的终止日期
local	Locale	设置国际化方式，默认为英文
selectableDayPredicate	bool	设置日期选择器可选的日期
builder	Widget	设置日期选择器的主题、标题栏等样式

例如，页面上有一个 Text 组件和一个 RaiseButton 组件，单击 RaiseButton 组件后，弹出日期选择器。在日期选择器上选择日期后，将日期显示在 Text 组件上，实现效果如图 6.26 所示。实现代码如下。

图 6.26 showDatePicker 的显示效果(1)

```
1  class MainPageState extends State {
2    String date = DateTime.now().toString();
3    var initialDate = DateTime.now();
4    var firstDate = DateTime(2000, 01, 01);
5    var laseDate = DateTime(2050, 12, 31);
6    Future<void> showDate(context) async {
7      DateTime d = await showDatePicker(
8        context: context,
```

```
9          initialDate: initialDate,       //当前日期作为日期选择器的初始日期
10         firstDate: firstDate,           //设置日期选择器的初始日期
11         lastDate: laseDate,             //设置日期选择器的终止日期
12       );
13       setState(() {
14         date = d.toString().substring(0, 10);  //取日期的前10个字符
15       });
16     }
17     @override
18     Widget build(BuildContext context) {
19       Column datetime = Column(children: <Widget>[
20         Text(date),
21         RaisedButton(
22           child: Text('选择日期'),
23           onPressed: () {
24             showDate(context);              //调用自定义的异步方法
25           },
26         ),
27       ]);
28       return Scaffold(
29         appBar: AppBar(
30           title: Text('CheckBox 示例'),
31         ),
32         body: datetime,
33       );
34     }
35   }
```

上述第 3~5 行代码分别定义存放默认日期、起始日期和终止日期的 DateTime 类型的变量;由于 showDatePicker()方法属于异步(async)调用,所以第 6~12 行代码定义异步调用类型的 showDate()方法,在该方法中用 await 指定 showDatePicker()方法执行后,返回 DateTime 类型的数据。

如果需要将日期选择器对话框显示在一个页面上,并且在页面上增加"出生日期"标题和设置只有后天之前的日期可以选择,实现效果如图 6.27 所示,需要将实现图 6.26 所示效果代码的第 6~12 行代码替换为如下代码。

```
1    Future<void> showDate(context) async {
2      DateTime d = await showDatePicker(
3        //showDatePicker 的必选参数与上述代码一样,此处略
4        selectableDayPredicate: (DateTime day) {        //设置日期选择器的可选日期
5          return day.difference(DateTime.now()).inDays <2;  //后天之前的日期可选
6        },
7        builder: (context, child) {
8          return Scaffold(
9            appBar: AppBar(
10             title: Text('出生日期'),
```

```
11              ),
12              body: child,
13          ); }
14      );
15    //setState()方法与上述代码一样,此处略
16    }
```

图 6.27　showDatePicker 的显示效果(2)

上述第 4～6 行代码表示用设置的 selectableDayPredicate 属性值实现可选日期,第 7～13 行代码表示用设置的 builder 属性值实现日期选择对话框显示在 Scaffold 定义的页面上。如果要改变日期选择对话框的主题,可以将第 7～13 行代码替换为如下代码。

```
1    builder: (context, child) {
2      return Theme(
3          data: ThemeData.dark(),
4          child: child,
5      );
6    },
```

2 showTimePicker

showTimePicker()方法用于弹出一个时间选择器对话框,该对话框有系统默认的样式,也可以通过 builder 属性设置自定义样式。选择时间后,返回一个 TimeOfDay 类型的数据。它的常用属性及功能说明如表 6-15 所示。

表 6-15　showTimePicker 组件的常用属性及功能

属 性 名	类　　型	功能说明
context	BuildContext	设置 BuildContext

续表

属性名	类型	功能说明
initialTime	TimeOfDay	设置时间选择器打开时的默认时间
builder	Widget	设置时间选择器的主题、标题栏等样式

例如，页面上有一个 Text 组件和一个 RaiseButton 组件，单击 RaiseButton 组件后，弹出时间选择器，在时间选择器上选择时间后，时间将显示在 Text 组件上，实现效果如图 6.28 所示。可以直接将实现图 6.27 效果所示的代码替换为如下代码。

图 6.28　showTimePicker 的显示效果（1）

```
1   String time =TimeOfDay.fromDateTime(DateTime.now()).toString();
2   var initialTime =TimeOfDay.fromDateTime(DateTime.now());
3   Future<void> showTime(context) async {
4     TimeOfDay t =
5         await showTimePicker(context: context, initialTime: initialTime);
6     setState(() {
7       String s =t.period.toString() =='DayPeriod.am' ? '上午' : '下午';
8       time =t.hour.toString() +":" +t.minute.toString() +s;
9     });
10  }
```

showDatePicker()和 showTimePicker()弹出的日期和时间选择对话框的本地化设置默认为英文。如果需要将本地化设置为中文，则需要为项目加入国际化（flutter_localizations）支持，步骤如下。

（1）修改项目配置文件 pubspec.yaml，加入如下代码。

```
1  dependencies:
2    flutter_localizations:  # 添加
3      sdk: flutter
```

（2）修改项目的 lib/main.dart 文件，在顶级组件 MaterialApp 中添加国际化支持，实现代码如下。

```
1  MaterialApp(
2    localizationsDelegates: [
3      GlobalMaterialLocalizations.delegate,
4      GlobalWidgetsLocalizations.delegate,
5    ],
6    supportedLocales: [
7      const Locale('zh', 'CH'),
8      const Locale('en', 'US'),
9    ],
10   locale: Locale('zh'),          //本地化设置默认为中文
11 )
```

至此，日期选择器对话框的按钮可以显示中文，但时间选择器对话框仍然显示英文，因为在 showTimePicker() 方法中并没有提供本地化属性，所以需要用如下代码实现图 6.29 所示的中文效果。

```
1  Future<void> showTime(context) async {
2    TimeOfDay t = await showTimePicker(
3      context: context,
4      initialTime: initialTime,
5      builder: (context, child) {
6        return Localizations(
7          locale: const Locale('zh'),
8          child: child,
9          delegates: <LocalizationsDelegate>[
10           GlobalMaterialLocalizations.delegate,
11           GlobalWidgetsLocalizations.delegate,
12         ]);
13     });
14   setState(() {
15     String s = t.period.toString() == 'DayPeriod.am' ? '上午' : '下午';
16     time = t.hour.toString() + ":" + t.minute.toString() + s;
17   });
18 }
```

6.3.3 RichText 组件

RichText 组件（丰富文本组件）是 Flutter 提供的一个可以展示多种样式的 Widget，它经常应用于一个完整的字符串中，实现不同文本片段的字体颜

图 6.29　showTimePicker 的显示效果（2）

色、大小等风格不同的场景。它特有的手势识别器功能还可以响应部分显示文本的单击事件。RichText 组件的常用属性及功能与 Text 组件基本一样，下面主要介绍该组件的 text 属性值对应的 TextSpan 类型对象，TextSpan 继承自 InlineSpan，它是一个树状结构。children 表示子节点，它是 List＜TextSpan＞类型。每个节点代表一个文本片段，祖先节点的 style 对所有子孙节点起作用，当祖先节点的 style 中指定的值与自身节点的 style 发生冲突时，自身 style 中指定的值会覆盖前者。TextSpan 的属性和功能说明如表 6-16 所示。

表 6-16　TextSpan 的常用属性及功能

属 性 名	类　　型	功能说明
text	String	设置显示的内容
children	List＜InlineSpan＞	设置子 TextSpan
style	TextStyle	设置 TextSpan 中文本的样式
recognizer	GestureRecognizer	设置一个手势识别器，接收到达此文本范围的事件

例如，实现图 6.30 所示效果，可以使用如下代码。

图 6.30　RichText 的显示效果

```
1    RichText richText =RichText(
2      textAlign: TextAlign.center,
```

```
3      text: TextSpan(
4          text: "登录即视为同意",
5          style: TextStyle(color: Color(0xAA333333), fontSize: 18),
6          children: [
7            TextSpan(
8                text: "\n《****公司服务协议》",
9                style: TextStyle(color: Color(0xAACE1928))),
10         ]),
11     textDirection: TextDirection.ltr,
12   );
```

如果要给图 6.30 中的《****公司服务协议》增加手势单击事件,可以在上述第 9 行代码后面插入如下代码。

```
1    recognizer: TapGestureRecognizer()
2      ..onTap = () {
3          print('单击查看协议详细内容');
4      },
```

上述第 2 行代码的两个"."号调用对象的方法或引用它的属性时,表达式返回的值是该对象本身。

6.3.4 案例:注册界面的实现

1 需求描述

应用程序运行后,显示图 6.31 所示的注册页面,用户在注册页面的对应输入框中输入手机号、姓名、密码;单击出生日期输入框后,弹出图 6.32 所示的日期选择器对话框,选定日期后,可以将日期自动填入出生日期输入框;当"同意"复选框为选中状态时,页面下部区域会显示协议内容。

2 设计思路

根据注册界面的需求描述及图 6.31、图 6.32 的显示效果,整个页面按垂直方向(列方向)布局,从上往下分别用 TextField 组件实现手机号、姓名、密码和出生日期的输入;在出生日期输入框中单击后,用 showDatePicker() 方法可以实现出生日期选择器;用 CheckboxListTile 组件实现"同意"复选框功能;由于协议内容中的标题和正文包含不同的文本格式,所以本案例使用 RichText 组件实现;验证码输入框用 TextField 组件实现,其右侧的"获取验证码"按钮由 suffixIcon 属性指定的 OutlineButton 组件实现;用 FlatButton 组件实现"注册"按钮。

3 实现流程

由于注册页面上的内容会根据用户选择的出生日期、是否同意协议等操作变化,所以需要一个继承自 State 的类来监听发生变化的内容(本案例的类名为_MyHomePageState,类名可以修改),然后根据发生变化的内容重新绘制新的 Widget,并显示在页面上。

根据需求描述和设计思路,可以将注册页面的实现过程分为手机号、姓名和密码输入模块,出生日期选择框模块,同意协议选中模块,验证码输入模块和注册按钮模块。

(1) 手机号、姓名和密码输入模块。

从图 6.31 可以看出,手机号、姓名和密码输入框的外框在失去焦点和获得焦点时的样式

图 6.31 注册界面(1)

图 6.32 注册界面(2)

完全一样。可以定义 OutlineInputBorder 类型的 outlineInputBorder、focuslineInputBorder 属性值，分别设置给 TextField 组件的 enabledBorder 和 focusedBorder 属性。实现代码如下。

```
1   static OutlineInputBorder outlineInputBorder =OutlineInputBorder(
2       borderSide: BorderSide(color: Colors.black12, width: 2));
3   static OutlineInputBorder focuslineInputBorder =OutlineInputBorder(
4       borderSide: BorderSide(color: Colors.orangeAccent, width: 2));
5   static TextStyle countTextStyle =
6       TextStyle(color: Colors.red,fontSize: 10,height:0.6);//输入框提示信息样式
7   TextField txtPhone =TextField(                              //手机号输入框
8       keyboardType: TextInputType.number,
9       maxLength: 11,
10      decoration: InputDecoration(
11         counterText: '手机号只能是 11 位数字',
12         counterStyle: countTextStyle,
13         enabledBorder: outlineInputBorder,
14         focusedBorder: focuslineInputBorder,
15         contentPadding: EdgeInsets.symmetric(vertical: 1),//控制高度
16         prefixIcon: Icon(Icons.phone_iphone),
17         hasFloatingPlaceholder: false,              //labeltext 不浮动
18         labelText: '手机号',
19         prefixText: '手机号:',
20         hintText: '11 位数字'),
21     );
22  // 姓名输入框和密码输入框的代码与手机号输入框类似,此处略
```

（2）出生日期选择框模块。

出生日期选择框的样式与手机号输入框一样，但是在单击输入框时，需要弹出图 6.32 所示的日期选择器对话框，所以需要给出生日期输入框设置 onTap 属性。在 onTap 属性值的回调方法中调用实现日期选择器对话框的方法，实现代码如下。

```
1    TextField txtDate;                                    //出生日期输入框
2    static TextEditingController controller =TextEditingController();
                                                           //出生日期输入框控制器
3    DateTime selectedDate =DateTime.now();    //将当前系统时间作为默认值
4    Future selectDate(context) async {        //定义弹出日期选择器的方法
5      DateTime birthday =await showDatePicker(//将日期选择器中返回的日期作为出生日期
6        context: context,
7        initialDate: selectedDate,
8        firstDate: DateTime(1990, 01, 01),
9        lastDate: DateTime(2500, 12, 31));
10     setState(() {
11       selectedDate =birthday;
12       controller.text =selectedDate.toString().substring(0,10);//只显示年月日
13     });
14   }
15   //实现出生日期输入框
16   void initState() {
17     var context =this.context;
18     txtDate =TextField(
19       controller: controller,
20       maxLength: 16,
21       decoration: InputDecoration(
22         counterText: '密码只能为 8~16 个字母或数字',
23         counterStyle: countTextStyle,
24         enabledBorder: outlineInputBorder,
25         focusedBorder: focuslineInputBorder,
26         contentPadding: EdgeInsets.symmetric(vertical: 1),
27         prefixIcon: Icon(Icons.cake),
28         hasFloatingPlaceholder: false,
29         labelText: '出生日期',
30         prefixText: '出生日期:',
31         hintText: '选择出生日期'),
32       onTap: () {
33         selectDate(context);              //调用日期选择器对话框自定义方法
34       },
35     );
36   }
```

由于在显示日期选择器对话框时需要设置 context 属性值，即需要一个实例化的 BuildContext 对象，而在 build()方法没有执行前，该对象还没有生成，所以需要在 initState() 方法中通过 this.context 语句才能获得 BuildContext 实例化对象。如果创建出生日期输入框的 TextField 对象代码模块写在 build()方法中，则不需要使用该语句获得 BuildContext

对象。

(3) 同意协议选中模块。

用户选中同意协议复选框后，页面下部显示带格式的协议内容；在没有选中复选框的状态下，页面下部不显示协议内容。本案例实现时，定义 flag 变量保存复选框状态，定义 richText 变量保存协议内容对象，然后在 Build() 方法中给创建的同意协议复选框组件（CheckboxListTile）设置 onChanged 属性及回调方法，在回调方法中调用创建 RichText 对象的方法。

```
1   bool isAgree =false;              //是否同意协议
2   RichText richText =null;          //协议显示 richText
3   void showrichText() {
4     if (isAgree) {                  //同意,构造协议内容对象
5       richText =RichText(
6         textAlign: TextAlign.center,
7         text: TextSpan(
8           text: "请仔细阅读协议内容",
9           style: TextStyle(color: Color(0xAACE1928), fontSize: 12),
10          children: [
11            TextSpan(
12              text:
13                 "\n1.协议内容协议.......",
14              style: TextStyle(color: Color(0xAA333333))),
15         ]),
16       );
17    } else {
18      richText =null;                //不同意,协议内容对象为空
19    }
20  }
```

上述第 8、9 行代码定义了协议标题内容和标题样式，第 13 行代码定义了协议的具体内容，此处直接用字符串常量表示，也可以通过读文本内容、访问网络文本资源实现。

(4) 验证码输入模块。

验证码输入框比手机号输入框增加了一个右侧的"获取验证码"按钮，其余部分完全一样，实现代码如下：

Rec0603_07

```
1   TextField txtValid =TextField(
2     decoration: InputDecoration(
3       //与手机号输入框类似,此处略
4       suffixIcon: OutlineButton(              //输入框右侧带框按钮
5         borderSide: BorderSide(color: Colors.red, width: 2),
6         child: Text('获取验证码',
7             style: TextStyle(color: Colors.red),
8         ),
9         onPressed: () {                        //单击"获取验证码"按钮事件
10          print('执行发送短信到手机号');          //执行发送短信到手机号
```

```
11          },
12        ),
13  ));
```

注册按钮模块、输入框中输入字符的限制、密码校验等与登录界面实现过程完全一样，这里不再赘述，读者可以参考代码包中 flutter_0603_register 文件夹中的内容。

（5）重写 build()方法。

创建完页面上所有的组件对象后，就可以用 Column 布局组件将它们按垂直方向放置在页面上。实现代码如下。

```
1   @override
2   Widget build(BuildContext context) {
3     return Scaffold(
4       appBar: AppBar(
5         title: Text('会员注册'),),
6       body: Padding(
7           padding: EdgeInsets.fromLTRB(5, 15, 5, 5),
8           child: Center(
9             child: Column(
10              children: <Widget>[ txtPhone, txtName, txtPwd, txtDate,
11                CheckboxListTile(
12                  controlAffinity: ListTileControlAffinity.leading,
13                  activeColor: Colors.orangeAccent,
14                  selected: true,
15                  checkColor: Colors.red,
16                  secondary: Icon(Icons.chrome_reader_mode),
17                  title: Text('同意'),
18                  dense: true,
19                  subtitle: Text('同意表示您已经阅读协议条款！'),
20                  value: isAgree,
21                  onChanged: (value) {
22                    setState(() {
23                      isAgree =value;
24                      showrichText();
25                    }); },),
26                txtValid, btnReg,
27                Container(
28                  child: richText,
29                ), ],
30            ),)),
31    );
32  }
```

上述代码用 Padding 组件的 padding 属性设置页面中的内容与页面左边框、上边框、右边框与底边框的间距。第 10、26、28 行代码直接引用实例化的手机号、姓名、密码、出生日期、验证码输入框对象以及注册按钮、协议内容对象。第 27～29 行代码定义一个 Container（容器）

对象,用于放置协议内容。

6.4 图片浏览器的设计与实现

图片浏览器是一个比较常见的应用程序。本节将利用RadioListTile组件、Image组件、Slider组件、ImagePicker组件和Container页面布局技术实现一个能够从相册或相机中选择图片,并将图片进行拉伸、平铺和混色等功能的图片浏览器。

6.4.1 单选按钮组件

单选按钮组件用于在多个选项中只能选中一个选项的场景。Flutter包含传统简单型单选按钮Radio组件和自带标题、副标题的复杂型单选按钮RadioListTile组件。

1 Radio 组件

Radio的常用属性及功能说明如表6-17所示。例如,在页面上实现一个性别选择的功能,并将选择结果显示在页面的右侧,运行效果如图6.33所示。实现代码如下。

表6-17 Radio组件的常用属性及功能

属性名	类型	功能说明
value	T	设置单选按钮表示的值。可用作单选按钮的标识(id)
onChanged		设置监听单选按钮选中时回调
groupValue	T	设置此组单选按钮当前选定值
activeColor	Color	设置单选按钮选中时的颜色
materialTapTargetSize	double	设置单击目标的大小,取值包括padded、shrinkWrap两种

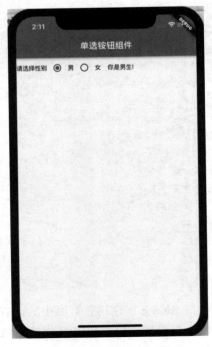

图6.33 Radio组件显示效果

```
1  class _MyHomePageState extends State<MyHomePage>{
2    var sex ='男';              //用于保存单选按钮组中选中项的值
3    @override
4    Widget build(BuildContext context) {
5      return Scaffold(
6                                //标题栏 appBar 属性代码,此处略
7        body: Row(
8          children: <Widget>[
9            Text('请选择性别'),
10           Radio(              //性别"男"单选按钮
11             value: '男',
12             groupValue: sex,
13             onChanged: (value) {
14               setState(() {
15                 sex =value;});
16           }),Text('男'),
17           Radio(              //性别"女"单选按钮
18             value: '女',
19             groupValue: sex,
20             onChanged: (value) {
21               setState(() {
22                 sex =value;});
23           }),Text('女'),
24           Text('    你是$sex生!')
25         ]),);
26   }
27  }
```

2 RadioListTile 组件

RadioListTile 组件除了包含 Radio 组件的常用属性外,还包含表 6-18 所示的其他常用属性。例如,在页面上显示包含 4 个选项的单项选择题,选中某个选项,并单击右下角的 FAB 按钮("交卷"按钮),页面的下部显示题目的标准答案和解析,运行效果如图 6.34 所示。实现代码如下。

Rec0604_02

表 6-18 RadioListTile 组件的常用属性及功能

属 性 名	类　　型	功能说明
title	Widget	设置主标题组件
subtitle	Widget	设置副标题组件
isThreeLine	bool	设置显示的单选按钮是否占 3 行,默认值为 false
dense	bool	设置是否垂直密集显示标题
secondary	Widget	设置显示的小组件,与 O 所在位置相反
selected	bool	设置选中后标题文字高亮,默认值为 false
controlAffinity	ListTileControlAffinity	设置 O 相对于标题文字的位置。取值包含 leading(前面)、platform(根据移动终端设备平台默认显示)和 trailing(后面)

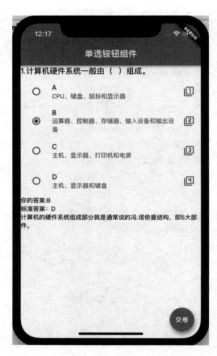

图 6.34 RadioListTile 组件显示效果

```
1   class _MyHomePageState extends State<MyHomePage>{
2     List<String>lists=[
3       'CPU、键盘、鼠标和显示器',                    //选项 A
4       //选项 B、C、D 类似
5     ];
6     String answer = 'D\n 计算机的硬件系统组成部分就是通常说的冯·诺依曼结构,即 5 大部件。';
7     String user = ' ';                           //用户答案
8     bool answerFlag =true;                       //是否交卷
9     var selected =5;                             //默认单选按钮选中项
10    @override
11    Widget build(BuildContext context) {
12      return Scaffold(
28        //标题栏 appBar 属性代码,此处略
13        body: Column(
14          crossAxisAlignment: CrossAxisAlignment.start,
15          children: <Widget>[
16            Text('1.计算机硬件系统一般由()组成。',//题目内容
17              style: TextStyle(fontSize: 18),),
18            RadioListTile(                       //选项 A
19              value: 0,
20              groupValue: selected,
21              title: Text('A'),
22              subtitle: Text(lists[0]),
23              secondary: Icon(Icons.filter_1),
24              onChanged: (value) {
```

```
25              setState(() {
26                  selected =value;
27                  user ='A';});},
28           ),
29           ////选项 B、C、D 类似,此处略
30           Offstage(                              //交卷后的答案及解析显示区
31              offstage: answerFlag,
32              child: Column(
33                  crossAxisAlignment: CrossAxisAlignment.start,
34                  children: <Widget>[Text('你的答案:$user'), Text('标准答案:
                    $answer')]), ),
35       ],),
36       floatingActionButton: FloatingActionButton(
37          child: Text('交卷'),
38          onPressed: () {
39             setState(() {
40                answerFlag =false;});//交卷后,offstage 属性设置为 false,即不隐藏答案区
41          },
42       ),
43    );}
44 }
```

上述第 30~35 行代码用 Offstage 组件的 offstage 属性控制 child 属性设定的组件是否隐藏,若 offstage 的属性值为 true,则隐藏组件,否则显示组件;但当 offstage 的属性值为 true 时,如果 child 属性设定的组件中有动画效果,则需要手动停掉,否则动画效果仍然显示。其中 32~34 行代码用 Column 页面布局组件将用户选择的答案和标准答案及解析用的 Text 组件按列方向显示在页面上。

6.4.2 Image 组件

Image 组件(图片组件)是一个展示图片的组件,它支持 JPEG、PNG、GIF、Animated GIF(动画 GIF)、WebP、Animated WebP(动画 WebP)、BMP 和 WBMP 等格式的图片。Image 组件的常用属性及功能说明如表 6-19 所示。Image 组件获取图片源有 5 种形式的构造方法。

表 6-19 Image 组件的常用属性及功能

属 性 名	类 型	功 能 说 明
image	ImageProvider	设置图片提供者获取的图片文件
width	double	设置图片显示的宽度
height	double	设置图片显示的高度
alignment	AlignmentGeometry	设置图片的对齐方式
color	Color	设置图片上覆盖的颜色,通常用于与 colorBlendMode 属性产生混色效果
colorBlendMode	BlendMode	设置与 color 属性的颜色进行混色的模式
fit	BoxFit	设置图片的缩放方式,取值如表 6-20 所示

续表

属 性 名	类 型	功能说明
centerSlice	Rect	设置图片内部拉伸，相当于在图片内部设置了一个.9图（一种特殊的图片格式），但是需要注意的是，要在显示图片的大小大于原图的情况下才可以使用这个属性
gaplessPlayback	bool	设置无间隔显示图片效果，若值为true，则显示新图片时保留旧图片，直到显示出新图片
repeat	ImageRepeat	设置图片的重复方式，其值包括none（不重复）、repeat（X、Y轴都重复）、repeatX（只在X轴重复）、repeatY（只在Y轴重复）
matchTextDirection		设置图片的显示方向，需与Directionality属性配合使用
semanticLabel	String	设置图片的语义描述信息

表6-20 Image组件的fit属性及功能

属 性 名	功能说明
BoxFit.no	原图大小居中
BoxFit.contain	全图居中显示但不充满，显示原比例
BoxFit.cover	图片可能拉伸，也可能裁剪，但是充满容器
BoxFit.fill	全图显示且填充满，图片可能会拉伸
BoxFit.fitHeight	图片可能拉伸，可能裁剪，高度充满
BoxFit.fitWidth	图片可能拉伸，可能裁剪，宽度充满
BoxFit.scaleDowm	效果和contain差不多，但是只能缩小图片，不能放大图片

1 Image.asset

Image.asset()方法用于加载项目中的图片资源文件，使用该方法获取图片的步骤如下。

（1）在项目根目录中创建images文件夹，并把图片文件放置到该文件夹中。如果需要支持多种分辨率的图片，可以在images文件夹下分别创建0.75x（ldpi）、1.0x（mdpi）、1.5x（hdpi）、2.0x（xhdpi）、3.0x（xxhdpi）、4.0x（xxxhdpi）文件夹，并将不同分辨率的图片放置到对应的文件夹中。其中，1.0x文件夹不需要创建，直接存放在images文件夹下的图片默认分辨率为mdpi。

（2）打开项目根文件夹下的pubspec.yaml文件，添加资源文件声明代码，代码格式如下。

```
1  flutter:
2    assets:
3      -images/p1.jpg
4      -images/p2.jpg
```

对于不同文件夹下不同分辨率的同名文件，不需要在pubspec.yaml文件中一一声明，Flutter会根据不同的分辨率自动到不同的文件夹中匹配相同文件名的文件。

（3）在dart源代码中使用图片文件时，直接使用pubspec.yaml文件中声明的资源路径即可，如在页面的500×500区域显示图片，代码格式如下。

```
1  Image.asset("images/p1.jpg", width: 500,height: 500,);
```

2 Image.network

Image.network()方法用于加载网络图片。代码格式如下。

```
1  Image.network('https://www.baidu.com/img/bd_logo1.png?qua=high&where=super'),
```

3 Image.file

Image.file()方法用于加载本地图片文件。下面以从相册中选择一张图片显示在页面上为例介绍 Image.file 的用法。

Rec0604_04

（1）在 pubspec.yaml 中加入 image_picker（图片选择插件）的依赖代码，在 github 上找到最新的版本号，此处以"0.5.0+3"版本为例。依赖添加完成后，单击编辑窗口右上角的"Packages get"按钮，安装 image_picker 插件。实现代码如下。

```
1  dependencies:
2    flutter:
3      sdk: flutter
4    cupertino_icons: ^0.1.2
5    image_picker: ^0.5.0+3
```

（2）依赖添加完成后，用"import 'package:image_picker/image_picker.dart';"语句导入包，就可以正常使用 image_picker 组件。image_picker 组件提供了选择图片和选择视频的两个方法。其中选择图片可以通过图库（相册）和相机的方式获得，但是需要异步从相机、图库中获得图片。所谓获得图片，也就是获得图片的存放位置，实现代码如下。

```
1  var _imgPath =null;          //存放获得的图片的路径
2  takePhoto() async {          //拍照
3      var image =await ImagePicker.pickImage(source: ImageSource.camera);
4      setState(() {
5        _imgPath =image;
6      });
7  }
8  openGallery() async {        //相册
9      var image =await ImagePicker.pickImage(source: ImageSource.gallery);
10     setState(() {
11       _imgPath =image;
12     });
13 }
```

上述第 2~7 行代码用于定义 1 个异步从相机获得图片的 takePhoto()方法，其中第 3 行代码的 source：ImageSource.camera 用于指定从相机获得图片；第 8~13 行代码用于定义 1 个异步从相册获得图片的 openGallery()方法，其中第 9 行代码的 source：ImageSource.gallery 用于指定从相册获得图片。

（3）重写 build()方法，将图片显示在页面上。单击页面上的"选择图片"按钮，调用从相册中获得图片的 openGallery()方法。如果没有选择图片，则页面上显示"对不起，你还没有选择图片！"，否则将选择的图片加载到页面上。实现代码如下。

```
1    @override
2    Widget build(BuildContext context) {
3      Widget widget ;
4      if(_imgPath==null){
5        widget =Text('对不起,你还没有选择图片!');
6      }else{
7        widget =  Image.file(_imgPath);
8      }
9      return Scaffold(
10       //设置标题栏 appBar 属性,此处略
11       body:widget,
12       floatingActionButton: FloatingActionButton(
13         child: Text('选择图片'),
14         onPressed: () {
15           setState(() {
16             openGallery();                   //调用打开相册的方法
17           });
18       },),
19    );
```

上述第 4~8 行代码表示如果图片路径为 null,则在页面用 Text 组件显示"对不起,你还没有选择图片!",否则用 Image.file()方法加载图片相册中选择的图片,并显示在页面上。

4 Image.memory

Image.memory()方法用于加载 Uint8List 资源图片,即可以将一个 byte 数组数据作为图片显示在页面上。

5 Image

Image()方法的 image 参数是 ImageProvider 类型的对象,ImageProvider 是抽象类,Flutter SDK 提供了 AssetImage、NetworkImage、FileImage、MemoryImage 等 ImageProvider 的子类来满足开发者的需要。使用方法如下。

```
1  Image(image: AssetImage('images/logo.png'));
2   Image (image: NetworkImage ('https://www.baidu.com/img/bd_logo1.png? qua=
       high&where=super'))
```

在实际应用开发中,表 6-18 中列出的 Image 组件属性通常还不能完全满足一些应用场景的需求。例如,为图片设置圆角边、生成圆形图片等。Image 组件本身并不支持圆角和阴影,但是开发者可以通过使用 CircleAvatar 组件和 Container 组件实现这些特殊的需求。

6.4.3 CircleAvatar 组件

CircleAvatar 组件(圆形组件)用于创建一个圆形容器组件,可以添加前景色、背景图和背景色。加载网络图片时,若网络状态不佳或图片有问题时,只显示背景色。CircleAvatar 组件的常用属性及功能说明如表 6-21 所示。

表 6-21　CircleAvatar 组件的常用属性及功能

属 性 名	类　　型	功 能 说 明
child	Widget	设置包含在容器中的子组件
backgroundColor	Color	设置容器的背景色
backgroundImage	ImageProvider	设置容器的背景图片
foregroundColor	Color	设置容器中子组件的前景色
radius	double	设置圆形半径，与 minRadius、maxRadius 不能同时使用
minRadius	double	设置圆形最小半径
maxRadius	double	设置圆形最大半径

例如，设置半径为 50、背景色为红色、前景色为蓝色、背景图片为 images/p4.jpg 的圆形图片，显示效果如图 6.35 所示，实现代码如下。

图 6.35　CircleAvatar 组件显示效果

```
1    CircleAvatar circleAvatar =CircleAvatar(
2      radius: 50,
3      backgroundColor: Colors.red,
4      foregroundColor: Colors.blue,
5      backgroundImage: AssetImage('images/p4.jpg'),
6    );
```

如果需要在图 6.35 的圆形效果上添加文字，可以在上述代码的第 2 行位置插入如下代码。

```
1    child: Text('这是一个图片'),
```

当 CircleAvatar 组件对象中设置了 foregroundColor 属性值、backgroundImage 属性值和 backgroundColor 属性值，在页面上显示时，foregroundColor 属性的显示效果会覆盖 backgroundImage 属性的显示效果，backgroundImage 属性的显示效果会覆盖 backgroundColor 属性的显示效果。

radius 属性不能与 minRadius、maxRadius 属性同时使用，设置了 radius 属性值，表示 minRadius 和 maxRadius 的属性值与 radius 属性值相等；如果 radius、minRadius 和 maxRadius 属

性都没有设置,系统默认 radius 的属性值为 20pix。

6.4.4 裁剪组件

Flutter 提供了一些对子组件进行裁剪的容器类组件,下面介绍 3 个常用的裁剪组件。

1 ClipOval

如果 ClipOval 裁剪的子组件为正方形,那么裁剪后的子组件以圆形展示;如果裁剪的子组件为矩形,那么剪裁后的子组件以椭圆展示。例如,实现图 6.36 所示的显示效果,实现代码如下。

图 6.36 ClipOval 组件显示效果

```
1  ClipOval clipOval =ClipOval(child: Image.asset('images/p4.jpg') );
```

2 ClipRRect

ClipRRect 组件用于将子组件裁剪为圆角矩形。例如,实现四个圆角边弧度为 40 的代码如下。

```
1  ClipRRect clipRRect=ClipRRect(
2      borderRadius: BorderRadius.circular(40.0),   //设置四个圆角边弧度
3      child: Image.asset('images/p4.jpg'  ),
4  );
```

3 ClipRect

ClipRect 组件用于裁剪子组件到实际占用的矩形大小(溢出部分裁剪)。使用该组件前,首先需要自定义一个继承自 CustomClipper 的裁剪区域,然后再用 ClipRect 对子组件进行裁剪。例如,将某个图片从左边 60、上边 15 的坐标处开始裁剪成一个宽度为 60、高度为 300 的矩形区域,可以按以下步骤实现。

(1)创建一个继承自 CustomClipper 的子类 MyClip。

```
1  class MyClip extends CustomClipper<Rect>{
2    @override
3    Rect getClip(Size size) =>Rect.fromLTWH(60.0, 15.0, 60.0, 300.0);
4    @override
5    bool shouldReclip(CustomClipper<Rect>oldClipper) =>false;
6  }
```

CustomClipper 并不是一个 Widget，它是一个抽象类，可以绘制任何形状。所以上述第 3 行和第 5 行代码覆写了 CustomClipper 类中的两个方法，其中第 3 行代码表示从左边 60、上边 15 的位置处裁剪了一个宽 60、高 300 的矩形。

（2）使用 ClipRect 按 MyClip 设置的区域进行裁剪。

```
1    ClipRect clipRect =ClipRect(clipper: MyClip(),
2        child: Image.asset('images/p4.jpg'),
3    );
```

上述代码的 clipper 属性用于指定裁剪区域，child 属性用于指定按照裁剪区域要裁剪的图片。

Rec0604_06

6.4.5　Slider 组件

Slider 组件（滑块组件）用于在一个范围内（即最大值和最小值之间）选择连续性的或非连续性的数据。Slider 组件的常用属性和功能说明如表 6-22 所示。

表 6-22　Slider 组件的常用属性及功能

属 性 名	类　　型	功能说明
value	double	设置滑块的当前值
onChanged		设置监听滑块 value 值改变时回调
onChangeStart		设置监听滑块滑动开始时回调
onChangeEnd		设置监听滑块滑动结束时回调
min	double	设置滑块的最小值，默认值为 0
max	double	设置滑块的最大值，默认值为 1
divisions	int	设置滑块分段个数（不连续值）
label	String	设置滑块滑动时显示的文本（气泡），必须与 divisions 同时使用
activeColor	Color	设置滑块轨道活动部分的颜色
inactiveColor	Color	设置滑块轨道不活动部分的颜色

例如，在页面上展示一个带滑块值气泡的滑块，该滑块的取值只能为 0、20、40、60、80 和 100，滑块轨道的活动部分为蓝色，不活动部分为黄色。实现代码如下。

```
1     double valuec =0;
2     Slider slider =Slider(
3       label: 'Slider ${valuec.round()}',
4       max: 100,
5       min: 0,
6       divisions: 5,               //滑块分段数为 5
7       activeColor: Colors.blue,
8       inactiveColor: Colors.yellow,
9       value: valuec,
10      onChanged: (v) {
```

```
11          setState(() {
12            valuec = v;
13          });
14        },
15      );
```

上述第 4～6 行代码用于设置滑块上的最小值为 0，最大值为 100，分段数为 5，即 0～100 分 5 段，有 0、20、40、60、80 和 100 共 6 个取值点；第 10～14 行代码设置监听滑块值改变时的回调方法，并用 setState() 方法更新页面上滑块的 valuec 值。

6.4.6 案例：图片浏览器的实现

1 需求描述

应用程序运行后，显示图 6.37 所示的图片浏览页面，用户单击页面上的 "向前""向后"按钮可以分别浏览不同的图片，也可以对当前浏览的图片进行混色、平铺、拉伸、圆边等操作，并将操作效果显示在页面上。在给图片进行混色操作时，还可以通过滑块改变参与混色操作的颜色。

图 6.37 图片浏览器（1）

图 6.38 图片浏览器（2）

2 设计思路

根据图片浏览器的需求描述，整个页面按垂直方向（列方向）分为图片展示区、操作选择区和按钮区。为了避免图片尺寸太大而让图片展示区占据操作选择区、按钮区的空间，可以首先用 Container 容器布局限定图片显示区的高度为设备屏幕高度的三分之一，然后将 Image 组件进行混色、平铺、拉伸、圆边等操作，作为它的子组件显示在该区域。操作选择区分别用 5 个 RadioListTile 组件实现，其中混色的副标题用 Slider 组件的滑块值作为颜色值（透明色、红色、绿色、蓝色）。按钮区把两个 Row 布局的 RaiseButton 组件放在 Container 容器布局中。

3 实现流程

1）准备工作

首先，按照前面介绍 Image 组件时使用图片资源的步骤，把图片文件存放到项目根目录中创建的 images 文件夹或存放不同分辨率图片的文件夹中，然后在 pubspec.yaml 文件中声明图片资源的文件路径，并单击编辑窗口右上角的"Packages get"按钮。

2）创建继承自 State 的 _MyHomePageState 类

由于图片浏览器页面上的内容会根据用户选择的对图片的不同操作而发生变化，所以需要一个继承自 State 的类来监听发生变化的内容，然后根据变化的内容重新绘制新的 Widget，并显示在页面上。

（1）图片显示模块。

为了保证图片显示区域的宽度与设备屏幕宽度相同，高度为设备屏幕高度的三分之一，可以将显示图片效果组件放在 Container 容器布局中，设置 Container 的 width、height 属性值，指定图片区域的大小，设置 child 属性值，指定 Container 容器中包含的子组件 child。

由于子组件 child 要根据用户的选择来产生不同效果的对象，所以本案例实现时，自定义一个 setPic(index，value) 方法，该方法根据要显示图片的索引下标 index 和选择的操作值 value 返回对应的图片效果对象。实现代码如下：

```
1   var selected =4;                              //默认选中按钮（原始图片）
2   List<String>lists =[ 'images/p1.jpg','images/p2.jpg',
3       //其他图片类似,此处略
4   ];//图片数组
5   var index =0;                                 //默认第一张图片的索引下标
6   Widget child = Image.asset(lists[index]);     //默认显示第一张原图
7   //根据 index 和 value 返回图片效果对象
8   Widget setPic(index, value) {
9     child = Image.asset(lists[index]);
10    selected =value;
11    switch (value) {
12      case 0:                                   //混色操作
13        child =Image.asset( lists[index],
14          color: Color.fromARGB(255, colorsValue.round(), colorsValue.round
(),
15            colorsValue.round()),
16          colorBlendMode: BlendMode.colorDodge,
17        );
18        break;
19      case 1:                                   //平铺操作
20        child =Image.asset(lists[index],
21          repeat: ImageRepeat.repeat,
22        );
23        break;
24      case 2:                                   //拉伸操作
25        child =Image.asset( lists[index],
26          centerSlice: Rect.fromLTRB(2, 2, 2, 2),
```

```
27            );
28            break;
29          case 3:                              //圆边操作
30            child = ClipOval(
31              child: Image.asset( lists[index],fit: BoxFit.cover,)
32            );
33            break;
34          default:
35            child = Image.asset(lists[index]);
36       }
37       return child;
38    }
39    //设定图片效果显示区域
40    Container imgContainer = Container(
41       width: MediaQuery.of(context).size.width,
42       height: MediaQuery.of(context).size.height / 3,
43       color: Colors.amberAccent,
44       child: child,
45    );
```

上述代码第 6 行的 child 用来保存图片效果对象，第 8 行的 setPic()方法用来返回图片效果对象。如果用户选择了圆边操作作用于图片，则产生的图片效果对象类型为 ClipOval，而 ClipOval 类与 Image 类不存在继承关系，所以此处的图片效果对象类型并没有设置为 Image，而是设置为 Widget。上述第 41、42 行的 MediaQuery.of(context).size 用于获取当前设备屏幕的宽和高。MediaQuery.of 用于返回从 MediaQueryData 中读取的 MediaQueryData.size 值，MediaQuery.size.width 返回屏幕宽度的逻辑像素值，MediaQuery.size.height 返回屏幕高度的逻辑像素值。

（2）混色滑块模块。

为了产生页面上图片的混色效果，并且混色的颜色值是可调整的，所以用 Slider 组件。实现代码如下。

```
1   var colorsValue = 0.0;                       //默认拖动条值(颜色值)
2   Slider slider = Slider(
3       value: colorsValue,
4       min: 0,
5       max: 255,
6       onChanged: (value) {
7         setState(() {
8           colorsValue = value;
9           child = setPic(index, selected); });
10      },
11  );
```

上述第 6～10 行代码设置监听滑块值改变时的回调方法，并用 setState()方法更新页面上滑块的 colorsValue 值，其中第 9 行代码调用 setPic()方法，用于将混色值作用于指定的图片。

（3）向前、向后图片翻页模块。

由图 6.38 可以看出，图片浏览器页面的底部放置了两个水平排列的按钮组件，分别实现"向前"翻看图片和"向后"翻看图片的操作，而整个页面的布局垂直排列图片展示区、操作选择区和按钮区，所以需要将按钮区的"向前""向后"按钮放在一个水平排列组件的 Row 容器页面布局中。实现代码如下。

```
1  Container btnContainer = Container(
2      color: Colors.black26,
3      child: Row(
4          mainAxisAlignment: MainAxisAlignment.spaceBetween,
5          children: <Widget>[
6              RaisedButton(
7                  child: Text('向前'),
8                  onPressed: () {
9                    setState(() {
10                       if (index > 0) index--;
11                       child = setPic(index, selected);});
12                 }),
13             RaisedButton(
14                 child: Text('向后'),
15                 onPressed: () {
16                    setState(() {
17                       if (index < lists.length - 1) index++;
18                       child = setPic(index, selected);});
19                 })
20         ],
21     ));
```

上述第 11、18 行代码根据当前图片的索引下标和当前选择的操作调用 setPic() 方法，将实现的图片效果传递给 child，并显示在页面上。

（4）重写 build() 方法。

由图 6.37 可以看出，图片显示区、混色滑块和平铺、拉伸等单选按钮按照 Column 列布局方式排列，并根据需求描述设置这些组件的属性，实现代码如下。

```
1  @override
2  Widget build(BuildContext context) {
3    //图片显示模块
4    //混色滑块模块
5    //向前、向后图片翻页模块
6    return Scaffold(
7      //appBar 标题栏定义,此处略
8      body: Column(
9        children: <Widget>[
10         imgContainer,           //图片显示对象
```

```
11          RadioListTile(
12            value: 0,
13            groupValue: selected,
14            title: Text('混色'),
15            subtitle: slider,        //混色滑块模块
16            onChanged: (value) {
17              setState(() {
18                child = setPic(index, value);});
19            },
20          ),
21          RadioListTile(
22            value: 1,
23            groupValue: selected,
24            title: Text('平铺'),
25            subtitle: Text('按 XY 方向平铺在显示区域'),
26            onChanged: (value) {
27              setState(() {
28                child = setPic(index, value);});
29            },
30          ),
31          //拉伸单选按钮与平铺按钮类似,此处略
32          //圆边单选按钮与平铺按钮类似,此处略
33          //原图单选按钮与平铺按钮类似,此处略
34          btnContainer     //向前、向后图片翻页按钮
35        ],),),);
36  }
```

至此,图片浏览器的基本功能全部实现,但获取的图片方式还比较单一。可以在此基础上增加从图库中选择图片或从相机中获取图片的功能模块,进一步完善项目功能。全部功能实现代码请参见代码包中 flutter_0604_viewimage 文件夹中的内容。

第 7 章 布局组件

Chapter 7

应用程序的用户界面是用户与设备(包括手机、平板电脑和台式机等)交互的核心。通过前面章节的学习,读者应该已经掌握了 Flutter 项目开发中的基本组件的使用方法和应用场景,但是一些比较复杂的、特定的应用场景,还需要通过专门的布局组件与基本组件相结合才能实现。本章结合模仿实现今日头条 App 的各个页面介绍它们的应用方法。

7.1 概述

在 Flutter 中,Widget 是整个视图描述的基础,Flutter 的核心设计思想就是一切都是组件,即 Widget。Widget 是 Flutter 功能的抽象描述,Flutter 提供了两种内置组件。

(1) 可视组件。即在页面上能够直接看到的组件,如 Text、Icon、Image 等。

(2) 布局组件。即在页面上为可视组件搭架子的组件,如 Row、Column、Container 等。

前面介绍的基本组件大多数都属于可视组件,这些组件可以直接在页面上呈现要展示的内容。而布局组件主要作为承载子组件的容器,它们都有一个 child 或 children 属性,用于承载子组件。有 child 属性的布局组件称为单孩子布局组件(SingleChild Widget),用于承载一个子组件,如前面用到的 Center、Container 组件。有 children 属性的布局组件称为多孩子布局组件(MultiChild Widget),用于承载多个子组件,如前面用到的 Row、Column 组件。

7.1.1 单孩子布局组件

单孩子布局组件大多数直接或间接地继承自 SingleChildRenderObjectWidget 类,这些组件既能提供丰富的装饰能力,如设置组件在页面呈现的宽、高、背景色等,也能提供部分特定的布局能力,如设置组件在页面上的对齐方式、页边距等。

Rec0701_01

1 Container 组件

Container 组件继承自 StatelessWidget 类,它由基本的绘制、位置和大小组件组成。该组件用于创建一个矩形的可视元素,它不仅可以通过设定属性值来设计矩形可视化元素的背景、边框和阴影等样式,还可以设置边距、宽高,以及在三维空间利用矩阵进行变换。Container 组件的常用属性和功能说明如表 7-1 所示。

表 7-1 Container 组件的常用属性及功能

属性名	类型	功能说明
alignment	AlignmentGeometry	设置容器内子元素的对齐方式。取值包括 topLeft(默认值)、topCenter、topRight、centerLeft、center、centerRight、bottomLeft、bottomCenter、bottomRight

续表

属性名	类型	功能说明
decoration	Decoration	设置背景色、边框、圆角等
foregroundDecoration	Decoration	设置前景色、边框、圆角等。它是 child 前面的装饰
constraints	BoxConstraints	设置添加到 child 上额外的约束条件
margin	EdgeInsetsGeometry	设置容器的外边距(即与父容器的距离)。如 EdgeInsets.all(20.0)
padding	EdgeInsetsGeometry	设置容器的内边距(即与子元素的距离)。如 EdgeInsets.fromLTRB(10,10,10,10)
transform	Matrix4	设置容器的旋转变化。如 Matrix4.rotationZ(0.2),弧度值为正数时顺时针旋转,为负数时逆时针旋转
width	double	设置容器的宽度
height	double	设置容器的高度
color	Color	设置容器的背景色
child	Widget	设置容器装载的子元素

例如,给图片添加带有边角弧度的边框线,并在图片上添加 nnutc 文字,然后按 Z 轴方向旋转 0.5,显示效果如图 7.1 所示。实现代码如下。

图 7.1 Container 布局组件显示效果

```
1   Container container =Container(
2     height:200,
3     decoration: BoxDecoration(
4       border: Border.all(width: 2.0, color: Colors.red),    //装饰器边框线宽度、颜色
5       borderRadius: BorderRadius.all(Radius.circular(20.0)),//装饰器边角弧度
6       image: DecorationImage(                               //装饰器背景图片
7         image: NetworkImage ('https://www.nnutc.edu.cn/__local/2/23/D0/
        AD557226C49D30A517052128A6C_DF7FD990_D5EF.jpg') ),
8       color: Colors.lightGreen                              //装饰器背景颜色
9     ),
```

```
10      padding: EdgeInsets.all(8.0),           //Container 外边距
11      alignment: Alignment.center,            //Container 内子元素对齐方式
12      child: Text("nnutc",                    //Container 内子元素内容
13        style: TextStyle(color: Colors.red ),
14      ),
15      transform: Matrix4.rotationZ(0.5),      //矩阵变换属性
16    );
```

Container 组件按照绘制 transform、decoration、child、foregroundDecoration 的顺序渲染页面。一般情况下，Container 组件按照下列规则布局页面内容。

（1）如果 Container 组件没有设置 child、width、height 和 constraints 属性，并且 Container 组件的父容器没有 unbounded 的限制，那么 Container 组件的大小为 0。

（2）如果 Container 组件没有设置 child、alignment 属性，但是提供了 width、height 或 constraints 属性，那么 Container 组件会根据自身以及父容器的限制，将自身调整到足够小。

（3）如果 Container 组件没有设置 child、width、height、constraints 和 alignment 属性，但是父容器提供了 bounded 限制，那么 Container 组件会按照父容器的限制，将自身调整到足够大。

（4）如果 Container 组件设置了 alignment 属性，并且父容器提供了 unbounded 限制，那么 Container 组件会调整自身尺寸来包裹 child 属性设置的子组件。

（5）如果 Container 组件设置了 alignment 属性，并且父容器提供了 bounded 限制，那么 Container 组件会将自身调整到足够大（在父容器的范围内），然后根据设置的 alignment 属性调整 child 属性设置的子组件的位置。

（6）如果 Container 组件设置了 child 属性，但是没有设置 width、height、constraints 和 alignment 属性，那么 Container 组件会将其父容器的 constraints 属性值传递给 child 属性设置的子组件，并根据子组件调整自身大小。

（7）如果 Container 组件设置了 constraints 属性，并且用 maxWidth、maxHeight 属性值限定了 Container 的最大宽度和最大值高度值，那么此处设置的最大宽度和最大值高度值比 Container 组件中直接设置的 width、height 属性值优先级大。即如果直接设置的 width、height 属性值超出了 constraints 属性指定的值，就会按照 constraints 属性指定的最大值调整尺寸。

2 Padding 组件

Padding 组件直接继承自 SingleChildRenderObjectWidget 类，它是用于设置内边距的组件。该组件的常用属性和功能说明如表 7-2 所示。

Rec0701_02

表 7-2　Padding 组件的常用属性及功能

属 性 名	类　　型	功 能 说 明
padding	EdgeInsetsGeometry	设置容器的内边距（即与子元素的距离）。如 EdgeInsets.fromLTRB(10，10，10，10)表示左、上、右、下的内边距分别为 10、10、10、10
child	Widget	设置容器装载的子元素

例如，实现图 7.2 所示的页面效果，代码如下。

图 7.2 Padding 布局组件显示效果

```
1   Padding padding =Padding(
2     padding: EdgeInsets.fromLTRB(10, 0, 10, 10),
3     child: Image.network(
4   'https://www.nnutc.edu.cn/__local/2/23/D0/AD557226C49D30A517052128A6C_
    DF7FD990_D5EF.jpg',
5       fit: BoxFit.cover,
6     ),
7   );
```

上述第 2 行代码用于设置 Image 图片离 Padding 容器的左边距离为 10,离顶边距离为 0,离右边距离为 10,离底边距离为 10。一般情况下,Padding 组件按照下列规则布局页面内容。

(1) 如果 Padding 组件没有设置 child 属性值,会创建一个宽为 left+right 尺寸、高为 top+bottom 尺寸的区域。

(2) 如果 Padding 组件设置了 child 属性值,那么 Padding 组件会将布局约束传递给 child 属性设置的子元素,并根据设置的 padding 属性值调整 child 子元素的布局尺寸,并在 child 子元素周围按照 padding 属性值创建空白区域。

3 Align 组件

Align 组件直接继承自 SingleChildRenderObjectWidget 类,它是用于设置子元素的对齐方式。该组件的常用属性和功能说明如表 7-3 所示。

表 7-3 Align 组件的常用属性及功能

属性名	类型	功能说明
align	AlignmentGeometry	设置容器内子元素的对齐方式。取值包括 topLeft、topCenter、topRight、centerLeft、center(默认值)、centerRight、bottomLeft、bottomCenter、bottomRight
widthFactor	double	设置容器宽度为子元素宽度的倍数
heightFactor	double	设置容器高度为子元素高度的倍数
child	Widget	设置容器装载的子元素

例如，让 Text 子元素居中，可以使用如下代码。

```
1    Align align=Align(alignment: Alignment.center,child: Text('NNUTC'),);
```

一般情况下，Align 组件按照下列规则布局页面内容。

（1）如果 Align 组件没有设置 widthFactor、heightFactor 属性，在 Align 组件有限制条件时，它会根据限制条件尽量地扩展自身的尺寸；在 Align 组件没有限制条件时，它会调整到 child 属性设置的子元素尺寸。

（2）如果 Align 组件设置了 widthFactor 或 heightFactor 属性，Align 组件会根据 widthFactor、heightFactor 属性扩展自身的尺寸。例如，当设置 widthFactor 属性值为 2.0 时，Align 组件的宽度扩展为 child 属性设置的子元素宽度的 2 倍。

4 Center 组件

Center 组件直接继承自 Align 类，它是用于设置子元素的居中方式。该组件的常用属性和功能说明如表 7-4 所示。

表 7-4　Center 组件的常用属性及功能

属 性 名	类 型	功 能 说 明
widthFactor	double	设置容器宽度为子元素宽度的倍数
heightFactor	double	设置容器高度为子元素高度的倍数
child	Widget	设置容器装载的子元素

7.1.2　多孩子布局组件

多孩子组件大多数直接或间接地继承自 MultiChildRenderObjectWidget 类，这些组件能够提供特定的布局能力，如将多个组件按水平（行）方向排列、按垂直（列）方向排列等。

Rec0701_03

1 Row 组件

Row 组件直接继承自 Flex 类，间接继承自 MultiChildRenderObjectWidget 类，它是一个可以沿水平方向展示子元素的布局组件。Row 组件的常用属性和功能说明如表 7-4 所示。

表 7-4　Row 组件的常用属性及功能

属 性 名	类 型	功 能 说 明
mainAxisAlignment	MainAxisAlignment	设置子元素沿着主轴（水平轴）的排列方式。取值为表 7-5 所示的枚举值
crossAxisAlignment	CrossAxisAlignment	设置子元素沿着交叉轴（垂直轴、次轴）的对齐方式。取值为表 7-6 所示的枚举值
mainAxisSize	MainAxisSize	设置子元素在主轴方向占有空间的值，取值包括 max（默认值）、min
verticalDirection	VerticalDirection	设置子元素在主轴方向的摆放顺序，取值包括 down（默认值）、up
children	＜Widget＞[ ]	设置容器装载的子元素数组

表 7-5　mainAxisAlignment 的常用属性及功能

属性名	功能说明
start	从主轴的起点开始放置子元素
end	从主轴的终点开始放置子元素
center	将子元素放置在主轴的中心
spaceAround	将主轴方向的空白区域均分，让子元素之间的空白区域相等，但首尾子元素的空白区域为其他空白区域的一半
spaceBetween	将主轴方向的空白区域均分，让子元素之间的空白区域相等，但首尾子元素靠近首尾处没有间隙
spaceEvenly	将主轴方向的空白区域均分，让子元素之间的空白区域相等

表 7-6　crossAxisAlignment 的常用属性及功能

属性名	功能说明
start	子元素在交叉轴上的起点处展示
end	子元素在交叉轴上的终点处展示
center	子元素在交叉轴上居中展示
baseline	子元素在交叉轴方向与 baseline 对齐展示，但必须与 textBaseline 属性配合合适
stretch	子元素填满交叉轴方向展示

例如，将 4 个 Text 组件水平摆放的代码如下。

```
1    Row row =Row(
2      mainAxisAlignment: MainAxisAlignment.spaceEvenly,
3      crossAxisAlignment: CrossAxisAlignment.stretch,
4      children: <Widget>[
5        Text('目录 1',
6          style: TextStyle(backgroundColor: Colors.red),),
7        Text('目录 2',
8          style: TextStyle(backgroundColor: Colors.yellow),),
9        Text('目录 3',
10         style: TextStyle(backgroundColor: Colors.blue),),
11       Text('目录 4',
12         style: TextStyle(backgroundColor: Colors.green),)
13     ],
14   );
```

2 Column 组件

Column 组件直接继承自 Flex 类，间接继承自 MultiChildRenderObjectWidget 类，它是一个可以沿垂直方向展示子元素的布局组件。Column 组件的常用属性和功能说明如表 7-7 所示。

表 7-7 Column 组件的常用属性及功能

属 性 名	类 型	功 能 说 明
mainAxisAlignment	MainAxisAlignment	设置子元素沿着主轴(垂直轴)的排列方式。取值为表 7-5 所示的枚举值
crossAxisAlignment	CrossAxisAlignment	设置子元素沿着交叉轴(水平轴、次轴)的对齐方式。取值为表 7-6 所示的枚举值
mainAxisSize	MainAxisSize	设置子元素在主轴方向占有空间的值,取值包括 max(默认值)、min
verticalDirection	VerticalDirection	设置子元素在主轴方向的摆放顺序,取值包括 down(默认值)、up
children	＜Widget＞[]	设置容器装载的子元素数组

3 Flex 组件

Flex 组件直接继承自 MultiChildRenderObjectWidget 类,它是一个可以沿主轴方向展示子元素的布局组件。Flex 组件的常用属性和功能说明如表 7-8 所示。

表 7-8 Flex 组件的常用属性及功能

属 性 名	类 型	功 能 说 明
direction	Axis	设置页面布局的主轴方向,取值包括 horizontal(水平方向)和 vertical(垂直方向)
mainAxisAlignment	MainAxisAlignment	设置子元素沿着主轴的排列方式。取值为表 7-5 所示的枚举值
crossAxisAlignment	CrossAxisAlignment	设置子元素沿着交叉轴(次轴)的对齐方式。取值为表 7-6 所示的枚举值
mainAxisSize	MainAxisSize	设置子元素在主轴方向占有空间的值,取值包括 max(默认值)、min
verticalDirection	VerticalDirection	设置子元素在主轴方向的摆放顺序,取值包括 down(默认值)、up
children	＜Widget＞[]	设置容器装载的子元素数组

如果 Flex 组件的 direction 属性值为 Axis.horizontal,则该组件的布局效果、使用方法与 Row 组件一样;如果 Flex 组件的 direction 属性值为 Axis.vertical,则该组件的布局效果、使用方法与 Column 组件一样。例如,下列代码的显示效果与前面的 Row 组件示例完全一样。

```
1    Flex flex =Flex(
2      direction: Axis.horizontal,
3      mainAxisAlignment: MainAxisAlignment.spaceEvenly,
4      children: <Widget>[
5    Text('目录 1',
6    style: TextStyle(backgroundColor: Colors.red),),
7    Text('目录 2',
8      style: TextStyle(backgroundColor: Colors.yellow),),
9    Text('目录 3',
```

```
10        style: TextStyle(backgroundColor: Colors.blue),),
11      Text('目录 4',
12        style: TextStyle(backgroundColor: Colors.green),)
13    ]
14  );
```

4 Expanded 组件

Expanded 组件直接继承自 Flexible 类，用于展开 Row、Column 或 Flex 组件承载的子元素，也就是将子元素的宽度或高度扩展至充满主轴方向的空白空间。Expanded 组件虽然不是多孩子布局组件，但是它经常与多孩子布局组件组合使用。Expanded 组件的常用属性和功能说明如表 7-9 所示。

Rec0701_04

表 7-9　Expanded 组件的常用属性及功能

属 性 名	类 型	功 能 说 明
flex	int	设置子元素的宽度（高）占整个父容器宽（高）的比例
child	Widget	设置容器装载的子元素

例如，将"前进""暂停"和"后退"3 个按钮按水平方向平均排列在页面上，显示效果如图 7.3 所示。实现代码如下。

图 7.3　Expanded 布局组件显示效果

```
1  Row rowBtn =Row(
2    mainAxisAlignment: MainAxisAlignment.spaceEvenly,
3    children: <Widget>[
4      RaisedButton(child: Text('前进', style: TextStyle(color: Colors.yellow))),
5      RaisedButton(child: Text('暂停', style: TextStyle(color: Colors.yellow))),
6      RaisedButton(child: Text('后退', style: TextStyle(color: Colors.yellow)))
7    ],
8  );
```

上述第 2 行代码表示将水平方向的空白区域平均分配给"前进""暂停"和"后退"3 个按钮，运行效果如图 7.3 所示。如果使用 Expanded 组件布局"前进""暂停"和"后退"3 个按钮，显示效果如图 7.4 所示。

```
1  Row rowBtn =Row(
2    children: <Widget>[
3      Expanded(
```

```
 4          flex: 1,         //占水平方向空间 1 份
 5          child: RaisedButton(child: Text('前进', style: TextStyle(color: Colors.
            yellow)))
 6        ),
 7        Expanded(
 8          flex: 2,         //占水平方向空间 2 份
 9          child: RaisedButton(child: Text('暂停', style: TextStyle(color: Colors.
            yellow))),
10        ),
11        Expanded(
12          flex: 1,         //占水平方向空间 1 份
13          child: RaisedButton (child: Text ('后退', style: TextStyle (color:
            Colors.yellow)))
14        ),
15      ],
16    );
```

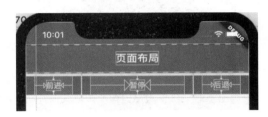

图 7.4　Expanded 布局组件显示效果

上述代码在水平方向定义了 3 个按钮组件，并使用 Expanded 组件的 flex 属性定义了每个按钮组件在水平方向占据的空间比例。因为整个水平方向分为 4 等份（1＋2＋1＝4），所以根据每个按钮的 flex 属性值，"前进"按钮占水平方向空间的 1/4，"暂停"按钮占水平方向空间的 2/4，"后退"按钮占水平方向空间的 1/4。

5　Wrap 组件

Wrap 组件直接继承自 MultiChildRenderObjectWidget 类，它是一个可以将其承载的子元素自动换行的组件。在 Row、Column 或 Flex 组件承载子元素时，如果子元素超过屏幕范围，则会报溢出错误。例如，Row 组件默认只有一行，如果其承载的子元素超过屏幕宽度，这些子元素并不会另起一行显示，而是报溢出错误；Wrap 是一个流式布局组件，如果把上述的 Row 换成 Wrap，则溢出屏幕宽度的子元素会自动另起一行显示。Wrap 组件的 direction、crossAxisAlignment、textDirection、verticalDirection、children 属性与 Row（包括 Column 和 Flex）组件的意义、用法相同，其他常用属性和功能说明如表 7-10 所示。

表 7-10　Wrap 组件的常用属性及功能

属 性 名	类 型	功 能 说 明
spacing	double	设置子元素在主轴方向的间距
runSpacing	double	设置子元素在交叉轴方向的间距
runAlignment	WrapAlignment	设置子元素在交叉轴方向的对话方式

6 Stack 组件

Stack 组件直接继承自 MultiChildRenderObjectWidget 类，它是一个可以将其承载的子元素堆叠布局的组件。它的常用属性和功能说明如表 7-11 所示。

Rec0701_05

表 7-11 Stack 组件的常用属性及功能

属性名	类型	功能说明
alignment	AlignmentGeometry	设置子元素堆叠的起始点，默认值为 topLeft（左上角）
fit	StackFit	设置子元素的大小，取值包括 loose（默认值，与子元素一样大）；expand（与父容器一样大）
overFlow	WrapAlignment	设置子元素超出堆叠空间的显示方式，取值包括 clip（默认值，截断）；visible（显示）
children	＜Widget＞[]	设置容器装载的子元素数组

例如，在圆形图片的下方显示"直播中"，显示效果如图 7.5 所示，实现代码如下。

图 7.5 Stack 布局组件显示效果（1）

```
1    Stack stack = Stack(
2      alignment: Alignment.bottomCenter,
3      children: <Widget>[
4        CircleAvatar(
5          radius: 50,
6          backgroundImage: NetworkImage(
             'https://cdn.jsdelivr.net/gh/flutterchina/website@1.0/images/flutter
             -mark-square-100.png')),
7        Text ('直播中', style: TextStyle(backgroundColor: Colors.red, color:
             Colors.white))
8      ],
9    );
```

上述第 2 行代码指定了圆形头像和"直播中"文本在页面上堆叠的开始位置为堆叠区域的底部居中。如果要实现图 7.6 所示的效果，可以将第 2 行代码修改为如下代码。

图 7.6 Stack 布局组件显示效果（2）

```
1    alignment: Alignment(0.8,0.8),
```

Alignment(x,y)中的(x,y)表示以中心为原点(0,0)的平面坐标,x 轴方向自左向右,y 轴方向自上向下,x、y 的取值范围为－1～1。

7.2 仿今日头条关注页面的设计与实现

在移动互联网时代,移动终端平台的自媒体软件越来越多,比如今日头条客户端、腾讯浏览器客户端等。它们都有一个关注页面功能,用于展示关注用户的头像及关注用户的相关动态信息。本节将应用 Flutter 提供的页面布局组件、SwitchListTile、SingleChildScrollView 和 Divider 组件,设计并实现一个与今日头条关注页面高度相似的关注页面。

7.2.1 开关组件

开关组件是一个切换按钮组件,通常用于选项设置。Flutter 包含传统简单型开关 Switch 组件和自带标题、副标题的复杂型 SwitchListTile 组件。

Rec0702_01

1 Switch 组件

Switch 组件的常用属性及功能说明如表 7-12 所示。例如,在页面上实现一个模拟开灯、关灯的效果,运行效果如图 7.7 所示。实现代码如下。

表 7-12 Switch 组件的常用属性及功能

属 性 名	类 型	功 能 说 明
value	bool	设置开关的当前状态
onChanged		设置开关状态改变时回调
activeColor	Color	设置开关打开时轨道和按钮的颜色
activeTrackColor	Color	设置开关打开时轨道的颜色
inactiveThumbColor	Color	设置开关关闭时按钮的颜色
inactiveTrackColor	Color	设置开关关闭时轨道的颜色
activeThumbImage	ImageProvider	设置开关打开时按钮图片
inactiveThumbImage	ImageProvider	设置开关关闭时按钮图片

```
1     bool flag =false;
2     String path ='images/black.png';
3     Center =Center(
4         child: Column(children: <Widget>[
5           Image(
6            width: MediaQuery.of(context).size.width,
7            image: AssetImage(path),
8            fit: BoxFit.cover),
9           Switch(
10           value: flag,
11           onChanged: (value) {
```

```
12              setState((){
13              flag =value;
14              path =flag ? 'images/light.png' : 'images/black.png';
15            });})
16        ])
17      ),
```

图 7.7 Switch 组件实现开关灯效果

上述第 14 行代码表示如果 flag 为 true 时（开关处于打开状态），path 存放代表灯亮图片（light.png）的路径，否则存放代表灯灭图片（black.png）的路径。

2 SwitchListTile 组件

SwitchListTile 组件除了包含 SwitchListTile 组件的常用属性外，还包含表 6-18 所示的其他常用属性。例如，实现图 7.8 所示的闹钟列表，可以使用如下代码。

```
1  List<bool>values =[false,false,false];   //存放每个闹钟的开关状态
2  Center clockList =Center(
3      child: Column(
4        children: <Widget>[
5          SwitchListTile(
6            title: Text('06:00'),
7            subtitle: Text('早晨起床时间,每个工作日'),
8            value: values[0],
9            onChanged: (value){
10             setState((){
11               values[0]=value;});},
```

```
12              ),
13              //其他闹钟设置代码类似,此处略
14          ],
15        ),
16  );
```

图 7.8　SwitchListTile 组件实现闹钟列表效果

上述第 5～12 行代码用 SwitchListTile 组件实现一个 06:00 的闹钟列表,其中第 8 行代码设置 06:00 闹钟开关组件的初始状态值为 value[0]。

7.2.2　SingleChildScrollView 组件

Rec0702_03

SingleChildScrollView 组件(单孩子视图滚动组件)是一个用于当承载的子元素超过屏幕范围时实现滚动的组件。该组件主要在子元素的预期内容超过屏幕范围不太多时使用,如果超过屏幕范围太多,需要使用支持基于 Sliver 的延迟构建模型。SingleChildScrollView 组件的常用属性及功能说明如表 7-13 所示。

表 7-13　SingleChildScrollView 组件的常用属性及功能

属 性 名	类　　型	功 能 说 明
scrollDirection	Axis	设置子元素的滚动方式,包括 vertical(默认)、horizontal
reverse	bool	设置是否按照阅读方向相反的方向滑动,其值默认为 false
padding	EdgeInsetsGeometry	设置子元素间距
physics	ScrollPhysics	设置可滚动子元素如何响应用户操作
controller	ScrollController	设置控制滚动位置和监听滚动事件
child	Widget	设置装载的子元素

例如,设计一个图 7.9 所示的可以实现左右滚动的图片画廊,画廊中的图片宽度与屏幕宽度相等,高度是屏幕高度的四分之一,代码如下。

图 7.9 SingleChildScrollView 组件

```
1    double width =MediaQuery.of(context).size.width;    //定义图片显示宽度
2    double height =MediaQuery.of(context).size.height/4;    //定义图片显示高度
3    SingleChildScrollView scrollView =SingleChildScrollView(
4      scrollDirection: Axis.horizontal,              //水平方向滚动
5      padding: EdgeInsets.all(5),
6      child: Row(
7        children: <Widget>[
8          Image.network(
9              'https://img.ivsky.com/img/tupian/pre/201910/17/zhaoxia-003.jpg',
10             width: width,height:height,
11             fit: BoxFit.fill),
12         Image.network(
13             'https://img.ivsky.com/img/tupian/pre/201910/17/zhaoxia-004.jpg',
14             width: width,height:height,
15             fit: BoxFit.fill),
16                                                    //其他图片代码类似,此片略
17       ],
18     ),
19   );
```

上述第 3～19 行代码定义了一个 SingleChildScrollView 组件,其中第 4 行代码设置该组件的 scrollDirection 属性值为 Axis.horizontal,表示组件中的对象可以沿水平方向滚动。

为了控制滚动位置,SingleChildScrollView 组件通常与 ScrollController 组件一起使用。ScrollController 组件是一个可以获取滚动状态和数据的组件,它的常用属性及功能说明如表 7-14 所示。

Rec0702_04

表 7-14 ScrollController 组件常用属性及功能

属性名	类 型	功能说明
initialScrollOffset	double	设置滚动视图的初始位置,默认值为 0.0
keepScrollOffset	Widget	设置是否保存滚动位置,默认值为 true
offset	double	返回当前滚动位置偏移量

续表

属性名	类型	功能说明
jumpTo()	void	设置滚动到指定位置
animateTo()	Future<void>	设置带动画滚动到指定位置

例如,在前面画廊图片的左右两侧各增加一个控制按钮,即单击左侧的"<"按钮表示向前翻一张图片,单击右侧的">"按钮表示向后翻一张图片,显示效果如图 7.10 所示。实现该功能需要解决以下 3 个问题。

图 7.10　ScrollController 组件

(1) 创建 ScrollController 滚动控制器。

```
1    ScrollController _controller =ScrollController();    //创建控制器
2    double oldOffset =0;                                 //定义滚动条当前位置偏移量
```

(2) 给 SingleChildScrollView 组件绑定滚动控制器。

SingleChildScrollView 组件用于承载画廊图片。增加 ScrollController 控制器后,可以获取画廊图片当前的滚动位置,仅需要在以上代码的第 3 行后增加如下代码。

```
1    controller: _controller,
```

(3) 用 Stack 组件堆叠对象实现左右按钮效果。

首先使用 Stack 布局组件将承载图片画廊的 SingleChildScrollView 组件与右侧的 IconButton 组件堆叠,产生画廊上的">"按钮;然后再与左侧的 IconButton 组件堆叠,产生画廊上的"<"按钮。实现代码如下。

```
1     //堆叠产生>按钮
2     Stack stack =Stack(alignment: Alignment.centerRight, children: <Widget>[
3       scrollView,                       //SingleChildScrollView组件承载的图片画廊
4       IconButton(
5         icon: Icon(
6           Icons.navigate_next,
7           color: Colors.white),
8         onPressed: () {
9           oldOffset=_controller.offset;
10          _controller.jumpTo( oldOffset+width);
```

```
11        })
12     ]);
13     //堆叠产生"<"按钮
14     Stack stacks =Stack(
15       alignment: Alignment.centerLeft,
16       children: <Widget>[
17         stack,                    //SingleChildScrollView组件承载的图片画廊与">"按钮
18         IconButton(
19           icon: Icon(
20             Icons.navigate_before,
21             color: Colors.white),
22           onPressed: () {
23             oldOffset=_controller.offset;
24             _controller.jumpTo( oldOffset-width );
25           })
26      ]);
```

上述第 10 行代码表示在单击">"按钮后,滚动控制器控制画廊滚动到当前偏移量加上屏幕宽度位置处;第 24 行代码表示在单击"<"按钮后,滚动控制器控制画廊滚动到当前偏移量减去屏幕宽度位置处。

7.2.3 案例:关注页面的实现

Rec0702_05

1 需求描述

仿今日头条 App 的关注页面,实现图 7.11 所示的效果。页面最上部能够

图 7.11 仿今日头条关注页面

实现输入搜索关键字、拍照和发布功能;然后显示用户关注对象的头像和昵称;最后显示关注对象的今日动态信息,包括头像、昵称、会员等级、取消关注开关、动态描述内容(含文本和图片)。

2 设计思路

根据关注页面的显示效果和需求描述,整个页面分搜索发布区、关注对象头像区和今日动态信息区实现。搜索发布区的文本输入框、相机图片和发布文本直接在应用程序的标题栏区域(AppBar)实现;关注对象头像区和今日动态信息区按列方向布局(Column)在页面区,并用 SingleChildScrollView 组件承载后实现垂直方向滚动。由于关注对象区域包括头像和昵称,并且可以水平滚动,所以首先需要将头像和昵称按列方向布局(Column),然后再将不同的头像和昵称按行方向布局(Row),让 SingleChildScrollView 组件承载,实现水平方向滚动。今日动态信息区又可以细分为会员等级信息展示区、今日动态内容文本描述区和今日动态图片展示区。会员等级信息展示区由头像、昵称、发布时间、会员等级和开关按钮组成,根据显示效果可以直接用 SwitchListTile 组件实现;今日动态内容文本描述区用 Text 组件实现;今日动态图片展示区用 Image 实现。

3 实现流程

(1) 搜索发布区的实现。

搜索发布区整体上按水平方向布局,左侧是用于实现输入搜索关键字的输入框(TextField),右侧是由垂直方向布局的照相机(IconButton)和"发布"文本(Text),实现代码如下。

```
1   Widget title =Row(
2       crossAxisAlignment: CrossAxisAlignment.start,
3       children: <Widget>[
4         Container(
5           color: Colors.white,
6           width: MediaQuery.of(context).size.width * 0.8,
7           child: TextField(
8               decoration: InputDecoration(
9                   labelText: '输入搜索关键字',
10                  hasFloatingPlaceholder: false,
11                  contentPadding: EdgeInsets.symmetric(vertical: 1),
12                  prefixIcon: Icon(Icons.search))) ),
13        Column(
14          children: <Widget>[
15            IconButton(
16              padding: EdgeInsets.fromLTRB(0, 5, 0, 0),
17              alignment: Alignment.topCenter,
18              icon: Icon(Icons.photo_camera),
19              onPressed: () {
20                print('打开照相机拍照');
21              }),
22            Text('发布', style: TextStyle(fontSize: 12, height: 0))
23          ])
24      ]
25  ),
```

上述第 4~12 行代码将 TextField 对象放在 Container 对象中,以便由 Container 对象控制输入框的宽度和背景色。第13~23行代码用Column布局照相机图片和"发布"文本,让它们作为一个按垂直方向布局的组合对象显示在这个区域。

(2)关注对象头像区的实现。

关注对象头像区包括头像和昵称,而且关注对象可能会动态增加和删除。在实际应用开发中,这些内容都是从服务器获取的数据,本案例用数组模拟服务器的数据源实现。

Rec0702_06

① 定义数据源。

用两个List数组存放头像图片文件的网络路径和昵称来模拟服务器的头像图片和昵称数据源,实现代码如下。

```
1    List<String>pic = [
2      'http://pic.17qq.com/img_qqtouxiang/89407110.jpeg',
3      'http://pic.17qq.com/img_qqtouxiang/89407111.jpeg',
4      //其他网络图片访问路径类似,此处略
5    ];
6    List<String>name = [
7      '北京小小',
8      '湘西美男',
9      //其他昵称类似,此处略
10   ];
```

上述第1~5行代码定义一个pic数组,用于存放头像图片的网络路径;第6~10行代码定义一个name数组,用于存放关注对象的昵称。

② 自定义布局头像和昵称的方法。

为了方便头像和昵称在关注对象头像区成对显示,本案例由一个自定义布局头像和昵称的方法实现。实现代码如下。

```
1    List<Widget>getPicWidget(context) {
2      List<Widget>widgets = [];
3      for (int i = 0; i < pic.length; i++) {
4        Container container = Container(
5          width: MediaQuery.of(context).size.width * 0.2,
6          height: MediaQuery.of(context).size.width * 0.2,
7          color: Colors.black12,
8          child: Column(
9            mainAxisAlignment: MainAxisAlignment.center,
10           children: <Widget>[
11             CircleAvatar(
12               radius: 30,
13               backgroundImage: NetworkImage(pic[i])),
14             Text(
15               name[i],
16               style: TextStyle(fontSize: 12),)
17           ]));
18       widgets.add(container);
```

```
19        }
20        return widgets;
21    }
```

上述第 4～17 行代码定义一个 Container 对象,用 width、height 属性设定每个关注对象头像区的大小为屏幕宽度的 20%,用 color 属性设定每个关注对象头像区的背景色为 Colors.black12,并将圆形头像和昵称按列方向布局后作为 Container 承载的子元素。

③ 创建水平滚动的头像区域。

```
1    Widget guanZhu = SingleChildScrollView(
2        scrollDirection: Axis.horizontal,     //水平方向滚动
3        child: Row(
4            children: getPicWidget(context),
5        ),
6    );
```

上述第 3～5 行代码用于创建按水平方向布局的 Row 对象,将调用布局头像和昵称的自定义方法 getPicWidget(context) 的返回值作为 Row 的子元素,并将 Row 对象作为 SingleChildScrollView 的承载子元素。

(3) 今日动态区的实现。

今日动态区包括会员等级信息展示区和今日动态内容区,今日动态内容区又细分为今日动态内容文本描述区和今日动态图片展示区,而且今日动态区内容可能会动态增加和删除,本案例也用数组模拟服务器的数据源实现。

Rec0702_07

① 定义数据源。

用 4 个 List 数组存放发布时间,动态描述文本信息,描述图片地址及对象的关注状态来模拟服务器的数据源,实现代码如下。

```
1    List<String>sendTime = [
2        '20 小时前-优质旅游创作者',
3        '10 小时前-优质美食创作者',
4        //其他会员等级信息,此处略
5    ];
6    List<String>descript = [
7        '北京小小在尼泊尔超市买中国香烟,发现当地人都是一根一根买,香烟价格太贵',
8        '湘西美男在尼泊尔超市买中国香烟,发现当地人都是一根一根买,香烟价格太贵',
9        //其他关注对象的文本描述内容,此处略
10   ];
11   List<String>photos = [
12       'https://news.nnutc.edu.cn/images/a14.png',
13       'https://news.nnutc.edu.cn/images/a7.png',
14       //其他关注对象的描述图片地址,此处略
15   ];
16   List<bool>selecteds = [true, true,
17       //其他关注对象的关注状态,此处略
18   ];
```

② 自定义布局今日动态区的方法。

今日动态区包括显示等级信息的 SwitchListTile 组件、显示动态描述文本信息的 Padding 组件、显示动态描述图片的 Image 组件及显示分隔条的 Divider 组件，这些组件按列方式布局。实现代码如下。

```
1   List<Widget>getListWidget(context) {
2     List<Widget>widgets =[];
3     for (int i =0; i <pic.length; i++) {
4       Column column =Column(
5         children: <Widget>[
6           SwitchListTile(
7             inactiveThumbColor: Colors.black12,
8             inactiveTrackColor: Colors.black12,
9             activeTrackColor: Colors.black12,
10            activeColor: Colors.black12,
11            secondary: CircleAvatar(
12              radius: 20,
13              backgroundImage: NetworkImage(pic[i])),
14            title: Text(name[i]),
15            subtitle: Text(sendTime[i]),
16            value: selecteds[i],
17            onChanged: (value) {
18              setState(() {
19                selecteds[i] =value;});}
20          ),
21          Padding(
22            padding: EdgeInsets.fromLTRB(20, 0, 10, 0),
23            child: Text(descript[i]),              //动态描述文本信息
24          ),
25          Image.network(photos[i]),                //动态描述图片
26          Divider(
27            height: 15,
28            thickness: 15,
29            color: Colors.black12)                 //动态描述信息下的分隔条
30        ]);
31      widgets.add(column);
32    }
33    return widgets;
34  }
```

上述第 6~20 行代码用 SwitchListTile 组件布局等级信息展示区，第 21~24 行代码用 Padding 组件承载 Text 组件布局描述文本信息，第 25 行代码用 Image 组件加载网络图片，第 26~29 行代码用 Divider 组件实现每个动态区的分隔条。

③ 创建垂直滚动的今日动态区域。

今日动态区域的所有信息用 SingleChildScrollView 组件实现垂直方向滚动，实现代码如下。

```
1   Widget contentList =SingleChildScrollView(
2       scrollDirection: Axis.vertical,
3       child: Column(
4           children: getListWidget(context),
5       ),
6   );
```

（4）创建 Scaffold 对象。

Scaffold 对象包括标题区（appBar）和页面区（body）两个部分，标题区为关注页面的搜索发布区布局内容，页面区由关注对象头像区布局和今日动态区布局组成，并通过 SingleChildScrollView 布局组件实现垂直滚动。实现代码如下。

```
1   Scaffold(
2       appBar: AppBar(title:title),
3       body: SingleChildScrollView(
4           scrollDirection: Axis.vertical,
5           child: Column(
6               children: <Widget>[
7                   guanZhu,
8                   contentList ]),
9       ),
10  );
```

7.3 仿今日头条展示页面的设计与实现

很多移动终端的应用程序既可以显示文本、图片等信息，还可以控制视频的播放。本节仿今日头条展示页面的效果，用 ListTile 组件、ListView 组件、RefreshIndicator 组件、Flutter 官方的 video_player 插件和非官方的 chewie 插件实现视频的播放控制和列表项展示。

7.3.1 ListTile 组件

ListTile 组件（列表块组件）是由一些文本、一个前置和后置图标组成的组件，该组件与 CheckboxListTile、RadioListTile 和 SwitchListTile 等组件一样，都直接继承自 StatelessWidget 类，所以它们的常用属性和使用方法基本一样。但 ListTile 组件增加了表 7-15 中两个比较实用的回调方法。

表 7-15 ListTile 组件的常用方法及功能

方法名	类 型	功能说明
onTap	GestureTapCallback	设置单击 ListTile 时回调
onLongPress	GestureLongPressCallback	设置长按 ListTile 时回调

例如，实现图 7.12 所示的页面效果，选中某个列表块时，文本和图标的颜色成为主题的主颜色。实现步骤如下。

（1）定义存储的 ListTile 状态变量。

图 7.12 ListTile 组件显示效果

在默认状态下,通用选项、通知选项和亮度选项的状态值都为 false,表示没有选中。实现代码如下。

```
1    bool generalSelected = false;    //通用选项
2    bool noticeSelected = false;     //通知选项
3    bool lightSelected = false;      //亮度选项
```

(2)定义列表块对象。

每个列表选项包含标题、前置图标、后置图标、单击回调事件、长按回调事件等,实现代码如下。

```
1    ListTile generalList = ListTile(     //通用列表块
2        title: Text('通用'),
3        trailing: Icon(Icons.navigate_next),
4        leading: Icon(Icons.camera),
5        selected: generalSelected,
6        onTap: () {
7          print('你单击的通用功能');
8        },
9        onLongPress: () {
10         print('你现在长按该项');
11       },
12   );
13   //通知列表块、亮度列表块代码类似,此处略
```

(3)用 Column 组件承载列表块。

每个列表项下面包含一条分隔线,并按列方式布局,实现代码如下。

```
1    Column setUpColumn = Column(
2        children: <Widget>[
3          Container(
4            child: generalList,
5            color: Colors.black12,
```

```
 6        ),
 7        Divider(
 8          thickness: 2,
 9          height: 2,
10          color: Colors.white,
11        ),
12        //通知列表块、亮度列表块代码类似，此处略
13      ],
14    );
```

7.3.2　ListView 组件

ListView 组件（列表视图组件）是应用程序前端页面常见的一个以列表方式显示内容的组件，它继承自 BoxScrollView 类，而 BoxScrollView 类继承自 ScrollView 类。ScrollView 类包含 ListView()、ListView.builder()、ListView.separated() 和 ListView.custom() 等 4 种不同应用场景的创建列表视图的构造方法。

1　ListView()

Rec0703_02

ListView() 构造方法用于构建包含少量子元素的可垂直或水平滚动的列表视图，默认为垂直滚动列表视图。ListView() 构造方法的常用属性及功能如表 7-16 所示。

表 7-16　ListView() 的常用属性及功能

属 性 名	类　　型	功 能 说 明
scrollDirection	Axis	设置滚动的方向，取值包括 horizontal、vertical（默认）
reverse	bool	设置是否翻转，默认值为 false
itemExtent	double	设置滚动方向子元素的长度，垂直方向即为高度，水平方向即为宽度
controller	ScrollController	设置控制滚动位置及监听滚动事件回调
shrinkWrap	bool	设置是否根据子元素总长度来设置 ListView 的长度，默认值为 false
padding	EdgeInsetsGeometry	设置内边距
children	List＜Widget＞	设置承载的子元素数组

例如，实现图 7.13 所示的页面效果，在页面上自动生成 100 个随机背景色、半径为 30 的圆，单击圆时能够输出圆的颜色值。实现步骤如下。

（1）自定义生成 100 种随机颜色的方法。

每个随机色由红、绿、蓝三基色构成。首先用 Random() 产生随机化种子，分别产生 0～255 的整数值作为红、绿、蓝三种颜色的值，然后用 Color.fromARGB() 方法产生随机色，重复 100 次就可以产生 100 种随机颜色，实现代码如下。

```
1  Random random = Random();
2  List<Color> getColors() {
3    List<Color> colorList = [];
4    for (int i = 0; i < 100; i++) {
5      int r = random.nextInt(255);
```

```
6        int g = random.nextInt(255);
7        int b = random.nextInt(255);
8        colorList.add(Color.fromARGB(255, r, g, b));
9      }
10     return colorList;
11   }
```

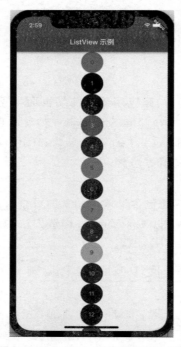

图 7.13 ListView 组件显示效果（1）

（2）生成带手势检测的圆。

在 GestureDetector 组件中用 child 属性指定带背景色的圆，用 onTap 属性指定手势事件，实现代码如下。

```
1    List<Color> colors = getColors();          //调用方法生成100种颜色，并存放在数组中
2    List<Widget> lists = [];
3    for (int i = 0; i < 100; i++) {
4      Widget widget = GestureDetector(
5        child: CircleAvatar(
6          backgroundColor: colors[i],
7          radius: 30,
8          child: Text( i.toString()),          //在圆上标注序号
9        ),
10       onTap: () {                            //触发事件
11         print('颜色值为:'+colors[i].toString());
12       },
13     );
```

```
14        lists.add(widget);
15    }
```

上述第 4~13 行代码用于生成一个包含手势检测事件的带背景色的圆。其中第 4 行代码的 GestureDetector 组件是一个手势处理组件,目前该组件可以识别表 7-17 所示的 9 大类共 33 种手势。

表 7-17　GestureDetector 组件的手势事件

手势类别	事件名
单击	onTapDown、onTapUp、onTap、onTapCancel
双击	onDoubleTap
辅助按钮单击	onSecondaryTapDown、onSecondaryTapUp、onSecondaryTapCancel
长按	onLongPress、onLongPressStart、onLongPressMoveUpdate、onLongPressUp、onLongPressEnd
垂直拖动	onVerticalDragDown、onVerticalDragStart、nVerticalDragUpdate、onVerticalDragEnd、onVerticalDragCancel
水平拖动	onHorizontalDragDown、his.onHorizontalDragStart、onHorizontalDragUpdate、onHorizontalDragEnd、onHorizontalDragCancel
压力事件	onForcePressStart、onForcePressPeak、onForcePressUpdate、onForcePressEnd(仅在屏幕带有压力检测设备状态下触发)
指针移动事件	onPanDown、onPanStart、onPanUpdate、onPanEnd、onPanCancel
缩放事件	onScaleStart、onScaleUpdate、onScaleEnd

2 ListView.builder()

在实际应用开发中,数据源在多数应用场景中来源于网络。这些数据存在数据量大和数据条数不可预见等问题,在这种情况下使用 ListView.builder()构造方法,可以根据数据源的实际情况动态加载数据。该构造方法的大部分属性与 ListView()构造方法一样,其他的常用属性及功能如表 7-18 所示。

Rec0703_03

表 7-18　ListView.builder()的常用属性及功能

属 性 名	类 型	功能说明
itemCount	int	设置列表中列表项的数量
itemBuilder	Widget	列表项的构造器

例如,在前面示例的基础上,单击页面右下角的"下一批"按钮,ListView 组件中的列表项数量增加 10,并将数据加载在页面上。如果列表项总数达到 100,页面上显示"已到尾部!",显示效果如图 7.14 所示。实现步骤如下:

(1) 定义右下角的"下一批"按钮。

用 FloatActionButton 组件实现"下一批"按钮的代码如下。

```
1  int peoples =10;              //保存列表项的数量
2  floatingActionButton: FloatingActionButton(
3      child: Text('下一批'),
4      onPressed: () {
```

```
5          setState(() {
6            peoples =peoples +10;   //peoples
7          });
8        },
9    ),
```

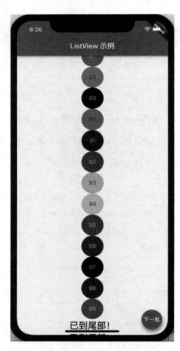

图 7.14 ListView 组件显示效果（2）

上述第 6 行代码表示单击一次，列表项的数量增加 10。

（2）创建 ListView 对象。

用 ListView.builder()构造方法在页面上创建 ListView 对象，实现代码如下。

```
1  ListView listView =ListView.builder(
2      itemCount: peoples,
3      itemBuilder: (context, index) {
4        if (index >=lists.length) {
5          return Center(child:Text('已到尾部!',style: TextStyle(fontSize: 25),));
6        }
7        return lists[index];
8      },
9  );
```

上述第 4～6 行代码表示如果列表项的数量超过存放列表项 Widget 的数组长度，则在 ListView 的最后一项显示"已到尾部!"信息，否则根据当前的 index 值取出列表项 Widget 并显示在 ListView 上。

3 ListView.separated()

ListView.separated()构造方法中用 itemBuilder 属性构建列表项，用 separatorBuilder 属

性构建列表项之间的分隔符子项,此构造方法适用于创建具有固定数量列表项的 ListView。

例如,下列代码表示在偶数行列表项下加浅灰色分隔线,奇数行列表项下加蓝色分隔线。实现代码如下。

```
1   ListView listView2 =ListView.separated(
2     itemCount: peoples,
3     itemBuilder: (context, index) {
4       return lists[index];                    //列表视图的列表项
5     },
6     separatorBuilder: (context, index) {      //分隔线
7       if (index % 2 ==0) {                    //偶数行下浅灰色分隔线
8         return Container(
9           height: 2,
10          color: Colors.black12 );
11      } else {                                //奇数行下蓝色分隔线
12        return Container(
13          height: 2,
14          color: Colors.blue );
15      }
16    },
17  );
```

4. ListView.custom

ListView.custom()构造方法中的 childrenDelegate 属性可以定制列表项,使用时相当复杂,几乎所有的应用场景都可以用 ListView.seprated()和 ListView.build()构造方法实现列表视图功能。限于篇幅,本书不作介绍,感兴趣的读者可以参阅官方文档。

7.3.3 RefreshIndicator 组件

RefreshIndicator(下拉刷新)组件是 Material Design 风格的下拉刷新组件,它的常用属性及功能如表 7-19 所示。

Rec0703_04

表 7-19 RefreshIndicator 的常用属性及功能

属性名	类型	功能说明
displacement	double	设置下拉指示器距离顶部的位置
onRefresh		设置下拉回调方法
color	Color	设置指示器的颜色
backgroundColor	Color	设置指示器的背景色
child	Widget	设置下拉组件承载的子元素

例如,在前面示例的基础上增加下拉刷新功能,当下拉时,让列表视图中的列表项增加 20,实现代码如下。

```
1   RefreshIndicator refreshIndicator =RefreshIndicator(
2     displacement: 30,
```

```
3          backgroundColor: Colors.red,
4          color: Colors.yellow,
5          child: listView,
6          onRefresh: () {
7            return Future.delayed(Duration(seconds: 10), () {
8              setState(() {
9                peoples =peoples +20;
10             });
11           });
12         });
```

除了下拉刷新外,上拉加载也是在列表视图中经常遇到的一种操作。但是 Flutter 并没有提供现成实现上拉加载功能的组件。为此,可以结合 ScrollController 组件获取当前列表视图的状态信息,根据状态信息实现上拉加载,具体步骤如下。

(1) 添加滚动监听事件。

上拉页面加载列表视图中的列表项,需要给 scrollController 组件增加滚动监听事件,实现代码如下。

```
1    bool isLoading =false;                    //标志当前是否处于加载数据状态
2    @override
3    void initState() {
4      scrollController.addListener(() {       //给列表视图滚动添加监听
5        if (                                  //判断是否滑动到底部
6         !isLoading&& scrollController.position.pixels >=scrollController.
           position.maxScrollExtent
7        ) {
8           setState(() {
9            this.isLoading =true;
10            Future.delayed(Duration(seconds: 1), () {
11              this.isLoading =false;
12              peoples =peoples+20;            // 开始加载数据
13           });
14        }
15      });
16   }
```

(2) 绑定 ScrollController 组件。

只有给 ListView 组件绑定 ScrollController 组件后,才能用 ScrollController 控制 ListView 列表视图,绑定代码如下。

```
1     ListView listView2 =ListView.separated(
2       controller: scrollController,
3       //其他代码与前面示例代码一样,此处略
4     );
```

7.3.4 视频播放插件

1 video_player

video_player 是一个在 Flutter 开发框架中进行应用程序开发的 Flutter 插件。在项目开发中使用 video_player 插件中的 VideoPlayer 组件进行视频播放时,需要由 VideoPlayerController 组件控制视频的播放。VideoPlayerController 提供了表 7-20 所示的多种属性和方法,用于创建 VideoPlayerController 对象、监测播放状态或控制视频播放。

表 7-20 VideoPlayerController 的常用属性及方法

属 性 名	类 型	功能说明
file(f)	File	构造方法,用于加载 File 类型的视频文件
asset(s)	String	构造方法,用于加载本地视频资源文件
network(s)	String	构造方法,用于加载网络视频文件
initialize()	Future<void>	初始化视频资源,异步执行
play()	Future<void>	开始播放,异步执行
pause()	Future<void>	暂停播放,异步执行
dispose()	Future<void>	释放资源,异步执行
setLooping(flag)	bool	设置是否循环播放,异步执行
setVolume(v)	double	设置音量,异步执行
seekTo(d)	Duration	定位到指定位置处,异步执行
position	Duration	返回当前视频位置,异步执行
addListener(l)		添加监听事件
notifyListeners(l)		监听播放消息
removeListener(l)		移除监听事件

其中,使用 VideoPlayerController.asset() 方法前,需要首先在项目根目录下创建一个存放视频文件的文件夹,并在 pubspec.yaml 文件中声明本地视频资源文件,这样才能在 dart 源代码文件中用以下代码创建 VideoPlayerController 对象。

```
1    VideoPlayerController controller =VideoPlayerController.asset('mp4/bee.mp4')
```

上述代码表示加载 mp4 文件夹下的 bee.mp4 视频文件。

例如,设计图 7.15 所示的网络视频播放器,并实现播放、暂停和重放等功能。实现步骤如下。

(1) 在 pubspec.yaml 文件中添加 video_player 插件的依赖代码,并单击编辑窗口右上角的"Packages get"按钮安装依赖。实现代码如下。

```
1  dependencies:
2    video_player: ^0.10.8+1
3    flutter:
4      sdk: flutter
```

(2) 重写 initState() 方法,对视频进行初始化,实现代码如下。

图 7.15　VideoPlayer 组件显示效果

```
1    VideoPlayerController controller;
2    String url = 'https://www.suzhongyy.com/wp-content/uploads/2020/03/fabuhui.mp4';
3    Future future;
4    @override
5    void initState() {
6      controller = VideoPlayerController.network(url);
7      future = controller.initialize();
8    }
```

上述代码中的 controller 和 future 用来存储 VideoPlayerController 的实例对象和 initialize()之后的 Future。

（3）实现视频播放的相关功能。包括设定视频播放窗口的大小、视频加载成功的页面显示效果、视频加载失败的页面显示效果。实现代码如下。

```
1    /* 设定视频播放窗口大小 */
2    double width = MediaQuery.of(context).size.width;
3    double height = MediaQuery.of(context).size.height * (1 / 3);
4    /* 视频加载成功的页面显示效果 */
5    Widget mp4View = Column(
6      children: <Widget>[
7        Container(
8          child: AspectRatio(
9            aspectRatio: controller.value.aspectRatio,
10           child: VideoPlayer(controller),
11         ),
12         width: width,
13         height: height,
```

```
14        ),
15        Row(                                              //按行方向布局按钮
16          mainAxisAlignment: MainAxisAlignment.spaceAround,
17          children: <Widget>[
18            IconButton(                                   //播放按钮
19              icon: Icon(Icons.play_arrow),
20              onPressed: () {
21                controller.play(); }),
22            IconButton(                                   //暂停按钮
23              icon: Icon(Icons.pause),
24              onPressed: () {
25                controller.pause(); }),
26            IconButton(                                   //重放按钮
27              icon: Icon(Icons.replay),
28              onPressed: () {
29                controller.seekTo(Duration(second:0));    //回到 0 秒处
30                controller.play(); })                     //从 0 秒开始播放
31          ])
32     ]);
33 /*视频加载失败的页面显示效果*/
34 Widget mp4Error =Container(
35   color: Colors.black12,
36   alignment: Alignment.center,
37   width: width,
38   height: height,
39   child: Text('对不起,该视频没有加载成功!'),
40 );
41 /*视频播放器的页面显示效果*/
42 Widget center =Container(
43   child: controller.value.initialized ? mp4View : mp4Error,
44 );
```

从图 7.15 显示的效果可以看出,视频播放器在加载网络视频文件成功时,从上向下是按列(Column)方向布局视频播放窗口、视频控制按钮的;而播放、暂停和重放 3 个按钮按行(Row)方向布局。视频播放器在加载网络视频文件失败时,直接在 Container 中央显示"对不起,该视频没有加载成功!"。

上述第 8~11 行代码中的 AspectRatio 用于定义子元素在页面渲染时宽高比的组件,该组件包含 aspectRatio 和 child 两个属性。其中 aspectRatio 属性指定宽高比(如 16:9 宽高比可以写为 16.0/9.0),本示例以 controller.value.aspectRatio 值表示本视频播放器按照所加载视频的宽高比作为页面渲染时视频显示窗口的宽高比;child 属性用于指定该组件中承载的子元素对象。

video_player 插件在 iOS 模拟器下播放视频时,只能播放声音,但不能显示视频,所以需要开发者使用真机调试,并且需要打开项目 ios/Runner 文件夹下的 Info.plist 配置文件,然后添加如下代码。

```
1  <key>NSAppTransportSecurity</key>
```

```
2    <dict>
3    <key>NSAllowsArbitraryLoads</key>
4    <true/>
5    </dict>
```

2 chewie

Rec0703_06

chewie 是一个非官方的第三方视频播放插件,相对官方的 video_player 视频播放插件,它增加了视频播放的控制栏和全屏显示功能。chewie 插件的使用步骤如下。

(1) 在 pubspec.yaml 文件中添加 chewie 插件的依赖代码,并单击编辑窗口右上角的"Packages get"按钮安装依赖。实现代码如下。

```
1    dependencies:
2      chewie: ^0.9.6
```

(2) 重写 initState()方法,对视频进行初始化,代码与 video_player 插件播放视频完全一样,这里不再赘述。

(3) 使用 ChewieController 组件实现视频播放,实现代码如下。

```
1    ChewieController chewieController =ChewieController(
2        videoPlayerController: controller,
3        aspectRatio: controller.value.aspectRatio,
4        autoPlay: true,    //设置为自动播放
5        looping: true      //设置为循环播放
6    );
7    Center center =Center(child: Chewie(controller: chewieController));
```

实现上述步骤后,视频播放器的页面效果如图 7.16 所示。该视频播放器的控制栏可以实现播放、暂停、播放进度信息显示和拖动、声音关闭、全屏显示等功能。

图 7.16 Chewie 组件显示效果

7.3.5 页面间传递数据

前面介绍 routes 属性指定路由用法时,已经详细阐述了调用 Navigator.push() 方法添加 Route 到路由导航器管理的路由栈中,实现页面间跳转的方法。另外,Flutter 中的 MaterialPageRoute 组件既可以直接创建路由,实现页面跳转,也可以在页面跳转时实现数据传递。

Rec0703_07

下面以实现图 7.17 和图 7.18 为例,介绍 MaterialPageRoute 组件实现页面间传递数据的方法。

图 7.17　目标页面显示效果

图 7.18　源页面显示效果

1　创建目标页面

在项目的 lib 文件夹下创建 show.dart 文件,作为目标页面的源代码文件,运行效果如图 7.17 所示。

```
1   import 'package:chewie/chewie.dart';
2   import 'package:flutter/material.dart';
3   import 'package:video_player/video_player.dart';
4   String dUrl = '';              //保存传递的视频地址 Url 参数
5   String dTitle = '';            //保存传递的页面标题 Title 参数
6   class ShowVideo extends StatelessWidget {
7     String url;
8     String title;
9     ShowVideo({@required this.url, @required this.title});//定义带参数的构造方法
10    @override
11    Widget build(BuildContext context) {
12      dUrl =this.url;
13      dTitle =this.title;
14      return MaterialApp(
15        theme: ThemeData(
16          primarySwatch: Colors.blue,
17        ),
18        home: MyHomePage(),
19      );
20    }
21  }
```

```
22  class MyHomePage extends StatefulWidget {
23    @override
24    _MyHomePageState createState() => _MyHomePageState();
25  }
26  class _MyHomePageState extends State<MyHomePage>{
27    VideoPlayerController controller;
28    Future future;
29    @override
30    void initState() {
31      controller =VideoPlayerController.network(dUrl);   //根据传递来的 dUrl 加载
                                                             视频文件
32      future =controller.initialize();
33    }
34    @override
35    Widget build(BuildContext context) {
36    ChewieController chewieController =ChewieController(
37        videoPlayerController: controller,
38        aspectRatio: 16 / 9,
39        autoPlay: true,
40        looping: true);
41      double width =MediaQuery.of(context).size.width;
42      double height =MediaQuery.of(context).size.height * (1 / 3);
43      Container container =Container(
44          height: height,
45          width: width,
46          child: Chewie(
47            controller: chewieController,
48          ));
49      return Scaffold(
50        appBar: AppBar(title: Text(dTitle +'示例')),//根据传递来的 dTitle 显示标题
51        body: container,
52      );
53    }
54  }
```

上述第 7~9 行代码是实现页面间数据传递的关键代码。为了让目标页面接收到其他页面传递来的参数，需要创建一个目标页面的 ShowVideo 构造方法，该构造方法有两个 @required 修饰的必需参数，即 url（网络视频文件的地址）和 title（标题），this.title 和 this.url 直接指向自定义的参数，其他页面调用 ShowVideo 构造方法时传入参数值，即表示为成员属性 url 和 title 赋值。

2 创建源页面

在项目的 lib 文件夹下创建 main.dart 文件，作为源页面的源代码文件，运行效果如图 7.18 所示。

```
1  List<String>urls =[
2      'https://www.suzhongyy.com/wp-content/uploads/2020/03/fabuhui.mp4',
```

```
3            'https://www.runoob.com/try/demo_source/mov_bbb.mp4'
4      ];
5  Column column =Column(
6          crossAxisAlignment: CrossAxisAlignment.stretch,
7          children: <Widget>[
8            RaisedButton(
9              child: Text('新闻'),
10             onPressed: () {
11               Navigator.push(
12                 context,
13                 MaterialPageRoute(
14                   builder: (context) =>ShowVideo(url: urls[0], title: '新闻')),
15               );},
16           ),
17           RaisedButton(
18             child: Text('动画'),
19             onPressed: () {
20               Navigator.push(
21                 context,
22                 MaterialPageRoute(
23                   builder: (context) =>ShowVideo(url: urls[1], title: '动画')),
24               );},
25           )
26         ],
27  );
```

上述第 1～4 行代码定义了一个存放网络视频地址的数组；第 11～15 行和第 20～24 行代码表示为了导航到目标页面，需要调用 Navigator.push()方法，添加 Route 到路由栈中，其中第 13～14 行和第 22～23 行代码表示用 MaterialPageRoute 组件创建一个模态路由，并通过系统平台自适应的过渡效果切换页面。用 MaterialPageRoute 组件创建路由时，调用了创建目标页面的 ShowVideo(url,title)构造方法，该构造方法存放在 show.dart 文件中，所以在 main.dart 文件开头处需要使用如下代码导入 show.dart。

```
1      import 'show.dart';
```

7.3.6 案例：展示页面的实现

1 需求描述

用户在单击关注页面（图 7.11）显示的关注对象今日动态信息后，切换到图 7.19 所示的关注对象展示页面。展示页面上部播放今日动态信息中承载的视频和关注对象的头像、名称、粉丝数及关注状态切换按钮；展示页面下部是可滚动区域，该区域首先显示与上部正在播放的视频关联信息、播放次数及点赞、分享、赞赏作者按钮，然后将与关注对象有关的动态信息以列表方式显示出来。

2 设计思路

根据关注对象展示页面的显示效果和需求描述，整个页面分为视频播放区、关注对象信息

图 7.19 仿今日头条展示页面

区、播放视频关联信息区和关注对象动态信息列表区。视频播放区和关注对象信息区属于页面不可滚动区域,可以按照 Column 布局方式显示在 AppBar 上,其中视频播放区用 chewie 组件实现,关注对象信息区用 ListTile 组件实现。播放视频关联信息区和关注对象动态信息列表区属于页面的可滚动区域,可以将它们作为 ListView 的列表项,其中播放视频关联信息区可以分为上半部分和下半部分,并按照 Column 布局方式组合成 ListView 的一个列表项,它的上半部分由 ListTile 组件实现,下半部分由 Row 布局的 3 个 OutlineButton 组件实现。关注对象动态信息列表区中的每一项用 ListTile 组件实现。

3 实现流程
1)准备工作
① 在 pubspec.yaml 文件中添加 chewie 插件和 video_player 插件的依赖代码,并单击编辑窗口右上角的"Packages get"按钮安装依赖。实现代码如下。

```
1  dependencies:
2    chewie: ^0.9.6
3    video_player: ^0.10.8+1
```

由于展示页面的视频播放区既要控制播放的视频,又要实现播放进度展示和全屏播放,所以本案例引用了官方的 video_player 插件和非官方的 chewie 插件实现这些功能。
② 封装关注对象信息。
由于展示页面需要在单击关注页面上的今日动态信息后才会切换过来,所以本案例是在前一节的仿今日头条关注页面项目基础上进行的功能扩展。展示页面上的关注对象头像、关注对象昵称等信息都是由关注页面传递过来的,为了方便页面间的信息传递,本案例用 Person 类封装关注对象信息。也就是说,实现本案例项目之前,需要打开前一节完成的仿今

日头条关注页面项目，在该项目的 lib 文件夹下创建一个 person.dart 文件，用于封装 Person 类，实现代码如下。

```
1  class Person{
2    int id;                    //关注对象标识号
3    String picPath;            //关注对象头像地址
4    String name;               //关注对象昵称
5    bool selected;             //关注对象的关注状态
6    String descript;           //当前视频的描述信息
7    Person(this.id,this.picPath,this.name,this.selected,this.descript);
8  }
```

（2）创建展示页面

从需求描述和设计思路可以看出，展示页面的内容展示和业务逻辑比较复杂。为了保证代码的可读性和应用程序的可维护性，本案例用一个单独的 dart 文件实现展示页面。即在项目的 lib 文件夹下创建一个 detail.dart 文件，作为关注页面到展示页面的目标页面，目标页面分 3 个步骤实现。

首先，创建继承自 StatelessWidget 的 Detail 类，并在该类中创建构造方法，用于接收关注页面传递来的关注对象信息。由于本页面引用了 Person 类，所以需要导入定义 Person 类的 person.dart 文件，实现代码如下。

```
1   import 'person.dart';                    //导入 Person 类
2   Person currentPerson;                    //保存当前关注对象的封装信息
3   class Detail extends StatelessWidget {
4     Person person;
5     Detail({@required this.person});       //Detail 构造方法
6     @override
7     Widget build(BuildContext context) {
8       currentPerson =this.person;          //关注页面传递来的信息并赋值给当前关注对象
9       return MaterialApp(
10        theme: ThemeData(
11          primarySwatch: Colors.deepOrange,),
12        home: MyHomePage(),
13      );
14    }
15  }
```

然后，创建继承自 StatefulWidget 的 MyHomePage 类，实现代码如下。

```
1   class MyHomePage extends StatefulWidget {
2     @override
3     _MyHomePageState createState() =>_MyHomePageState();
4   }
```

最后，创建继承自 State 的_MyHomePageState 类，该类是实现页面内容展示和业务逻辑的关键类，由以下 5 个功能模块组成。

① 定义数据源。

本页面与播放视频相关的播放地址、播放次数、点赞人数、文字描述信息等,会根据实际情况动态增加和删除。通常这些内容都是从服务器获取的数据,本案例用数组模拟服务器的数据源实现。实现代码如下。

```
1    /*视频路径*/
2    List<String>videoPath =[
3      'https://www.suzhongyy.com/wp-content/uploads/2020/03/fabuhui.mp4',
4      //其他视频地址类似,此处略
5    ];
6    /*播放次数*/
7    List<String>playCount =['20万播放次数', '21万播放次数', '2.3万播放次数', '101
            万播放次数'];
8    /*点赞人数*/
9    List<int>okCount =[1209, 234, 312, 44];
10   /*文字描述*/
11   List<String>content =[
12     '根据一直追踪全球新冠肺炎疫情数据的美国约翰斯·霍普金斯大学最新发布的数据显示',
13       //其他文字描述类似,此处略
14   ];
15   /*列表图片路径*/
16   List<String>photos =[
17     'https://news.nnutc.edu.cn/images/a14.png',
18      //其他列表图片路径类似,此处略
19   ];
20   VideoPlayerController controller;        //播放器控制器
21   ChewieController chewieController;
22   Future future;
23   bool flag =currentPerson.selected;       //关注页面传递到本页面的"是否关注"信息
```

② 重写 initState()方法,对视频进行初始化。实现代码如下。

```
1    @override
2    void initState() {
3      controller =VideoPlayerController.network(videoPath[currentPerson.id]);
4      future =controller.initialize();
5      chewieController =ChewieController(
6        videoPlayerController: controller, aspectRatio: 16 / 9, autoPlay: true);
7    }
```

上述第 3 行代码表示,首先根据当前关注对象的 id 号,从存放视频文件路径的字符串数组中取出播放视频文件的路径,然后由 VideoPlayerController 组件加载网络视频文件。第 5~6 行代码实例化 ChewieController 组件,并设定控制视频的宽高比、自动播放等参数。

③ 实现视频播放区和关注对象信息区功能。

视频播放区用 Container 组件承载,并设定视频播放区宽度为屏幕宽度,高度为屏幕高度的三分之一。关注对象信息区包含头像、昵称、粉丝数及关注按钮,从图 7.19

可以看出,这些信息可以用 ListTile 组件实现。实现代码如下。

```
1   /*视频播放区*/
2   double width =MediaQuery.of(context).size.width;
3   double height =MediaQuery.of(context).size.height / 3;
4   Container showVideo =Container(
5     height: height,
6     width: width,
7     child: Chewie(
8       controller: chewieController,
9   ));
10  /*关注对象信息*/
11  ListTile userInfo =ListTile(
12    title: Text(currentPerson.name),
13    dense: true,
14    subtitle: Text('1053万粉丝'),
15    leading: CircleAvatar(
16      radius: 20,
17      backgroundImage: NetworkImage(
18        currentPerson.picPath,
19    )),
20    trailing: OutlineButton(
21      textColor: flag ? Colors.black45 : Colors.red,
22      child: Text(flag ? '已关注' : '关注'),
23      onPressed: () {
24        setState(() {
25          flag =! flag;
26      });})
27  );
28  /*上部不可滚动显示区*/
29  Widget topVideo =Column(
30    children: <Widget>[showVideo, userInfo],
31  );
32  /*定义 AppBar 的高度*/
33  PreferredSize appBar =PreferredSize(
34    child: AppBar(
35      flexibleSpace: Container(
36        color: Colors.white,
37        child: Column(
38          children: <Widget>[topVideo],
39    ))),
40    preferredSize: Size.fromHeight(MediaQuery.of(context).size.height / 2.5)
41  );
```

上述第 15~19 行代码用 ListTile 的 leading 属性设置列表项前置图标,第 20~26 行代码用 trailing 属性设置列表项的后置图标。第 29~31 行代码用 Column 组件承载视频播放区和关注对象信息区内容。为了让这两个区域的内容不随着整个页面按垂直方向滚动,将这两个区域的内容全部用 AppBar 组件承载。但是，AppBar 组件中用于设置应用程序标题的 title 属性设置的 Widget 高度有限，不能承载这两个区域内容，而 PreferredSize 组件可以调整 AppBar 区域的高度，所以上述第 33～41 行代码用 PreferredSize 组件调整 AppBar 区域的高度，并将这两个区域显示在 AppBar 的 flexibleSpace 区域。

④ 实现播放视频关联信息区功能。

播放视频关联信息区由视频简介、播放次数和点赞、分享、赞赏作者按钮组成。视频简介和播放次数可以用 ListTile 组件实现，点赞、分享和赞赏作者按钮用 OutlineButton 按钮实现。视频简介的实现代码如下。

```
1   ListTile middleInfo =ListTile(
2     title: Text(
3       content[currentPerson.id],              //视频简介内容
4       maxLines: 2,                             //视频简介显示行数
5       overflow: TextOverflow.ellipsis,
6     ),
7     subtitle: Text(playCount[currentPerson.id]),  //播放次数
8   );
```

由于点赞、分享和赞赏作者 3 个按钮的外观一样，本案例通过自定义继承自 OutlineButton 的 MyButton 类实现，实现代码如下。

```
1   class MyButton extends OutlineButton {
2     Icon icon;                                //图标
3     String tip;                               //显示内容
4     VoidCallback onPressed;                   //按下回调事件
5     MyButton({@required this.icon, @required this.tip, this.onPressed});
6     @override
7     Widget build(BuildContext context) {
8       return OutlineButton(
9         onPressed: this.onPressed,
10        shape: BeveledRectangleBorder(borderRadius: BorderRadius.circular(8)),
                                                //外观
11        child: Row(
12          children: <Widget>[this.icon, Text(this.tip)],
13        ));
14    }
15  }
```

上述第 10 行代码的 shape 属性用于设置按钮外框的形状；第 11～13 行代码用 Row 组件布局按钮上的图标和显示的文本信息。

```
1   Row middleBtn =Row(
2     mainAxisAlignment: MainAxisAlignment.spaceAround,
3     children: <Widget>[
4       MyButton(
5         icon: Icon(Icons.thumb_up),            //设置点赞图标
```

```
6             tip: okCount[currentPerson.id].toString(),      //设置点赞数
7             onPressed: () {
8               print('点赞'); }                              //设置点赞按钮单击事件
9        ),
10       //分享、赞赏作者按钮代码类似,此处略
11     ],
12   );
```

上述代码按 Row 布局方式水平摆放点赞、分享和赞赏作者按钮,第 4~9 行代码用自定义 MyButton 类定义了点赞按钮。

由 ListTile 组件实现的视频简介、播放次数功能和由 Row 组件布局的点赞、分享、赞赏作者等自定义按钮组件用 Column 布局组件承载,实现代码如下。

```
1    Widget middleDetail = Column(
2      children: <Widget>[middleInfo, middleBtn],
3    );
```

⑤ 实现关注对象动态信息列表区功能。

为了使播放视频关联信息区和关注对象动态信息列表区的内容能够沿垂直方向滚动,可以将它们作为 ListView 组件的列表项。播放视频关联信息区已经由 Column 组件封装为 middleDetail 对象,所以可以直接将 middleDetail 对象加入到列表项中,实现代码如下。

Rec0703_10

```
1    List<Widget> listTiles = [];
2    listTiles.add(middleDetail);                    //将播放视频关联信息区内容作为列表项
```

关注对象动态信息列表区的每一项内容包括视频简介、发布者昵称、播放次数和图片组成,并且单击列表项时,可以加载与此项相关的视频播放。列表项信息的展示可以用 ListTile 组件的 title、subtitle 和 trailing 属性实现;单击列表项播放视频的功能可以用 ListTile 组件的 onTap()方法实现,即单击某一项时,根据当前列表项的关注对象信息再一次加载展示页面,实现代码如下。

```
1    for (int i = 0; i < videoPath.length; i++) {
2      ListTile listTile = ListTile(
3        title: Text( content[i], maxLines: 2, overflow: TextOverflow.ellipsis ),
4        subtitle: Text(currentPerson.name + '    ' + playCount[i]),
5        trailing: Container(width: width / 5, height: width / 5, child: Image.
                     network(photos[i]),),
6        onTap: () {
7          Person person = Person(i, currentPerson.picPath, currentPerson.name,
8            currentPerson.selected, content[i]);
9          Navigator.push(context,
10           MaterialPageRoute(
11             builder: (context) => new Detail(person: person)));
12       },
```

```
13            );
14            listTiles.add(listTile);
15        }
```

上述第6~12行代码定义了列表项的单击事件,其中第7~8行代码用Person()构造方法实例化对象,以便在加载展示页面时进行数据传递。第14行代码将列表项添加到列表项数组中。为了展示列表项时每一项之间有分隔线,调用ListView.separated()构造方法创建ListView对象,实现代码如下。

```
1    ListView listView =ListView.separated(
2        itemBuilder: (context, index) =>(listTiles[index]),
3        separatorBuilder: (context, index) =>
4            (Container(height: 2, color: Colors.black12)),
5        itemCount: listTiles.length);
```

(3)修改关注页面

由于前一节的关注页面并没有实现今日动态内容文本描述区单击功能,所以需要为关注页面中今日动态内容文本描述区的展示图片添加手势检测功能,实现代码如下。

```
1    GestureDetector(child: Image.network(photos[i]),onTap: (){
2        Person person =Person(i,pic[i],name[i],selecteds[i],descript[i]);
3        Navigator.push(
4            context,
5            MaterialPageRoute(
6                builder:(context)=>new Detail(person:person)
7            )
8        );
9    }),
```

上述第2行代码根据当前单击的今日动态内容项信息封装Person类对象,以便实现由关注页面切换到展示页面时的数据传递功能。

第 8 章 数据存储与访问

随着移动互联网的发展,用户对应用程序的性能、体验等各方面的要求都有所提高,比如需要在移动终端平台上做数据缓存来缩短应用程序的响应时间;打开应用程序后能够及时连接网络更新信息,保证数据的即时性等。在 Flutter 应用开发中,数据缓存主要涉及移动终端设备的本地存储和访问的问题,连接网络及时更新信息主要涉及移动终端与网络后台数据服务器进行数据交互的问题。本章从 SharedPreferences、File、Sqflite 和网络数据交互等方面阐述 Flutter 项目中的数据存储与访问机制,并结合具体的项目案例介绍它们的使用方法。

8.1 概述

进行应用程序开发时,涉及数据的存储与访问机制有 3 种:本地文件、数据库和网络数据(云数据)。本地文件和数据库的存储与访问机制主要应用于离线应用程序中,例如,在登录页面的应用场景,可以让用户名、密码等登录信息保存在本地,以便下次登录时不再重复输入这些信息。网络数据的存储与访问机制主要应用于能够及时收集、存储、传输、处理和更新数据的应用程序中,例如,在购物页面的应用场景,可以让用户将选购的商品信息及时反馈给商家,以便商家及时进行后续操作。

基于 Flutter 框架的应用程序开发也涉及数据的存储与访问,其支持的数据存储与访问机制也包括文件、数据库和网络(云数据)3 类。但从开发者的角度来看,具体包含以下 4 种数据存储与访问机制。

8.1.1 key-value 存储访问机制

key-value 存储与访问机制是 Flutter 开发社区提供的一个本地数据存取插件 shared_preferences 实现的,其主要存储数据类型包括 bool、int、double、String 和 List 等。key-value 存储与访问机制就是用操作系统平台提供的特定 API 将数据存储到特定文件中,比如 Android 平台的 SharedPreferences 和 iOS 平台的 NSUserDefaults。它是一个具有使用方法简单、操作过程异步和数据存储持久化等特点的数据存储和访问机制。

Rec0801_01

8.1.2 File 存储访问机制

File 存储与访问机制通常应用于将数据以普通文件格式下载或保存到移动终端设备的本地存储空间。在 Flutter 应用程序开发中,需要使用 Flutter 开发社区提供的 path_provider 插件和 dart 语言的 IO 模块来实现。path_provider 插件负责获取基于 Android 或 iOS 平台设备的存储目录;IO 模块负责对存储在相应平台存储目录下的文件进行读写操作。

8.1.3 数据库存储访问机制

数据库是为了方便对大批量数据进行增、删、改、查等操作而在应用程序开发中常用的存储访问方式。Flutter 开发社区提供了一个 sqflite 插件来支持 Android 和 iOS 平台的数据库存储和访问机制。sqflite 是一款轻量级的关系型数据库,它支持事务和批处理、自动版本管理,支持标准的 CURD（Create、Update、Retrieve、Delete）操作和在 iOS、Android 系统后台线程中执行数据库操作。

8.1.4 网络数据存储访问机制

网络数据的存储与访问通常是由 GET 或 POST 方式的网络请求 API 实现的。Flutter 项目中常用的网络请求包含 Dart 语言自带的 HttpClient、http 插件和 Dio 插件三种方式。自带的 HttpClient 是一个抽象类,它的具体操作由_HttpClient 类实现,_HttpClient 类中封装了 get、post、put、delete、patch 和 head 等请求方法。http 插件包含的方法可以方便地访问网络并获取网络资源。Dio 插件其实是一个功能强大、简单易用的 Dart 语言 http 请求库,它支持 Restful API、FormData、拦截器、请求取消、Cookie 管理和文件上传/下载等功能。

8.2 睡眠质量测试系统的设计与实现

如今高节奏的生活环境使人们承受着巨大的精神压力,如果处理不好,会产生多种疾病,其中最显著的就是睡眠健康问题。本节以国际公认的睡眠质量自测量表——阿森斯失眠量表为理论依据,结合 LinearProgressIndicator 组件和 shared_preferences 插件设计并实现一个睡眠质量测试系统。

8.2.1 进度指示组件

Rec0802_01

Flutter 提供了 LinearProgressIndicator（线性进度指示器组件）和 CircularProgressIndicator（圆形进度指示器组件）两种进度指示组件,它们都可以用于精确的进度指示和模糊的进度指示。精确进度指示通常用于任务进度可以计算或预估的场景,比如文件下载;模糊进度指示通常用于用户任务进度无法准确计算或预估的场景,比如数据刷新等。

1 LinearProgressIndicator 组件

LinearProgressIndicator 组件的常用属性及功能说明如表 8-1 所示。例如,在页面上实现模拟下载的效果,当单击"开始"按钮时,进度条每隔 1 秒前进 5%,并且"开始"按钮显示为"暂停"按钮;当单击"暂停"按钮时,进度条暂停前进。运行效果如图 8.1 所示。实现步骤如下。

表 8-1　LinearProgressIndicator 组件的常用属性及功能

属 性 名	类 型	功能说明
value	double	设置当前进度指示器的进度值,取值范围为[0,1]。若 value 值为 null（默认值）,则显示循环动画（模糊进度）指示器;否则显示进度条为 value 值的进度指示器
backgroundColor	Color	设置进度指示器的背景色
valueColor	Animation<Color>	设置进度指示器进度条的颜色

图 8.1 LinearProgressIndicator 组件显示效果

(1) 初始化变量。

为了实现按钮上的信息在"开始"和"暂停"间切换,定义 1 个 bool 类型的 flag 变量,用于控制按钮上显示的信息;定义 1 个 double 类型的 currentValue 变量,用于保存进度条的当前值;定义 1 个 Timer 类型的 timer 变量,用于实现计时功能。初始化变量的实现代码如下。

```
1    bool flag =false;           //定义单击按钮标记
2    double currentValue =0;     //定义进度条当前值
3    Timer timer;                //定义计时器
```

(2) 实例化计时器。

timer 计时器用于实现进度条当前值每 1 秒增加 5%,实现代码如下。

```
1    if(timer ==null){
2      timer =Timer.periodic(Duration(seconds: 1), (t){
3        if (flag) {
4          setState(() {
5            currentValue =currentValue +0.05;//进度条当前值增加 5% ,并更新到页面
6          });}
7      });
8    }
9    int percent =  (currentValue * 100).toInt();      //进度条当前值转化为百分数
```

上述第 2～7 行代码实例化一个每隔 1 秒进度条当前值增加 5%的计时器,其中第 3～6 行代码表示只有单击了"开始"按钮,进度条当前值才会增加 5%。

(3) 重写 dispose()方法。

当页面销毁时,调用 dispose()方法,释放计时器资源,实现代码如下。

```
1    void dispose() {
2      if (timer ! =null) {
3        timer.cancel();    //释放计时器资源
4      }
5    }
```

(4) 页面的实现。

从图 8.1 可以看出,页面上的进度条 LinearProgressIndicator 组件、进度值显示 Text 组件

和按钮 RaisedButton 组件按 Column 布局方式排列,实现代码如下。

```
1   Center(
2       child: Column(
3         children: <Widget>[
4           Padding(
5             padding: EdgeInsets.all(30),
6             child: LinearProgressIndicator(
7               backgroundColor: Colors.orangeAccent,
8               valueColor: AlwaysStoppedAnimation(Colors.blue),
9               value: currentValue)
10          ),
11          Text('已下载$percent% '),
12          RaisedButton(
13            child: Text(flag ? '暂停' : '开始'),
14            onPressed: () {
15              setState(() {
16                flag =! flag;});
17          })
18        ])
19   )
```

上述第6～10行代码定义了一个 LinearProgressIndicator 组件,用 backgroundColor 属性指定进度指示器的背景色,用 valueColor 属性指定进度条的颜色。

2 CircularProgressIndicator 组件

CircularProgressIndicator 组件的属性除了一个用于设置圆形边粗细的 strokeWidth 外,其他属性与 LinearProgressIndicator 组件完全一样。例如,要实现图8.2所示的页面显示效果,可以使用如下代码。

图 8.2 CircularProgressIndicator 组件显示效果

```
1   Center(
2       child: Column(
3         children: <Widget>[
4           Padding(
5             padding: EdgeInsets.all(30),
6             child: CircularProgressIndicator(
```

```
7                strokeWidth: 5,
8                backgroundColor: Colors.blue,
9                value: currentValue,
10               valueColor: new AlwaysStoppedAnimation<Color>(Colors.red))
11          ),
12          Text('当前进度$currentValue,进度范围[0-1]')
13     ])
14   )
```

LinearProgressIndicator 组件和 CircularProgressIndicator 组件都是用它们所在父容器的尺寸作为视图绘制的边界，其尺寸有时候并不能满足实际应用开发需求，此时可以通过 ConstrainedBox、SizedBox 或 Container 等组件来自定义进度指示器的大小。

8.2.2 shared_preferences 插件

shared_preferences 是 Flutter 提供的以 key-value 格式存储数据的插件，使用它能够将数据以持久化方式存储到移动终端设备的存储器中。shared_preferences 插件的使用步骤如下。

1 添加 shared_preferences 依赖

打开 Flutter 项目中的 pubspec.yaml 文件，添加 shared_preferences 依赖的代码如下。

```
1   dependencies:
2     shared_preferences: ^0.5.6+3
3   flutter:
4     sdk: flutter
```

2 获取实例

```
1   Future<SharedPreferences> preferences =SharedPreferences.getInstance();
```

3 操作数据

SharedPreferences 提供了 setInt()、setDouble()、setBool()、setString() 和 setStringList() 等方法，分别用于存储整型、浮点型、布尔型、字符串型和字符串数组等类型的数据；也提供了 getInt()、getDouble()、getBool()、getString() 和 getStringList() 等方法，分别用于读取整型、浮点型、布尔型、字符串型和字符串数组等类型的数据。SharedPreferences 还提供了 getKeys() 方法，用于获取所有的 key，containsKey() 方法用于判断是否存在指定的 key，remove() 方法用于删除指定的 key。

下面以实现一个能够保存输入信息的登录页面为例，介绍 SharedPreferences 存储数据、读取数据和删除数据的方法，运行效果如图 8.3 所示。页面加载时，首先读取保存在本地存储器中的 SharedPreferences 数据，如果读取到本地存储的数据，说明前一次登录时用户选择了"保存密码"复选框，则用户名、密码显示在对应的输入框中。当用户单击"登录"按钮时，首先判断"保存密码"复选框有没有选中，如果"保存密码"复选框被选中，则将

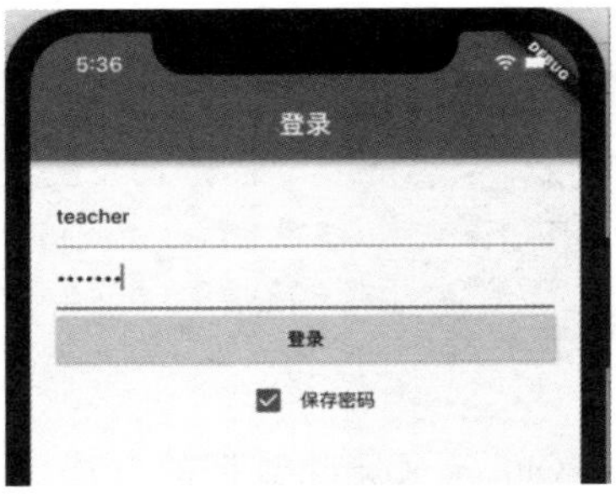

图 8.3 LinearProgressIndicator 组件

输入的用户名、密码和保存标记用 SharedPreferences 保存到本地存储器中。

（1）初始化变量。

定义 1 个 bool 类型的 flag 变量，记录是否保存密码；定义 2 个 TextEditingController 类型的控制器，获取用户名输入框和密码输入框中输入的内容。实现代码如下。

```
1    bool flag =false;                                                      //定义保存标记
2    TextEditingController nameController =TextEditingController();         //用户名控制器
3    TextEditingController pwdController =TextEditingController();          //密码控制器
4    Future<SharedPreferences>preferences =SharedPreferences.getInstance();
                                                                            //实例化
```

（2）定义读出数据的方法，并重写 initState()。

由于 SharedPreferences 的 getInstance() 方法获得的 SharedPreferences 实例对象为 Future 类型，所以需要异步从 SharedPreferences 实例对象中读出数据。为了在页面加载时就能够读出数据，在 initState() 方法中需要调用读出数据的方法。实现代码如下。

```
1    void readValue() async {
2      SharedPreferences sharedPreferences =await preferences;
3      nameController.text =sharedPreferences.getString('name');
4      pwdController.text =sharedPreferences.getString('pwd');
5      flag =sharedPreferences.getBool('flag')==null? false:sharedPreferences.
            getBool('flag');
6    }
7    @override
8    void initState() {
9      readValue();
10   }
```

由于 SharedPreferences 的 getInstance() 方法是异步执行的，所以所有使用 SharedPreferences 实例的方法都需要异步。上述第 3 行代码取出 key 为 name 的值，并显示在用户名输入框中；第 4 行代码取出 key 为 pwd 的值，并显示在密码输入框中；第 5 行代码取出 key 为 flag 的值，如果取出的 flag 值为 null，则将 flag 值设置为 false。

（3）定义保存数据的方法。

通过 SharedPreferences 实例对象实现异步保存 String 类型和 bool 类型数据的代码如下。

```
1    void setValue(name, pwd,flag) async {
2      SharedPreferences sharedPreferences =await preferences;
3      sharedPreferences.setString('name', name);          //保存用户名
4      sharedPreferences.setString('pwd', pwd);            //保存密码
5      sharedPreferences.setBool('flag', flag);            //保存"保存密码"标志
6    }
```

（4）定义删除数据的方法。

通过 SharedPreferences 实例对象实现异步删除指定数据的代码如下。

```
1   void delValue() async {
2     SharedPreferences sharedPreferences =await preferences;
3     sharedPreferences.remove('name');            //删除用户名
4     sharedPreferences.remove('pwd');             //删除密码
5     sharedPreferences.remove('flag');            //删除"保存密码"标志
6   }
```

（5）定义单击登录按钮事件。

如果用户选择了"保存密码"（即 flag 值为 true），则调用保存数据的 setValue()方法，将用户名、密码等信息保存到本地存储器，否则删除本地存储器中保存的数据。实现代码如下。

```
1   void login(name, pwd, flag) async {
2     if (flag) {
3       setValue(name, pwd,flag);    //保存数据
4     } else {
5       delValue();                  //删除数据
6     }
7   }
```

（6）页面的实现。

从图 8.3 可以看出，页面上的输入用户名和密码的 TextField 组件、登录按钮 RaisedButton 组件及保存密码复选框 Checkbox 组件按 Column 布局方式排列，实现代码如下。

```
1   Center(
2       child: Padding(
3         padding: EdgeInsets.all(20),
4         child: Column(
5           crossAxisAlignment: CrossAxisAlignment.stretch,
6           children: <Widget>[
7             TextField(
8               controller: nameController,
9               decoration: InputDecoration(hintText: '请输入用户名')),
10            TextField(
11              obscureText: true,
12              controller: pwdController,
13              decoration: InputDecoration(hintText: '请输入密码')),
14            RaisedButton(
15              child: Text('登录'),
16              onPressed: () {
17                login(nameController.text, pwdController.text, flag);}),
18            Row(
19              mainAxisAlignment: MainAxisAlignment.center,
20              children: <Widget>[
21                Checkbox(
22                  value: flag,
23                  onChanged: (value) {
```

```
24                    setState(() {
25                       flag =value; });}),
26             Text('保存密码')
27           ])
28        ]))
29   )
```

上述第 14~17 行代码用于定义"登录"按钮,通过设置 onPressed 属性调用 login()事件;第 21~25 行代码用于定义"保存密码"复选框,通过设置 onChanged 属性改变 flag 值。

8.2.3 案例:睡眠质量测试系统的实现

1 需求描述

阿森斯失眠量表(也称亚森失眠量表)是国际公认的睡眠质量自测量表,经常用于公众睡眠质量状况调查。测量表一共包含表 8-2 所示的 8 个问题,每个问题的答案分为 0、1、2、3 四级评分。如果 8 个问题的得分之和小于 4,说明测试者无睡眠障碍;如果得分之和在 6 分以上,说明测试者失眠;否则说明测试者可疑失眠。

Rec0802_03

表 8-2 阿森斯公众睡眠质量状况调查表

问题 1	入睡时间(关灯后到睡着的时间)			
选项	0:没问题	1:轻微延迟	2:显著延迟	3:延迟严重或没有睡觉
问题 2	夜间苏醒			
选项	0:没问题	1:轻微影响	2:显著影响	3:严重影响或没有睡觉
问题 3	比期望的时间早醒			
选项	0:没问题	1:轻微提早	2:显著提早	3:严重提早或没有睡觉
问题 4	总睡眠时间			
选项	0:足够	1:轻微不足	2:显著不足	3:严重不足或没有睡觉
问题 5	总睡眠质量(无论睡多长)			
选项	0:满意	1:轻微不满	2:显著不满	3:严重不满或没有睡觉
问题 6	白天情绪			
选项	0:正常	1:轻微低落	2:显著低落	3:严重低落
问题 7	白天身体功能(体力或精神:如记忆力、认知力和注意力等)			
选项	0:足够	1:轻微影响	2:显著影响	3:严重影响
问题 8	白天思睡			
选项	0:无思睡	1:轻微思睡	2:显著思睡	3:严重思睡

根据阿森斯公众睡眠质量状况调查表设计并实现一个睡眠质量测试系统,该系统能够实现如下 3 个方面的功能。

(1)如果在移动设备端没有运行过本系统或没有完成过调查问题测试,则显示图 8.4 所示的启动页面;否则显示图 8.5 所示的启动页面。

第 8 章　数据存储与访问　203

图 8.4　启动页面(1)

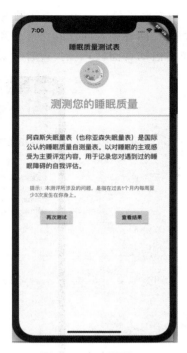

图 8.5　启动页面(2)

（2）用户单击启动页面(1)上的"开始测试"按钮或启动页面(2)上的"再次测试"按钮后，切换至图 8.6 所示的测试页面。测试页面上显示的进度指示器、调查问题和答案选项，在用户单击某个答案选项后会自动更新。

图 8.6　测试页面

（3）用户单击完成最后一个调查问题的答案选项后，切换至图8.7所示的报告页面，该报告页面会根据用户回答调查问题的总得分和阿森斯失眠量表算法给出睡眠质量结论和专业性意见。如果单击启动页面(2)上的"查看结果"按钮，也会切换至图8.7所示的报告页面。

图8.7　报告页面

2 设计思路

从需求描述和系统功能来看，本系统需要分别设计启动页面、测试页面和报告页面，启动页面对应main.dart源文件，测试页面对应exam.dart源文件，报告页面对应result.dart源文件。

加载启动页面时，首先使用SharedPreferences从移动设备端的本地存储器中读数据，如果能够读出数据，说明用户在移动设备端已经完成过调查问题测试，此时启动页面的下部区域显示"再次测试"和"查看结果"按钮；否则说明用户没有完成过调查问题测试，此时启动页面的下部区域显示"开始测试"按钮。单击"开始测试"或"再次测试"按钮，切换至测试页面；单击"查看结果"按钮，从本地存储器读出用户回答调查问题的总得分，并将该总得分作为参数传递给报告页面。

加载测试页面时，首先根据表8-2定义5个字符串数组，分别用于存放8个调查问题和4个供选选项，然后用1个Text组件加载调查问题和4个RasieButton组件加载供选选项，并用Column布局方式将它们排放在页面上。当用户单击某一个供选选项按钮时，根据此选项按钮的分值进行得分累加。如果8个调查问题没有回答完，则加载下一个调查问题和供选选项，并同时刷新页面相关内容；如果8个调查问题已经回答完，则将总得分作为参数传递给报告页面。用户已经回答完成的调查问题数和调查问题总数可以用LinearProgressIndicator组件实现。

加载报告页面时，首先定义2个字符串数组，分别用于存放测试结论和专业性建议，然后根据测试页面或启动页面传递来的总得分参数值和阿森斯失眠量表算法，在页面上显示测试结论和专业性建议。

3 实现流程

(1) 准备工作。

在 pubspec.yaml 文件中添加 shared_preferences 插件，并单击编辑窗口右上角的"Packages get"按钮安装依赖。实现代码如下。

```
1  dependencies:
2    shared_preferences: ^0.5.6+3
```

(2) 创建启动页面。

① 初始化变量。

定义1个bool类型的flag变量，记录有没有测试；定义1个int类型的score变量，存放得分；定义2个String类型的变量，分别存放测试结论和专业性建议。实现代码如下。

```
1  bool flag =false;        //测试标记,true-已测试,false-未测试
2  int score =0;            //得分
3  String info ='';         //测试结论
4  String advice ='';       //专业性建议
5  Future<SharedPreferences>prefs =SharedPreferences.getInstance();
```

② 定义读出 SharedPreferences 数据的方法。

通过 SharedPreferences 的 getBool()、getInt()和 getString()方法分别读出是否测试标记、分数、测试结论和专业性建议信息。实现代码如下。

```
1  void getExamResult() async {
2    SharedPreferences sharedPreferences =await prefs;
3    flag =sharedPreferences.getBool('flag');
4    score =sharedPreferences.getInt('score');
5    info =sharedPreferences.getString('info');
6    advice =sharedPreferences.getString('advice');
7  }
```

③ 定义启动页面按钮。

如果用户没有做过睡眠质量测试，启动页面上显示"开始测试"按钮；如果用户做过睡眠质量测试，启动页面上显示"再次测试"按钮和"查看结果"按钮。所以需要定义两组启动页面的按钮，然后根据flag值决定启动页面上最终显示哪一组按钮。实现代码如下。

```
1  Widget beginBtn =RaisedButton(
2    child: Text('开始测试'),
3    onPressed: () {
4      Navigator.push(context, MaterialPageRoute(builder: (context) {
5        return Exam();
6      }));}
7  );
8  Widget againBtn =Row(
```

```
9         mainAxisAlignment: MainAxisAlignment.spaceAround,
10        children: <Widget>[
11          RaisedButton(
12            child: Text('再次测试'),
13            onPressed: () {
14              Navigator.push(context, MaterialPageRoute(builder: (context) {
15                return Exam();
16              }));}
17          ),
18          RaisedButton(
19            child: Text('查看结果'),
20            onPressed: () {
21              Navigator.push(context, MaterialPageRoute(builder: (context) {
22                return Result(score: score);
23              })); }
24          )
25        ]);
26    getExamResult();
27    Widget btn = flag ? againBtn : beginBtn;
```

上述第 1～7 行代码定义"开始测试"按钮,设置 onPressed 属性的单击事件,当单击按钮时,页面切换至测试页面(对应 exam.dart 源文件的 Exam 类);第 8～25 行代码定义水平方向布局的"再次测试"和"查看结果"按钮,当单击"再次测试"按钮时,页面切换至测试页面;当单击"查看结果"按钮时,将读出的 score 得分值作为参数传递给报告页面(对应 result.dart 源文件的 Result 类)。第 26 行代码调用 getExamResult()方法读出本地存储的 key-value 数据;第 27 行代码根据 flag 值决定启动页面是显示"开始测试"按钮还是显示"再次测试"和"查看结果"按钮。

④ 定义启动页面显示内容。

从图 8.4 和图 8.5 可以看出,启动页面整体按 Column 布局方式排列,从上到下由 CircleAvatar 组件实现的圆形图片、Text 组件、Divider 组件及启动页面按钮组成。实现代码如下。

```
1    Column body = Column(
2        children: <Widget>[
3          Container(
4            padding: EdgeInsets.all(10),
5            width: 100,
6            height: 100,
7            child: CircleAvatar(
8              backgroundImage: AssetImage('images/moon.png'))
9          ),
10         Text(
11           '测测您的睡眠质量',
12           style: TextStyle(
13             color: Colors.orangeAccent,
```

```
14              fontSize: 30,
15              height: 2,
16              fontWeight: FontWeight.bold),
17        ),
18        Divider(
19          thickness: 4
20        ),
21        Padding(
22          padding: EdgeInsets.fromLTRB(20, 40, 20, 10),
23          child: Text(
24            '阿森斯失眠量表(也称亚森失眠量表)是国际公认的睡眠质量自测量表。'
25            '以对睡眠的主观感受为主要评定内容,用于记录您对遇到过的睡眠障碍的自我评估。',
26            style: TextStyle(fontSize: 18, height: 1.5) )
27        ),
28        Padding(
29          padding: EdgeInsets.all(30),
30          child: Text(
31            '提示:本测评所涉及的问题,是指在过去 1 个月内每周至少 3 次发生在你身上。',
32            style: TextStyle(color: Colors.black54) )
33        ),
34        btn
35      ],
36    );
```

上述第 34 行代码引用了启动页面按钮对象,启动页面按钮对象根据 flag 值决定。

（3）创建测试页面

在项目的 lib 文件夹中创建 exam.dart 源文件,该文件中创建了一个继承自 StatefulWidget 类的 Exam 类和一个继承自 State 类的 ExamState 类。其代码如下。

Rec0802_04

```
1  class Exam extends StatefulWidget {
2    @override
3    State createState() {
4      return ExamState();
5    }
6  }
7  class ExamState extends State {
8    //初始化变量
9    @override
10   Widget build(BuildContext context) {
11     //功能代码
12     return Scaffold(
13       //页面代码
14     );
15   }
16 }
```

根据图 8.6 的显示效果,整个页面分为调查问题回答进展信息区、调查问题展示区两部分。

① 初始化变量。

```
1    int score = 0;        //保存总得分
2    List<String> questions = [ '入睡时间(关灯后到睡着的时间)',
3      //其他调查问题类似,此处略];
4    List<String> optionas = ['没问题',
5      //其他调查问题对应的第一个回答选项类似,此处略];
6    List<String> optionbs = ['轻微延迟',
7      //其他调查问题对应的第二个回答选项类似,此处略];
8    List<String> optioncs = ['显著延迟',
9      //其他调查问题对应的第三个回答选项类似,此处略];
10   List<String> optionds = [ '延迟严重或没有睡觉',
11     //其他调查问题对应的第四个回答选项类似,此处略];
12   int index = 0;         //当前题目索引
```

上述代码的 questions 数组用于存放表 8-2 中列出的 8 个调查问题,optionas 数组用于存放 8 个问题的第一个回答选项,optionbs 数组用于存放 8 个问题的第二个回答选项,optioncs 数组用于存放 8 个问题的第三个回答选项,optionds 数组用于存放 8 个问题的第四个回答选项。

② 调查问题回答进展信息区的实现。

调查问题回答进展信息区的内容用 Container 组件承载,通过 Container 组件的 height 属性设定该区域的高度为移动端屏幕高度的四分之一,然后按列方向布局 Text 组件和 LinearProgressIndicator 组件。实现代码如下。

```
1    double height = MediaQuery.of(context).size.height / 4;   //定义该区域的高度
2    int length = questions.length;                            //调查问题总数
3    int current = index + 1;                                  //当前问题序号
4    double value = current / length;                          //进度指示器进度值
5    Widget info = Container(
6      height: height,
7      color: Colors.black12,
8      child: Center(
9        child: Column(
10         mainAxisAlignment: MainAxisAlignment.center,
11         children: <Widget>[
12           Text('共$length 题,当前第$current 题'),
13           Padding(
14             padding: EdgeInsets.fromLTRB(50, 30, 50, 10),
15             child: LinearProgressIndicator(
16               value: value,
17               backgroundColor: Colors.black54,
18             ))
19         ],
20       ),
```

```
 21        ),
 22      );
```

上述第 15～18 行代码用 LinearProgressIndicator 组件定义了一个线性进度指示器,并根据调查问题总数和当前调查问题编号设定进度指示器的进度值 value。

③ 调查问题展示区。

调查问题展示区在页面上从上到下按列方向布局,调查问题用 Text 组件实现,调查问题答案选项用 RaiseButton 组件实现。实现代码如下。

```
 1   Widget detail =Column(
 2     mainAxisAlignment: MainAxisAlignment.spaceBetween,
 3     crossAxisAlignment: CrossAxisAlignment.stretch,
 4     children: <Widget>[
 5       Text(
 6         questions[index],
 7         style: TextStyle(fontSize: 20),
 8         textAlign: TextAlign.center,
 9       ),
10       RaisedButton(
11         child: Text(optionas[index]),
12         onPressed: () {
13           setState(() {
14             score =score +0;
15             (index <7)
16                 ? index++
17                 : Navigator.push(context,
18                     MaterialPageRoute(builder: (context) {
19                       return Result(score: score);
20                 }));
21           });}
22       ),
23       //第二个、第三个、第四个选项按钮代码类似,此处略
24     ],
25   );
```

上述第 12～21 行代码用 onPressed 属性设定了调查问题第一个答案选项按钮的单击事件。其中第 14 行代码表示如果单击了此项,总得分加 0(单击第二个答案选项按钮,总得分加 1;第三个答案选项按钮,总得分加 2;第四个答案选项按钮,总得分加 3)。第 15～19 行代码表示如果还没有加载到最后一个调查问题,则 index 索引值加 1(即载入下一个调查问题对应的内容);如果已经加载到最后一个调查问题,则将 score 值作为页面参数传递给报告页面,并跳转到报告页面(对应 result.dart 源文件中的 Result 类)。

(4) 创建报告页面。

在项目的 lib 文件夹中创建 result.dart 源文件,该文件中创建了一个继承自 StatelessWidget 类的 Result 类。其代码结构如下。

```dart
1   class Result extends StatelessWidget {
2     int score;
3     Result({@required this.score});
4     List<String> infos = ['睡眠质量很好', '睡眠质量欠佳', '睡眠质量较差'];
5     List<String> advices = [
6       '专业性分析:你没有失眠的困扰。保持锻炼、定期体检,关注身体健康指标,可以让你持续保
          持饱满的身体和精神状态',
7       //第二个专业性分析建议、第三个专业性分析建议类似,此处略     ];
8     Future<SharedPreferences> prefs = SharedPreferences.getInstance();
9     void saveExamResult(bool flag, int score, String info, String advice) async{
10      SharedPreferences sharedPreferences = await prefs;
11      sharedPreferences.setBool('flag', flag);
12      sharedPreferences.setInt('score', score);
13      sharedPreferences.setString('info', info);
14      sharedPreferences.setString('advice', advice);
15    }
16    @override
17    Widget build(BuildContext context) {
18      bool flag = true;
19      String info = infos[0];
20      String advice = advices[0];
21      if (score > 6) {
22        info = infos[2];
23        advice = advices[2];
24      } else if (score < 4) {
25        info = infos[0];
26        advice = advices[0];
27      } else {
28        info = infos[1];
29        advice = advices[1];
30      }
31      saveExamResult(flag, score, info, advice);           //调用保存 SharedPreferences
                                                               格式的数据方法
32      return Scaffold(
33        appBar: AppBar(
34          title: Text('睡眠质量测试表'),
35        ),
36        body: Container(
37          padding: EdgeInsets.all(30),
38          child: Column(
39            children: <Widget>[
40              Text(
41                '——————  根据此次测试结果  ——————',
42                style: TextStyle(height: 3, color: Colors.black26) ),
43              Text(info,
44                style:
```

```
45                    TextStyle(fontSize: 26, height: 3, color: Colors.orange)),
46            Text(
47              advice,
48              style: TextStyle(fontSize: 16, height: 2)
49         ]))
50     );
51   }
52 }
```

上述第 3 行代码定义了一个带参数的构造方法,用于从启动页面或测试页面跳转到报告页面时传递 score 值;第 4 行定义的 infos 数组用于存放 3 种睡眠质量;第 5 行定义的 advices 数组用于存放 3 种专业性分析建议。第 9～15 行代码定义了一个用 SharedPreferences 将 key-value 格式的数据保存到本地存储器的方法;第 21～30 行代码根据 score 值判断睡眠质量,给出专业性分析建议。

8.3 随手拍的设计与实现

现在越来越多的人喜欢用手机、平板电脑等设备拍照,但对于拍完的照片,如果不重新整理、归类,很容易忘记拍摄的时间、地点及相关信息。本节利用对话框组件、收缩面板组件、path_provider 插件及 Dart 中的 IO 类库设计并实现一个随手拍应用程序,让使用者可以随时随地拍下精彩瞬间,并将拍下的照片分类,添加标题、拍摄时间、拍摄地点等信息。

8.3.1 对话框组件

应用程序进行重要操作时,通常需要用户确认,以避免误操作。比如,删除文件时,一般会弹出类似"是否确认删除?"的提示信息,用户单击"确认"按钮后才会删除文件。在 Flutter 项目开发中这种类型的提示信息可以用对话框组件实现。Flutter 开发框架提供了很多 Dialog 类型的对话框,如 AboutDialog(关于对话框)、AlertDialog(Material 风格的提示对话框)、CupertinoAlertDialog(iOS 风格的提示对话框)、SimpleDialog(简单对话框)、CupertinoFullscreenDialogTransition(iOS 风格的全屏对话框)。在 Flutter 项目中,调用 showDialog(@required BuildContext c, WidgetBuilder b)方法可以展示 Material 风格的对话框;调用 showCupertinoDialog(@required BuildContext c, @required WidgetBuilder b)方法可以展示 iOS 风格的对话框。

1 AboutDialog 组件

AboutDialog 是一个包含应用程序的图标、名称、版本号、版权信息、软件许可证(VIEW LICENSES)和关闭(CLOSE)按钮的对话框组件。它的常用属性及功能说明如表 8-3 所示。

表 8-3 AboutDialog 组件的常用属性及功能

属 性 名	类 型	功能说明
context	Context	设置对话框所在页面上下文
applicationName	String	设置对话框显示的应用程序名称
applicationVersion	String	设置对话框显示的应用程序版本号

续表

属 性 名	类 型	功 能 说 明
applicationIcon	Widget	设置对话框显示的应用程序图标
applicationLegalese		设置对话框显示的应用程序版权
children	List<Widget>	设置对话框承载的子元素数组

例如,显示图 8.8 所示的"关于对话框",实现代码如下。

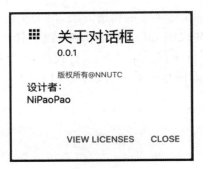

图 8.8　AboutDialog 组件显示效果

```
1   aboutDialog aboutDialog =AboutDialog(
2       applicationName: '关于对话框',
3       applicationIcon:Icon(Icons.apps) ,
4       applicationVersion: '0.0.1',
5       applicationLegalese: '版权所有@NNUTC',
6       children: <Widget>[Text('设计者:'),Text('NiPaoPao')],
7   );
8   RaisedButton(
9       child: Text('关于'),
10      onPressed: () {
11          showDialog(
12              context: context,
13              builder: (context) { return aboutDialog;});
14      },
15  )
```

上述第 1～7 行代码用于定义一个包含应用程序名称、图标、版本号、版权和相关信息的 AboutDialog 对话框;第 11～13 行代码调用 showDialog()方法显示 AboutDialog 对话框。AboutDialog 自带 VIEW LICENSES 和 CLOSE 按钮,单击 VIEW LICENSES 按钮后会跳转到一个 Flutter Licenses 网页,单击 CLOSE 按钮后会关闭对话框。但这两个按钮是用英文显示的,如果要用中文显示,用第 6.3.2 节的国际化支持实现方法即可。

2　AlertDialog 组件

AlertDialog 是一个会通知用户需要确认情况的提示对话框组件,包括对话框标题、内容和一些可选的操作组件等。它的常用属性及功能说明如表 8-4 所示。

Rec0803_02

表 8-4　AlertDialog 组件的常用属性及功能

属 性 名	类 型	功 能 说 明
title	Widget	设置对话框的标题
titlePadding	EdgeInsetsGeometry	设置对话框标题的内边距
titleTextStyle	TextStyle	设置对话框标题的文字样式
content	Widget	设置对话框的显示内容
contentPadding	EdgeInsetsGeometry	设置对话框显示内容的内边距
contentTextStyle	TextStyle	设置对话框显示内容的文字样式
Actions	List<Widget>	设置对话框下边显示的子元素数组
backgroundColor	Color	设置对话框的背景色
Elevation	double	设置对话框的阴影高度
Shape	ShapeBorder	设置对话框的形状

例如，显示图 8.9 所示的提示对话框，实现代码如下。

图 8.9　AlertDialog 组件显示效果

```
1    AlertDialog alertDialog =AlertDialog(title: Text('确认'),
2        content:Text('确定删除此文件？'),
3        actions:<Widget>[
4          FlatButton(
5            child: Text('确定'),
6            onPressed: (){
7              print('已经删除!');
8              Navigator.of(context).pop();
9            }),
10         FlatButton(
11           child: Text('取消'),
12           onPressed: (){
13             print('取消删除!');
14             Navigator.of(context).pop();
15           }),
16       ],
```

```
17      backgroundColor:Colors.yellow,
18      elevation: 20,
19      shape:RoundedRectangleBorder(borderRadius: BorderRadius.circular(10))
20    );
21    RaisedButton(
22      child: Text('提示'),
23      onPressed: () {
24        showDialog(
25          context: context,
26          builder: (context) {return alertDialog;});
27      }
28    )
```

上述第 1~20 行代码用于定义一个包含标题、内容和"确定"按钮、"取消"按钮的提示对话框。其中第 8 行和第 14 行代码表示单击"确定"或"取消"按钮后返回上一个页面,即对话框消失;第 19 行代码用于定义对话框外边框线为圆角。

CupertinoAlertDialog 组件的常用属性和使用方法与 AlertDialog 组件类似,这里不再赘述。

3 SimpleDialog 组件

SimpleDialog 是一个可以显示对话框标题和一些操作组件的简单对话框组件,通常配合 SimpleDialogOption 组件一起使用。它在 AlertDialog 组件的常用属性上增加了 children 属性,该属性用于设置在对话框上显示的一些操作组件,但没有 actions 属性和 content 属性。例如,单击图 8.10 所示的"请选择所在学院"对话框中的某个学院选项后,输出选中的学院名称,实现代码如下。

Rec0803_03

图 8.10 SimpleDialog 组件显示效果

```
1  List<String>departs =['商学院','法学院','教师教育学院','人文传媒学院','音乐
              学院','信息工程学院'];
2  List<Widget>getDeparts(List<String>departs) {
3    List<Widget>selects =[];
4    for (int i =0; i <departs.length; i++) {
5      selects.add(
```

```
6          SimpleDialogOption(
7            onPressed: () {                        //可选项单击事件
8              Navigator.of(context).pop(departs[i]);},  //单击后带当前项对应的数组
                                                         元素值返回前一页面
9            child: Text(departs[i])                //可选项 Widget
10         )
11       );
12     }
13     return selects;
14   }
15   SimpleDialog simpleDialog =SimpleDialog(
16      title: Text('请选择所在学院'),
17      children: getDeparts(departs),
18   );
19   RaisedButton(
20      child: Text('所在学院'),
21      onPressed: () {
22        showDialog(
23          context: context,
24          builder: (context) {return simpleDialog;})
25          .then((value) {print(value);}             //将对话框传递来的值输出
26        );
27      }
28   )
```

上述第 2~14 行代码定义了一个生成 List＜Widget＞数组对象的 getDeparts()方法,用于为 SimpleDialog 组件的 children 属性设置对话框中显示的子元素数组。其中第 6~11 行代码用 SimpleDialogOption 实例化 SimpleDialog 组件中的对话框选项。第 25 行代码表示将第 8 行代码返回的值传递到前一个页面,然后处理事件,此处用 print 输出所选的学院名称。

4 CupertinoFullscreenDialogTransition 组件

CupertinoFullscreenDialogTransition 是一个覆盖终端设备屏幕的 iOS 风格的全屏对话框组件。它的常用属性及功能说明如表 8-5 所示。

表 8-5　CupertinoFullscreenDialogTransition 组件的常用属性及功能

属 性 名	类 型	功能说明
child	Widget	设置对话框显示的子元素
animation	Animation	设置对话框显示动画

例如,显示图 8.11 所示的全屏对话框,实现代码如下。

```
1  CupertinoFullscreenDialogTransition cFullscreenDialog =
2      CupertinoFullscreenDialogTransition(
3    child: Scaffold(
4      body: Container(
5        alignment: Alignment.center,
```

```
6            child: Container( width: 200,height: 200,color: Colors.yellow,
7                child: Text('全屏对话框')))
8       ),
9       animation: AlwaysStoppedAnimation(1),
10    );
```

图 8.11　CupertinoFullscreenDialogTransition 组件显示效果

8.3.2　BottomSheet 组件

BottomSheet 是一个将显示内容从屏幕底部滑起的组件，需要调用 showModalBottomSheet(@required BuildContext c,@required WidgetBuilder b)方法才能从底部滑起显示。例如，单击页面的"选择照片"按钮，从底部滑起图 8.12 所示的显示效果。

实现代码如下。

```
1   void showBottom() {
2      showModalBottomSheet(
3         context: context,
4         builder: (BuildContext context) {
5           return Container(
6             height: 200.0,
7             child: Column(
8               children: <Widget>[
9                 ListTile(
10                  title: Text('拍照', textAlign: TextAlign.center),
11                  onTap: () {
12                    Navigator.pop(context, '拍照');}    //带数据传递到前一页面
13                ),
```

```
14              Divider(),
15              ListTile(
16                title: Text('从相册选择', textAlign: TextAlign.center),
17                onTap: () {
18                  Navigator.pop(context, '从相册选择');}//带数据传递到前一页面
19              ),
20              Divider(),
21              ListTile(
22                title: Text('取消', textAlign: TextAlign.center),
23                onTap: () {
24                  Navigator.pop(context, '取消');}    //带数据传递到前一页面
25            )],
26          ));
27        }).then((value) {print(value);});           //输出传递来的数据
28    }
29    RaisedButton(
30        child: Text('选择照片'),
31        onPressed: () {
32            showBottom();
33        },
34    )
```

图8.12 底部滑起组件显示效果

上述第2~27行代码定义了一个从底部滑起的显示内容,第29~34行代码定义了一个"选择照片"按钮,单击该按钮时,调用定义底部滑起内容的方法。

8.3.3 Card 组件

Card 是可以承载大多数组件构成内容的卡片块组件,它具有圆角和阴影,显示时具有立体感。它的常用属性和功能说明如表 8-6 所示。

表 8-6 Card 组件的常用属性及功能

属性名	类型	功能说明
Margin	EdgeInsetsGeometry	设置外边距
Child	Widget	设置卡片上的子元素
Shape	ShapeBorder	设置卡片的阴影效果,默认的阴影效果为圆角长方形边

例如,实现图 8.13 所示的通讯录名片效果,实现代码如下。

图 8.13 Card 组件显示效果

```
1   ListView listView =ListView(
2       children: <Widget>[
3         Card(
4           margin: EdgeInsets.all(10),
5           child: Column(
6             children: <Widget>[
7               ListTile(
8                 title: Text("张三", style: TextStyle(fontSize: 28)),
9                 subtitle: Text("董事长")),
10              Divider(),
```

```
11              ListTile(
12                title: Text("电话:33333333333")),
13              ListTile(title: Text("地址:江苏省泰州市东风路"))
14            ])
15        ),
16        //李四、王五的名片代码类似,此处略
17      ],
18    );
```

8.3.4 ExpansionPanel 组件

Rec0803_07

ExpansionPanel 是一个包含标题和正文,可以展开或折叠的收缩面板组件。面板组件上的正文主体只有展开时才可见。收缩面板组件效果由 ExpansionPanelList 组件和 ExpansionPanel 组件共同完成。ExpansionPanelList 组件的常用属性及功能说明如表 8-7 所示,ExpansionPanel 组件的常用属性及功能说明如表 8-8 所示。

表 8-7　ExpansionPanelList 组件的常用属性及功能

属 性 名	类 型	功能说明
expansionCallback	function	设置回调事件
Children	List＜ExpansionPanel＞	设置收缩面板上的子元素数组
animationDuration	Duration	设置扩展动画持续时间,默认为 kThemeAnimationDuration (200ms)

表 8-8　ExpansionPanel 组件的常用属性及功能

属 性 名	类 型	功能说明
headerBuilder	ExpansionPanelHeaderBuilder	设置标题
body	Widget	设置内容
isExpanded	bool	设置收缩状态
canTapOnHeader	bool	true 表示整个标题可点击,false 表示只有三角图标可点击

例如,实现图 8.14 所示的打开文件收缩列表,实现代码如下。

```
1   bool _isExpanded = false;
2   List<Card> cards = [];
3   for (int i = 0; i < 50; i++) {
4     Card card = Card(
5       child: ListTile(
6         dense: true,
7         title: Text('文件$i'),
8         onTap: () { print('文件$i');}
9     ));
10    cards.add(card);
11  }
```

```
12    Widget fileWidget =Column(
13      children: <Widget>[
14        ExpansionPanelList(
15          children: [
16            ExpansionPanel(
17              headerBuilder: (context, isExpanded) {
18                return ListTile(
19                  title: Text('选择文件'));
20              },
21              body: Container(
22                height: MediaQuery.of(context).size.height * 0.7,
23                child: ListView(
24                  children: cards )
25              ),
26              isExpanded: _isExpanded,
27              canTapOnHeader: true)
28          ],
29          expansionCallback: (panelIndex, isExpanded) {
30            setState(() {
31              _isExpanded =! isExpanded;});
32          },
33          animationDuration: kThemeAnimationDuration,
34        )
35      ]
36    );
```

图8.14　收缩面板效果

上述第 3~11 行代码定义了 50 个用于显示文件名的卡片,第 12~36 行代码定义了一个收缩列表。其中第 16~27 行代码定义了一个可装载 50 个卡片的收缩面板,第 17~20 行代码设置了收缩面板的标题,第 29~32 行代码定义了一个收缩列表回调事件,isExpanded 用于保存收缩面板当前的收缩状态。

8.3.5　path_provider 插件

用 Flutter 开发框架进行应用程序开发时,可以用 Dart 的 IO 库提供的文件读写类实现文件操作。但这些应用程序是运行在文件系统具有差异的 Android 和 iOS 平台上,也就是说,在 Android 和 iOS 平台下应用程序读写文件的文件目录并不一样。所以,Flutter 开发社区提供了 path_provider 插件,该插件能够以平台透明的方式访问基于 Android 和 iOS 平台的移动终端设备文件系统上的临时目录、文档目录和外部存储目录。

(1) 临时目录。

临时目录用于存放系统可随时清除的内容,也就是缓存。可以用 path_provider 插件中的 getTemporaryDirectory() 方法获取该目录。在 iOS 应用程序开发中,NSTemporaryDirectory() 方法返回临时目录;在 Android 应用程序开发中,getCacheDir() 方法返回临时目录。

(2) 文档目录。

文档目录用于存放应用程序自身可以访问的内容,只有应用程序被卸载时,系统才会清除该目录。可以用 path_provider 插件中的 getApplicationDocumentsDirectory() 方法获取该目录。iOS 平台的文档目录对应文件系统的 NSDocumentDirectory 目录;Android 平台的文档目录对应文件系统的 AppData 目录。

(3) 外部存储目录。

iOS 系统不支持外部目录。Android 系统中的外部存储目录类似 SD 卡存储器目录,可以用 path_provider 插件中的 getExternalStorageDirectory() 方法获取该目录;但是在 iOS 平台下,调用该方法会抛出 UnsupportedError 异常。

常见的文件操作包括创建文件(文件夹)、删除文件(文件夹)、判断文件(文件夹)是否存在、列出目录文件列表、读文件、写文件、获取文件(文件夹)信息等。下面结合 path_provider 插件和 Dart 的 IO 库提供的文件操作类,介绍在 Flutter 项目中进行文件操作的方法。

1　添加 path_provider 插件

在 pubspec.yaml 文件中添加 path_provider 插件,并单击编辑窗口右上角的 "Packages get" 按钮安装依赖。实现代码如下。

```
1  dependencies:
2    path_provider: ^1.6.5
```

2　目录操作

(1) 获取临时目录。

getTemporaryDirectory() 方法用于异步获取临时目录,通过 then() 方法注册将来完成时要调用的回调方法,实现代码如下。

```
1  String tDir = '';
2  Future<Directory> tempDir = getTemporaryDirectory();
3  tempDir.then((dir) {
4    tDir = dir.path;
```

```
5    print('临时目录为:$tDir');
6  });
```

（2）获取文档目录。

getApplicationDocumentsDirectory()方法用于异步获取文档目录,通过 then()方法注册将来完成时要调用的回调方法,实现代码如下。

```
1  String dDir ='';
2  Future<Directory>tempDir =getApplicationDocumentsDirectory();
3  tempDir.then((dir) {
4    dDir =dir.path;
5    print('文档目录为:$dDir');
6  });
```

（3）获取外存储器目录。

getExternalStorageDirectory()方法用于异步获取外存储器目录,通过 then()方法注册将来完成时要调用的回调方法,实现代码如下。

```
1  String eDir ='';
2  Future<Directory>tempDir =getExternalStorageDirectory();
3  tempDir.then((dir) {
4    eDir =dir.path;
5    print('外存储器目录为:$eDir');
6  });
```

（4）创建目录。

在临时目录下创建 voice 目录的代码如下。

```
1  Future<Directory>tempDir =getTemporaryDirectory();
2  String tDir ='';
3  tempDir.then((dir) {
4    tDir =dir.path;
5    Directory('$tDir/voice').exists().then((flag) {
6      if (! flag) {
7        Directory('$tDir/voice').create();
8      } else {
9        print('已经存在!');
10     }
11   });
12 });
```

上述第 5~11 行代码表示首先判断临时目录下的 voice 目录是否存在,如果不存在,则创建该目录,否则输出"已经存在!"。

（5）删除目录。

删除临时目录下指定的 dirName 目录的代码如下。

```
1  void delDir(String dirName) {
2    Future<Directory> tempDir =getTemporaryDirectory();
3    tempDir.then((dir) {
4      Directory tDir =Directory(dir.path + '/' +dirName);
5      tDir.exists().then((flag) {
6        if (flag) {
7          tDir.delete();
8          print('删除成功!');
9        } else {
10         print('该目录不存在!');
11       }
12     });
13   });
14 }
```

（6）列出指定目录下的内容列表。

将临时目录下的内容列表存入数组中的代码如下。

```
1  List<String> files =[];
2  void getFiles() {
3    Future<Directory> tempDir =getTemporaryDirectory();
4    String tDir ='';
5    tempDir.then((dir) async {
6      files =[];
7      tDir =dir.path;
8      Directory('$tDir')
9          .list(recursive: true, followLinks: false)
10         .listen((FileSystemEntity entity) {
11       files.add(entity.path);});
12   });
13 }
14 @override
15 void initState() {
16   getFiles();
17 }
```

上述第 9 行代码 recursive：true 表示包含子目录中的内容；第 10～11 行代码迭代出临时目录下的内容，并存放到 files 数组中。在应用开发中，可以根据实际应用需求使用 FileSystemEntity.isFile(String s)方法判断 s 是否为文件，用 FileSystemEntity.isDerectory(String s)方法判断 s 是否为目录。

3 文件操作

（1）创建文件。

在应用程序文档目录下创建 default.ini 文件的代码如下。

```
1  String dDir ='';
2  Future<Directory> tempDir =getApplicationDocumentsDirectory();
```

```
3    tempDir.then((dir) {
4      dDir = dir.path;
5      File file = File("$dDir/default.ini");
6      file.exists().then((flag){
7        if(! flag){
8          file.create();
9        }else{
10         print('文件已经存在!');
11       }
12     });
13   });
```

上述第6~12行代码表示如果要创建的文件不存在,则创建该文件(创建的文件并没有文件内容),否则输出"文件已经存在!"。

(2) 写文件。

Dart中IO库的File类提供的writeAsString()方法可以将String类型数据写入文件,writeAsBytes()方法可以将Bytes类型数据写入文件。writeAsString()方法的原型代码如下。

```
1    Future<File>writeAsString(String contents,
2        {FileMode mode: FileMode.write,
3        Encoding encoding: utf8,
4        bool flush: false});
```

上述第1行代码的contents表示写入的内容;第2行代码的mode表示打开文件的模式,默认为写模式,其他模式如表8-9所示;第3行代码的encoding表示写入文件内容的编码方式,默认为utf8,其他还有ascii、lanti1等编码;第4行代码的flush表示立即刷新缓存,默认为false。

表8-9 文件的模式及功能

模式	功能说明
read	只读模式
write	可读可写模式,如果文件存在,则覆盖
append	追加模式,可读可写,如果文件存在,则在末尾追加
writeOnly	只写模式
writeOnlyAppend	只写追加模式,不可读

例如,以追加方式在应用程序文档目录下的default.ini文件中写入"我是一个测试文字!"字符串的代码如下。

```
1    String dDir = '';
2    Future<Directory>tempDir = getApplicationDocumentsDirectory();
3    tempDir.then((dir) {
4      dDir = dir.path;
```

```
5    File file = File("$dDir/default.ini");
6    file.writeAsString('我是一个测试文字!', mode: FileMode.append);
7  });
```

writeAsBytes()方法的原型代码如下。

```
1  Future<File> writeAsBytes(List<int> bytes,
2      {FileMode mode: FileMode.write,
3      bool flush: false});
```

例如,以追加方式在应用程序文档目录下的default.ini文件中写入[1,2,3]整型数组的代码如下。

```
1  String dDir = '';
2  Future<Directory> tempDir = getApplicationDocumentsDirectory();
3  tempDir.then((dir) {
4    dDir = dir.path;
5    File file = File("$dDir/default.ini");
6    List<int> bytes = [1, 2, 3];
7    file.writeAsBytes(bytes, mode: FileMode.append);
8  });
```

对writeAsString()方法和writeAsBytes()方法来说,写完文件内容后文件会自动关闭,并不需要手动关闭文件。

(3) 读文件。

Dart中IO库的File类提供的readAsString()方法可以按String格式读出文件内容,readAsBytes()方法可以按Bytes格式读出文件内容;readAsLines()方法可以按List<String>格式读出文件内容。例如,分别按String、Bytes、List<String>格式读出应用程序文档目录下default.ini文件的内容。实现代码如下。

```
1   String dDir = '';
2   Future<Directory> tempDir = getApplicationDocumentsDirectory();
3   tempDir.then((dir) {
4     dDir = dir.path;
5     File file = File("$dDir/default.ini");
6     //按String格式读出
7     file.readAsString().then((info) {
8       print(info);
9     });
10    //按Bytes格式读出
11    file.readAsBytes().then((value) {
12      print(value);
13    });
14    //按List<String>格式读出
15    file.readAsLines().then((lists) {
16      print(lists);
17    });
18  });
```

（4）删除文件。

删除应用程序文档目录下 default.ini 文件内容的代码如下。

```
1   String dDir ='';
2   Future<Directory>tempDir =getApplicationDocumentsDirectory();
3   tempDir.then((dir) {
4     dDir =dir.path;
5     File file =File("$dDir/default.ini");
6     file.exists().then((flag) {
7       if (flag) {
8         file.delete();
9         print('删除成功!');
10      } else {
11        print('没有该文件!');
12      }
13    });
14  });
```

8.3.6 案例：随手拍的实现

1 需求描述

随手拍应用程序包括查看历史日志信息、添加日志信息和设置应用程序的主题色3个功能。

启动随手拍应用程序后，显示图8.15所示的主页页面，上面列出了历史日志列表。单击每个列表项右侧的"∨"符号，可以显示该日志的详细信息（包括日志内容、照片），显示效果如图8.16所示。

图8.15 主页(1)

图8.16 主页(2)

单击底部导航栏的"拍一拍"按钮，显示图 8.17 所示的"拍一拍"页面，单击页面上部的图片区域，在页面底部弹出"拍照"（选择后可以启动相机拍照）、"从相册选择"（选择后可以从系统相册选择图片）和"取消"3 个选项；用户可以在页面的输入标题区域输入日志标题，在页面的选择类别区域选择日志类别，在页面的输入日志内容区域输入内容；确定照片和输入内容后，单击顶部标题栏右侧的"保存"图标，可以将日志内容写入文件保存。

单击底部导航栏的"个人中心"，显示图 8.18 所示的"个人中心"页面，该页面列出了 5 种主题颜色，供用户选择，用户选择后，随手拍应用程序的主题颜色随之改变。

图 8.17 "拍一拍"页面

图 8.18 "个人中心"页面

2 设计思路

随手拍应用程序包含"主页""拍一拍"和"个人中心"3 个页面，页面的切换由 Scaffold 的底部导航栏属性（bottomNavigationBar）实现。单击底部导航栏的"主页"时，加载主页页面对应的 Home 类（定义在 home.dart 源文件中）；单击底部导航栏的"拍一拍"时，加载"拍一拍"页面对应的 Take 类（定义在 take.dart 源文件中）；单击底部导航栏的"个人中心"时，加载"个人中心"页面对应的 Me 类（定义在 me.dart 源文件中）。

为了保证每个页面显示的外观一致，随手拍应用程序定义了一个 MyHomePage 类（定义在 main.dart 源文件中），作为统一的框架页面，通过动态改变该页面的 body 属性值实现不同页面间的切换。启动随手拍应用程序时，页面的 body 属性值默认设置为 Home 类对象，即启动主页页面。切换到主页页面和"个人中心"页面时，顶部标题栏的"保存"图标不会显示；而切换到"拍一拍"页面时，顶部标题栏的"保存"图标会显示，并且可以实现保存日志的操作。所以，MyHomePage 类中需要设计顶部标题栏、底部导航栏和中间内容 3 个功能模块。

（1）顶部标题栏的"保存"图标可以根据当前页面的索引值控制，只有当前页面的索引值对应"拍一拍"页面时，才可以设置 AppBar 组件的 actions 属性值。单击"保存"图标时，首先判断应用程序文档目录下是否有"notepad"目录，如果没有，则创建完成，将当前要保存的日志信息以文件形式保存在 notepad 目录中。

（2）底部导航栏的图标和文本信息可以直接由 Scaffold 组件的 bottomNavigationBar 属

性设置。

(3) 中间内容根据单击底部导航栏的"主页""拍一拍"和"个人中心"分别加载 Home、Take 和 Me 对象,实现页面切换功能。

加载"主页"页面(Home)时,首先从应用程序文档目录下的"notepad"子目录中读出所有日志文件列表,然后根据日志文件列表分别按行方式读出文件内容,并实例化为日志信息对象,最后将每个日志信息对象以收缩面板列表方式显示在主页页面上。

加载"拍一拍"页面(Take)时,首先需要实现照片类别选择对话框和页面底部滑起的选项功能,用户在页面上输入日志标题、日志内容和拍摄(选择)照片,并单击顶部标题栏的"保存"图标后,将这些信息封装为日志信息对象,写入到文档目录下"notepad"子目录中的文件中。

加载个人中心页面(Me)时,首先定义对应"蓝色""红色""黄色""橙色"和"绿色"5个主题色的 Card,用户只要单击对应颜色的 Card,就可以更换应用程序的主题色。

另外,每个日志信息对象包括标题、类别、内容、照片和记录时间。实现本案例项目时,可以定义一个 Note 类(定义在 note.dart 源文件中)来封装日志信息对象,实现代码如下。

```
1   class Note{
2     String title;              //日志标题
3     String category;           //日志类别
4     String content;            //日志内容
5     String picpath;            //照片存放路径
6     String dateTime;           //记录时间
7     Note(this.title,this.category,this.content,this.picpath,this.dateTime);
                                 //构造方法
8   }
```

3 实现流程

(1) 准备工作。

在 pubspec.yaml 文件中添加 path_provider 和 image_picker 插件,并单击编辑窗口右上角的"Packages get"按钮安装依赖。实现代码如下。

```
1   dependencies:
2     path_provider: ^1.6.5
3     image_picker: ^0.6.5
```

(2) 创建框架页面。

由于框架页面的主题颜色会根据"个人中心"页面选择的主题颜色而变化,所以框架页面对应的 MyHomePage 类继承自 StatefulWidget 类。MyHomePage 类的代码如下。

```
1   class MyHomePage extends StatefulWidget {
2     @override
3     _MyHomePageState createState() => _MyHomePageState();
4   }
```

框架页面的功能模块由继承自 State 类的 _MyHomePageState 类实现,主要包括顶部标题栏区域、中间内容区域和底部导航栏区域 3 个子功能模块。

① 顶部标题栏区域。

顶部标题栏区域的"保存"图标需要设置 AppBar 组件的 actions 属性值，但只有切换到"拍一拍"页面时，才会显示"保存"图标，所以可以通过判断当前页面的索引值来控制该图标的显示，实现代码如下。

Rec0803_14

```
1  AppBar appBar =AppBar(
2      title: Text('随手拍'),
3      actions: <Widget>[
4        cIndex ==1? IconButton(
5          color: Colors.yellow,
6          icon: Icon(Icons.save),
7          tooltip: '保存',
8          onPressed: () {
9            Note note =Take().getNote();
10           saveFile(note);
11         },
12       ): Text('') ]
13 );
```

上述第 3~12 行代码用于定义"保存"图标及它的单击事件。其中第 4~12 行代码表示当 cIndex（保存当前页面的索引值）为 1 时，标题栏区域右侧用 IconButton 组件显示"保存"图标；第 9~10 行代码表示将"拍一拍"页面（Take）当前编辑的日志信息取出后调用 saveFile(note) 方法，将该日志信息以文件形式保存在文档目录下的 notepad 子目录中，saveFile(note) 方法的代码如下。

```
1  void saveFile(Note note) {
2      String dDir ='';
3      String filename =DateTime.now().toString() +'.ini';        //文件名
4      String content =note.title +'\n' +note.category +'\n' +note.content +'\n'
                      +note.picpath +'\n' +note.dateTime;          //文件内容格式
5      Future<Directory>tempDir =getApplicationDocumentsDirectory();
6      tempDir.then((dir) {
7          dDir =dir.path;
8          Directory('$dDir/notepad').exists().then((isExist) {   //notepad 目录
                                                                   不存在,则创建
9            if (! isExist) { Directory('$dDir/notepad').create();}
10         });
11         File file =File("$dDir/notepad/$filename");
12         file.writeAsString(content, mode: FileMode.write, flush: true).then((value) {
13           setState(() {
14             center =Home();              //保存后切换至主页页面 Home
15             cIndex = 0;                  //保存后当前页面(Home)索引值为 0
16           });
17       });
18     });
19 }
```

上述第 4 行代码用于将日志的标题、类别、内容、照片存放路径和记录时间组合成一个字符串,并且每个日志项之间用"\n"分隔,以便读文件时按行方式读出字符串;上述第 11 行代码表示在文档目录下的 notepad 子目录中创建一个以"当前日期时间.ini"格式为文件名的文件;第 12~17 行代码用于将第 4 行代码组合而成的字符串作为文件内容写入到文件中。

② 底部导航栏区域。

底部导航栏共有主页、"拍一拍"和"个人中心"3 个页面切换按钮。单击页面切换按钮后,可以将框架页面的中间内容区域分别切换为 Home、Take 和 Me 页面对象,实现代码如下。

```
1   BottomNavigationBar bottomNavigationBar = BottomNavigationBar(
2     items: [
3       BottomNavigationBarItem(icon: Icon(Icons.event_note), title: Text('主页')),
4       BottomNavigationBarItem (icon: Icon(Icons.photo_camera), title:
                          Text('拍一拍')),
5       BottomNavigationBarItem(icon: Icon(Icons.person), title: Text('个人中心')),
6     ],
7     onTap: (value) {
8       setState(() {
9         cIndex = value;
10        if (cIndex == 0) center = Home();     //主页
11        if (cIndex == 1) center = Take();     //拍一拍
12        if (cIndex == 2) center = Me();       //个人中心
13      });
14    },
15    currentIndex: cIndex,                     //当前显示页面
16  );
```

③ 框架页面。

启动随手拍应用程序时,框架页面的中间内容默认加载主页页面(Home)。为了能够将个人中心页面选择的主题颜色传递到框架页面,本案例实现时在"个人中心"页面定义了一个作用于项目的全局变量 colorMain,并将其作为框架页面 MaterialApp 组件的 primarySwatch 属性值。实现代码如下。

```
1   class _MyHomePageState extends State<MyHomePage>{
2     int cIndex = 0;                           //默认当前页索引值为 0
3     Widget center = Home();                   //默认中间内容为 Home 页
4     //定义 saveFile(Note note)方法保存文件
5     @override
6     Widget build(BuildContext context) {
7       //定义顶部标题栏
8       //定义底部导航栏
9       return MaterialApp(
10        theme: ThemeData(
11          primarySwatch: colorMain,           //主题色
12        ),
13        home: Scaffold(
```

```
14          appBar: appBar,                              //顶部标题栏
15          body: Center(
16            child: center),                            //页面中间内容
17          bottomNavigationBar: bottomNavigationBar     //底部导航栏
18        ));
19    }
20  }
```

(3) 创建主页页面。

由于主页页面的日志列表会根据"拍一拍"页面添加的日志信息变化，所以主页页面对应的 Home 类继承自 StatefulWidget 类。实现代码如下。

```
1  class Home extends StatefulWidget {
2    @override
3    State createState() { return HomeState();}
4  }
```

主页页面的功能模块由继承自 State 类的 HomeState 类实现，主要包括从文档目录下的 notepad 子目录中读出文件列表、根据文件列表分别读出文件内容并封装成日志信息对象和以收缩面板列表的方式展示日志信息 3 个子功能模块。

① 读出文件列表。

由于文档目录下的 notepad 子目录中存放的只有日志信息文件，所以 Directory.list()方法列出的内容就是随手拍应用程序保存的日志文件，每列出一个日志文件，就将其保存在 filePaths 数组中，实现代码如下。

Rec0803_15

```
1  void getListfiles() {
2    Future<Directory>tempDir =getApplicationDocumentsDirectory();
3    String tDir ='';
4    tempDir.then((dir) {
5      filePaths = [];
6      tDir =dir.path;
7      Directory('$tDir/notepad').exists().then((isExist) {
8        if (!isExist) {Directory('$tDir/notepad').create();}
                                           //如果不存在 notepad 目录,则需要创建
9      });
10     Directory('$tDir/notepad')
11         .list(recursive: false, followLinks: false)
12         .listen((FileSystemEntity entity) {
13       setState(() {
14         filePaths.add(entity.path);
15       });
16     });
17   });
18  }
```

② 读出文件内容并封装为 Note 对象。

根据存放文件列表的 filePaths 数组,以行方式分别读出日志文件内容,并调用 Note (title、content、category、picpath、dateTime)构造方法创建日志信息对象,添加至日志信息对象数组(listNotes)中。实现代码如下。

```
1   void getListNotes() async {
2     Note note;
3     listNotes = [];                              //日志对象数组
4     listExpanded = [];                           //收缩面板列表状态数组
5     for (int i = 0; i < filePaths.length; i++) {
6       File file = File(filePaths[i]);
7       await file.readAsLines().then((lists) {
8         note = Note(lists[0], lists[1], lists[2], lists[3], lists[4]);
9         setState(() {
10          listNotes.add(note);
11          listExpanded.add(false);   //默认收缩面板没有打开
12        });
13      });
14    }
15  }
```

③ 生成收缩面板列表项。

主页页面上的收缩面板列表项按照"【类别】标题"格式显示,单击列表项右侧的"∨"符号时,打开收缩面板,并显示该列表项对应日志信息的内容和照片。实现代码如下。

Rec0803_16

```
1   void createPanel(BuildContext context) {
2     listWidgets = [];
3     for (int i = 0; i < listExpanded.length; i++) {
4       Widget item = Column(children: <Widget>[
5         ExpansionPanelList(
6           children: [
7             ExpansionPanel(
8               headerBuilder: (context, isExpanded) {
9                 return ListTile(
10                  title: Text ('【' + listNotes[i].category + '】' + listNotes[i].
                        title));
11              },
12              body: Container(
13                height: MediaQuery.of(context).size.height * 0.6,
14                child: ListView(children: <Widget>[
15                  Column(children: <Widget>[
16                    Text(listNotes[i].content),
17                    Image.file(
18                      File(listNotes[i].picpath),
19                      width: MediaQuery.of(context).size.width * 0.8)
20                ])
```

```
21                 ])),
22              isExpanded: listExpanded[i],
23              canTapOnHeader: true
24           ) ],
25        expansionCallback: (panelIndex, isExpanded) {
26           setState(() {listExpanded[i] =! isExpanded;});
27        },
28        animationDuration: kThemeAnimationDuration,
29     )
30   ]);
31   listWidgets.add(item);
32  }
33 }
```

上述第 8～11 代码用于定义收缩面板处于收缩状态时显示的列表项；第 12～21 行代码用于定义收缩面板展开状态时显示的列表项内容（当前列表项对应日志信息的内容和照片）；第 25～27 行代码用于定义收缩面板状态改变时的回调事件。

实现主页页面功能模块的 HomeState 类的代码结构如下。

```
1  class HomeState extends State {
2    static List<String>filePaths =[];         //存放日志文件路径
3    static List<Note>listNotes =[];            //存放日志信息对象
4    static List<bool>listExpanded =[];         //存放收缩面板状态
5    static List<Widget>listWidgets =[];        //存放收缩面板列表项
6    //定义读出文件列表方法 getListfiles()
7    //定义读出文件内容，并组装成 Note 对象方法 getListNotes()
8    //定义生成收缩面板列表项目方法 createPanel()
9    @override
10   void initState() {
11     getListfiles();
12     getListNotes();
13   }
14   @override
15   Widget build(BuildContext context) {
16     createPanel(context);                    //生成收缩面板列表项
17     ListView listView =ListView(
18       children: listWidgets,
19     );
20     Widget body =(listWidgets.length ==0) ? Text('没有记录或正在加载......!') :
         listView;
21     return body;
22   }
23 }
```

上述第 10～13 行代码重写 initState() 方法表示主页页面初始化时首先需要读出日志文件列表和每个日志文件的日志信息，并封装为包含标题、类别、内容、照片存放路径和记录时间的日志对象，然后根据日志对象生成收缩面板列项。第 20 行代码表示如果存放收缩面板列项的数组长度为 0，即没有收缩面板列表项，则在主页页面上显示"没有记录或正在加载……！"。

（4）创建"拍一拍"页面。

由于"拍一拍"页面的部分内容会根据用户操作内容的变化而变化，所以该页面对应的 Take 类继承自 StatefulWidget 类。实现代码如下。

Rec0803_12

```
1  TextEditingController titleController =TextEditingController();    //标题控制器
2  TextEditingController categoryController =TextEditingController(); //类别控制器
3  TextEditingController contentController =TextEditingController();  //内容控制器
4  String picpath = '';                                                //照片文件存放路径
5  class Take extends StatefulWidget {
6    Note getNote() {
7      return Note(titleController.text, categoryController.text,
8          contentController.text, picpath, DateTime.now().toString());
9    }
10   @override
11   State createState() { return TakeState();}
12 }
```

上述第 6～9 行代码定义了 1 个 getNote() 成员方法，用于将"拍一拍"页面生成的 Note 对象传递到框架页面。单击顶部标题栏的"保存"图标时，可以保存 Note 对象。

"拍一拍"页面的功能模块由继承自 State 类的 TakeState 类实现，主要包括页面底部滑出的照片来源选项、标题和日志类别区域、照片显示区域和内容输入区域。

① 页面底部滑出的照片来源选项。

照片来源选项包括"拍照""从相册选择"和"取消"，"拍照"和"从相册选择照片"用第三方插件 image_picker 实现，每个选项用 ListTile 组件实现。实现代码如下。

```
1  void showBottom(context) {
2    showModalBottomSheet(
3        context: context,
4        builder: (context) {
5          return Container(
6              height: 200,
7              child: Column(children: <Widget>[
8                ListTile(
9                  title: Text('拍照', textAlign: TextAlign.center),
10                 onTap: () async {
11                   var image =await ImagePicker.pickImage (source: ImageSource.
                                                                       camera);
12                   setState(() {
13                     file =image;              //获得照相机拍的照片文件
14                     picpath =file.path;       //保存照片文件路径
15                   });
16                   Navigator.pop(context, image);
```

```
17                }),
18              Divider(),                               //选项间的分隔线
19              ListTile(
20                title: Text('从相册选择', textAlign: TextAlign.center),
21                onTap: () async {
22                    var image = await ImagePicker.pickImage(source: ImageSource.
                                                                        gallery);
23                    setState(() {
24                      file = image;
25                      picpath = file.path;
26                    });
27                    Navigator.pop(context, image);
28                }),
29              Divider(),
30              ListTile(
31                title: Text('取消', textAlign: TextAlign.center),
32                onTap: () {
33                    Navigator.pop(context, '取消');
34                })
35            ]));
36      });
37  }
```

② 标题和日志类别区域。

由图 8.17 可以看出，标题和日志类别区域由按行方向布局的 TextField 和 ListTile 组件组成。ListTile 组件的 title 属性值设置为 TextField 组件，用于显示选择的类别；trailing 属性值设置为 Icon 组件，用于显示向下的箭头图标，单击箭头图标时，弹出类别选择对话框。

Rec0803_13

首先需要创建存放"人物""生活""家庭""旅游"和"工作"等 5 种日志类别对话框选项的数组。实现代码如下。

```
1   List<Widget> getCategorys(BuildContext context, List<String> departs) {
2     List<Widget> selects = [];
3     for (int i = 0; i < departs.length; i++) {
4       selects.add(SimpleDialogOption(
5         onPressed: () {
6           Navigator.pop(context, departs[i]);
7         },
8         child: Text(departs[i]) ));
9     }
10    return selects;
11  }
```

上述第 1 行代码的 departs 参数表示定义的类别数组；第 4~8 行代码用 SimpleDialogOption 组件生成对话框选项，然后将其添加到对话框选项数组中，其中第 6 行代码表示单击选项后返回 departs 数组元素的值。

然后使用 SimpleDialog 组件创建类别选择对话框，实现代码如下。

```
1  SimpleDialog categoryDialog =
       SimpleDialog(title: Text('类别'), children: getCategorys(context,
                    categorys));
```

最后，按行方向布局标题和类别选择区域，实现代码如下。

```
1   Widget info =Row(children: <Widget>[
2       Container(
3           width: width * 0.6,
4           child: TextField(
5               decoration: InputDecoration(hintText: '输入标题'),
6               controller: titleController )),
7       Expanded(
8           child: ListTile(
9               dense: true,
10              title: TextField(
11                  decoration: InputDecoration(hintText: '选择类别'),
12                  controller: categoryController),
13              trailing: Icon(Icons.arrow_drop_down),
14              onTap: () {
15                  showDialog(
16                      context: context,
17                      builder: (context) =>categoryDialog).then((value) {
18                      setState(() {
19                          categoryController.text =value; });
20                  });
21              }))
22      ]);
```

上述第 2~6 行代码定义输入标题区域。第 7~21 行代码用于定义类别选择区域，其中第 14~20 行代码定义 ListTile 的单击事件。如果用户单击类别选择区域，则弹出类别选择对话框，并将类别选择对话框中选择的选项值显示在类别输入框中。

③ 照片显示区域。

如果存放照片文件的 file 为 null，则显示灰色背景，否则用 Image.file(file) 方法将照片显示在照片显示区域。如果用户单击照片区域，则从底部滑出照片来源选项。实现代码如下。

```
1       double height =MediaQuery.of(context).size.height;
2       double width =MediaQuery.of(context).size.width;
3       Widget photo =Container(
4         height: height / 3,
5         color: Colors.black12,
6         child: GestureDetector(
7           child: file ==null
8               ? Container(height: height / 3, color: Colors.black12)
9               : Image.file(file),
10          onTap: () {
```

```
11        setState(() {
12          showBottom(context);
13        });
14      })
15  );
```

④ 日志内容区域。

日志内容区域用于输入日志内容,直接用 TextField 输入框实现即可,实现代码如下。

```
1  Widget inputContent =Expanded(
2    child: TextField(
3      maxLines: 100,
4      controller: contentController),
5  );
```

实现主页页面功能模块的 TakeState 类的代码结构如下。

```
1  class TakeState extends State {
2    static List<String>categorys =['人物','生活','家庭','旅游','工作'];
3    File file;
4    String category ='';
5    //定义页面底部滑出的照片来源选项方法 showBottom()
6    //定义生成日志类别选项方法 getCategorys()
7    @override
8    Widget build(BuildContext context) {
9      //照片显示区域代码
10     //日志类别选择对话框代码
11     //照片显示区域代码
12     //日志内容输入框代码
13     return Padding(
14       padding: EdgeInsets.all(10),
15       child: Column(
16         children: <Widget>[photo, info, inputContent],
17     ));
18   }
19 }
```

(5) 创建"个人中心"页面。

由于"个人中心"页面的部分内容会根据用户选择的主题颜色变化而变化,所以"个人中心"页面对应的 Me 类继承自 StatefulWidget 类。该页面选择的主题颜色要传递给框架页面,用于设置主题颜色的 primarySwatch 属性值,所以在该源程序文件中创建了一个项目全局变量 colorMain。实现代码如下。

Rec0803_17

```
1  Color colorMain =Colors.red;        //设置默认主题颜色为 red
2  class Me extends StatefulWidget{
3    @override
```

```
4    State createState() { return MeState(); }
5  }
```

"个人中心"页面的功能模块由继承自 State 类的 MeState 类实现,主要生成"蓝色""红色""黄色""橙色"和"绿色"等 5 种颜色的 Card 对象。单击对应颜色的 Card 后,可以改变 colorMain 的值,实现代码如下。

```
1   class MeState extends State{
2    List<Color> colors=[Colors.blue, Colors.red, Colors.yellow, Colors.orange,
                        Colors.green];
3    List<String>colorNames=['蓝色','红色','黄色','橙色','绿色'];
4    List<Card>   cards=[];
5    @override
6    Widget build(BuildContext context) {
7      for (int i =0; i <5; i++) {
8       ListTile item =ListTile(
9         title: Text('主题色'),
10        subtitle: Text('单击更换主题色为'+ colorNames[i], style: TextStyle
                         (fontSize: 12,color: colors[i])),
11        trailing: Container(color: colors[i],width: 40,height: 40,),
12        onTap: () {
13          colorMain =colors[i];
14        });
15      Card card =Card(
16        margin: EdgeInsets.all(10),
17        child: item );
18      cards.add(card);
19     }
20     return ListView(children: cards,);
21    }
22  }
```

上述第 8～14 行代码用于创建一个 ListTile 组件,其中第 12～14 行代码表示单击 ListTile 后,将当前 ListTile 对应的颜色值赋予 colorMain 作为主题颜色;第 15～17 行代码创建一个包含 ListTile 对象的 Card。

8.4 实验室安全测试平台的设计与实现

高校实验室承担着各种实践教学和科学研究的任务,它既是培养具有实践能力和创新精神的高素质人才的重要基地,也是高校安全管理和事故防控的重点场所。为了提高实验者的安全意识和防控能力,设计一款实验室安全测试平台非常必要。本节利用 GridView 和 Tabbar 组件、sqflite 插件开发一个实验室安全测试应用程序,实验者进入实验室前,通过测试可以提高自己的实验室安全知识和操作技能,确保实验安全。

8.4.1 GridView 组件

GridView(网格布局)组件是一个可以将图标、文本等信息按多行多列方式布局的组件。其在移动端应用程序中应用的频率比较高,比如支付宝的"口碑"页面、今日头条的"我的"页面中的常用功能模块等。GridView 组件包含 GridView()、GridView.count()、GridView.extent()、GridView.builder()和 GridView.custom()5 种适用于不同应用场景的构造方法。

1 GridView()方法

GridView()方法与 ListView 组件的默认构造函数类似,但由于 GridView()方法创建的 GridView 组件会一次性全部渲染 children 中的所有子元素组件,所以该方法适用于有限个数子元素的应用场景。它的常用属性及功能说明如表 8-10 所示。gridDelegate 属性的作用是控制 GridView 中的子组件如何排列,该参数的数据类型为 SliverGridDelegate,它是一个抽象类,该类的 SliverGridDelegateWithFixedCrossAxisCount 和 SliverGridDelegateWithMaxCrossAxisExtent 两个子类可以由开发者直接使用。

表 8-10 GridView 组件的常用属性及功能

属性名	类型	功能说明
scrollDirection	Axis	设置网格布局中元素的可滚动方向。默认值为 vertical(垂直)
reverse	bool	设置网格布局中的元素是否可翻转摆放。默认值为 false
controller	ScrollController	设置网格布局的滚动监听控制器
cacheExtent	double	设置网格布局的预加载区域
gridDelegate	SliverGridDelegate	设置构造网络布局的委托者
children	List<Widget>	设置网格布局中承载的子元素数组

SliverGridDelegateWithFixedCrossAxisCount 类用于实现一个交叉轴为固定数量子元素的网格页面布局。它的构造方法原型代码如下。

```
1  SliverGridDelegateWithFixedCrossAxisCount({
2    @required double crossAxisCount,
3    double mainAxisSpacing = 0.0,
4    double crossAxisSpacing = 0.0,
5    double childAspectRatio = 1.0,
6  })
```

其中 crossAxisCount 用于设置交叉轴子元素的数量;mainAxisSpacing 用于设置主轴方向子元素间的间距;crossAxisSpacing 用于设置交叉方向子元素间的间距;childAspectRatio 用于设置子元素在交叉轴方向的长度和主轴方向的长度比值。

例如,实现图 8.19 所示的每行显示 3 列子元素、子元素宽高比为 1∶2.5、主轴方向和交叉轴方向子元素间距为 3 的垂直方向网格布局页面。

实现代码如下:

```
1  GridView gridView = GridView(
2      gridDelegate: SliverGridDelegateWithFixedCrossAxisCount(
```

```
3         mainAxisSpacing: 3,
4         crossAxisSpacing: 3,
5         crossAxisCount: 3,
6         childAspectRatio: 2.5),
7    children: <Widget>[
8      FlatButton(
9        color: Colors.yellow,
10        onPressed: () {},
11        child: Column(
12          children: <Widget>[Icon(Icons.shop), Text('商场')])
13      ),
14      //其他常用功能代码类似,此处略
15    ]
16  );
```

图 8.19 GridView 组件(1)

上述第 2～6 行代码用 SliverGridDelegateWithFixedCrossAxisCount 组件设置页面上每行显示 3 个常用功能,其中 childAspectRatio 属性指定每个常用功能对象的宽高比为 1∶2.5。

SliverGridDelegateWithMaxCrossAxisExtent 类用于实现一个交叉轴子元素为固定最大长度的网格页面布局。它的构造方法原型代码如下。

```
1  SliverGridDelegateWithMaxCrossAxisExtent({
2    @required this.maxCrossAxisExtent,
3    this.mainAxisSpacing =0.0,
4    this.crossAxisSpacing =0.0,
5    this.childAspectRatio =1.0,
6  })
```

maxCrossAxisExtent 属性用于设定子元素在交叉轴上的最大可能长度,但是交叉轴方向每个子元素的长度仍然等分。

2. GridView.count()

GridView.count()构造方法的 crossAxisCount 属性用于设置交叉轴方向子元素的个数。相当于该构造方法内部使用了 SliverGridDelegateWithFixedCrossAxisCount 类定义 GridView 的页面布局。实现图 8.19 的效果页面也可以使用如下代码。

```
1   GridView gridView = GridView.count(
2       mainAxisSpacing: 3,
3       crossAxisSpacing: 3,
4       crossAxisCount: 3,
5       childAspectRatio: 2.5,
6       children: <Widget>[
7         FlatButton(
8           color: Colors.yellow,
9           onPressed: () {},
10          child: Column(
11            children: <Widget>[Icon(Icons.shop), Text('商场')])
12        ),
13        //其他常用功能代码类似,此处略
14      ]
15  );
```

3 GridView.extent()

GridView.extent()构造方法的 maxCrossAxisExtent 属性用于设置子元素在交叉轴方向的最大可能长度。相当于该构造方法内部使用了 SliverGridDelegateWithMaxCrossAxisExtent 类定义 GridView 的页面布局。

例如,实现图 8.20 所示的子元素最大宽度为 110、宽高比为 1、主轴方向和交叉轴方向子元素间距为 3 的垂直方向网格布局页面。

图 8.20 GridView 组件(2)

实现代码如下。

```
1   GridView gridView = GridView.extent(
2       maxCrossAxisExtent: 110,
3       crossAxisSpacing: 3,
4       mainAxisSpacing: 3,
5       childAspectRatio: 1,
6       children: <Widget>[
7         FlatButton(
8           color: Colors.yellow,
9           onPressed: () {},
```

```
10          child: Column(
11            children: <Widget>[Icon(Icons.shop), Text('商场')]),
12      ),
13      //其他常用功能代码类似,此处略
14    ]
15  );
```

4 GridView.builder()

GridView.builder()构造方法用于动态创建子元素比较多的网格布局组件。该构造方法除了包含表 8-10 中的属性外,还有以下两个属性。

```
1  GridView.builder(
2    ...
3    @required IndexedWidgetBuilder itemBuilder,
4    int itemCount,
5  )
```

其中 itemBuilder 属性设置网络布局组件中包含的子元素构建器;itemCount 属性设置网络布局组件中最多可滚动显示的子元素数量。

例如,实现图 8.21 所示的每行显示 4 个子元素、宽高比为 1、主轴方向和交叉轴方向子元素间距为 3 的垂直方向网格布局页面。

图 8.21　GridView 组件(3)

实现代码如下。

```
1  GridView gridView =GridView.builder(
```

```
2        itemCount: 150,
3        gridDelegate: SliverGridDelegateWithFixedCrossAxisCount(
4            mainAxisSpacing: 3,
5            crossAxisSpacing: 3,
6            crossAxisCount: 4,
7            childAspectRatio: 1),
8        itemBuilder: (context, index) {
9          return Container(
10            alignment: Alignment.center,
11            color: Colors.yellow,
12            child: Text('第$index个文本块'));
13      });
```

8.4.2 顶部导航标签组件

目前,移动应用开发中的顶部导航标签是一个常用的功能,它由顶部的 Tab 标题和内容区域组成。Material 库中的 TabBar 组件用于定义 Tab 标题, TabBarView 组件用于定义内容区域,而顶部导航条标签的切换由 TabController 组件实现。

Rec0804_03

1 TabBar 组件

TabBar 组件用于定义顶部导航标签,它的常用属性及功能说明如表 8-11 所示。

表 8-11 TabBar 组件的常用属性及功能

属 性 名	类　　型	功 能 说 明
tabs	List<Widget>	设置标签内容,一般使用 Tab 对象
controller	TabController	设置标签的控制器 TabController 对象
isScrollable	bool	设置标签是否可滚动,默认值为 false
indicatorColor	Color	设置标签指示器颜色
indicatorWeight	double	设置标签指示器高度
indicatorPadding	EdgeInsetsGeometry	设置标签底部指示器的边距
indicator	Decoration	设置标签指示器 decoration 装饰器,如边框等
indicatorSize	TabBarIndicatorSize	设置标签指示器大小计算方式,值为 label 表示与文字等宽,值为 tab 表示每个 tab 等宽
labelColor	Color	设置选中标签的颜色
labelStyle	TextStyle	设置选择标签的样式
labelPadding	EdgeInsetsGeometry	设置标签的边距
unselectedLabelColor	Color	设置标签未选中时的颜色
unselectedLabelStyle	TextStyle	设置标签未选中时的样式

例如,定义图 8.22 所示的 Tab 标签代码如下。

```
1  TabBar tabBar =TabBar(
2      tabs: [
```

```
3        Tab(icon: Icon(Icons.child_care), text: '关注'),
4        Tab(icon: Icon(Icons.desktop_mac), text: '电器'),
5        Tab(icon: Icon(Icons.view_compact), text: '家具'),
6        Tab(icon: Icon(Icons.shopping_basket), text: '服装'),
7        Tab(icon: Icon(Icons.local_cafe), text: '生活'),
8    ],
9  );
```

图 8.22　顶部导航标签组件

2　TabBarView 组件

TabBarView 组件用于定义与标签联动的内容区域,它的常用属性及功能说明如表 8-12 所示。

表 8-12　TabBarView 组件的常用属性及功能

属性名	类型	功能说明
children	List<Widget>	设置内容区域元素
controller	TabController	设置内容区域的控制器 TabController 对象
dragStartBehavior	DragStartBehavior	设置处理内容区域拖动开始行为的方式,默认值为 start

例如,定义图 8.22 所示标签联动的内容区域代码如下。

```
1  TabBarView tabBarView =TabBarView(children: <Widget>[
2      Center(child: Text("这是关注的内容")),
3      Center(child: Text("这是电器的内容")),
4      Center(child: Text("这是家具的内容")),
```

```
5      Center(child: Text("这是服装的内容")),
6      Center(child: Text("这是生活的内容"))
7    ]);
```

3 TabController 组件

TabController 组件用来控制 TabBarView 和 Tab 同步，也就是单击了某个 Tab 后，可以同步显示对应的 TabBarView。TabController 组件由两种形式创建，一种是使用系统的 DefaultTabController；另一种是自定义一个实现 SingleTickerProviderStateMixin 接口的 TabController。在实际应用开发中，通常使用 DefaultTabController。

例如，实现图 8.22 所示的顶部导航标签的代码如下。

```
1   class _MyHomePageState extends State<MyHomePage> {
2    //定义 TabBar
3    //定义 TabBarView tabBarView
4    @override
5    Widget build(BuildContext context) {
6      return DefaultTabController(
7        length: 5,
8        child: Scaffold(
9          appBar: AppBar(
10           title: Text('购物'),
11           bottom: tabBar),
12         body: tabBarView),
13     );}
14   }
```

上述第 8～13 行代码使用系统的 DefaultTabController 实现 TabController 功能，其中 length 属性值与标签个数、对应内容区域相同。

8.4.3 sqflite 插件

Rec0804_04

sqflite 是 Flutter 开发框架提供的用于操作轻量级关系数据库——SQLite 的插件，它同时支持 Android 和 iOS 平台。使用 sqflite 插件时，需要打开 Flutter 项目中的 pubspec.yaml 文件，添加 sqflite 依赖，实现代码如下。

```
1   dependencies:
2     sqflite: ^1.3.0
```

1 数据类型

sqflite 插件支持 5 种数据类型：NULL、INTEGER、REAL、TEXT 和 BLOB。虽然 SQLite 数据库并不对字段值进行类型检查，但是进行数据处理时可能会报类型异常，所以应用程序开发中涉及数据库相关的操作时，要避免存储类型不一致的数据。5 种数据类型的说明如下。

（1）NULL：某一列不存储数据的时候，默认值是 NULL。

（2）INTEGER：Dart 语言中的 int 类型。

(3) REAL：Dart 语言中的 Number 类型，包含 int 和 double 类型。
(4) TEXT：Dart 语言中的 String 类型。
(5) BLOB：Dart 语言中的 Uint8List 类型。

2 常用数据库操作方法

(1) 获取数据库文件默认存放路径。

getDatabasesPath()方法用于异步获取数据库文件的默认存放路径，通过 then()方法注册将来完成时要调用的回调方法，实现代码如下。

```
1   void getDBPath(){
2     String dbPath='';
3     Future<String>path =getDatabasesPath();
4     path.then((value){
5       dbPath =value;
6       print('数据库默认存放路径:$dbPath');
7     });
8   }
```

上述代码用于获取应用程序中数据库文件的默认存放位置。在实际应用开发中，可以将数据文件存放在临时目录、文档目录或外部存储目录中。

(2) 初始化数据库。

openDatabase()方法用于初始化数据库，其原型代码如下。

Rec0804_05

```
1   Future<Database>openDatabase(String path,    //数据库文件路径
2       {int version,                            //版本号
3       OnDatabaseConfigureFn onConfigure,       //打开数据库时第一个回调方法
4       OnDatabaseCreateFn onCreate,
5       OnDatabaseVersionChangeFn onUpgrade,
6       OnDatabaseVersionChangeFn onDowngrade,
7       OnDatabaseOpenFn onOpen,
8       bool readOnly =false,
9       bool singleInstance =true})
```

path 参数用于指定数据库文件路径。version 参数用于指定数据库版本号，该版本号用于区别新旧数据库，比如在实际应用程序开发中，如果表的结构发生变化，就需要通过提高数据库版本号升级数据库，此时会回调 onUpgrade 参数定义的方法，该方法根据实际需要编写版本升级的逻辑功能代码。onConfigure 参数定义的方法在打开数据库时首先回调，该方法用于实现启用外键或日志记录预写等数据库初始化。onCreate 参数定义的方法在数据库不存在时才被调用，通常在该方法中可以同时创建数据库中包含的表。onUpgrade 参数定义的方法在未指定 onCreate 属性时调用，或数据库已经存在并且指定的版本号高于上一个数据库版本号时调用。onDowngrade 参数定义的方法只有当指定的版本号低于上一个数据库版本号时才调用。onOpen 参数定义的方法在设置数据库版本号之后并在 openDatabase()方法返回之前调用。readOnly 参数用于设定打开的数据库是否只读。singleInstance 参数用于设定是否根据给定路径返回单个数据库实例。

如果在 openDatabase()方法中设定了 version 属性，则可以调用 onCreate、onUpgrade 和

onDowngrade 设定的回调方法。尽管这些回调方法中的业务逻辑可以指定为覆盖多个场景，但它们是互斥的，根据上下文只能调用其中的一个。

例如，打开数据库文件默认路径下的 school.db 文件，如果该文件不存在，则创建该文件，同时创建一个 student 表，该表包含序号(id, INTEGER, 主键)；学号(xh, TEXT)；姓名(xm, TEXT)；年龄(age, INTEGER)；联系电话(tel, TEXT)和家庭住址(address, TEXT)。实现代码如下。

```
1   String dbPath = '';
2   Future<String> path = getDatabasesPath();
3   path.then((value) async {
4     dbPath = value;
5     db = await openDatabase(
6       '$dbPath/school.db',                    //数据库文件
7       version: 1,                             //版本号
8       onCreate: (Database db, int version) async {
9         await db.execute(
10          'CREATE TABLE student(id INTEGER PRIMARY KEY, xh TEXT, xm TEXT, age
                       INTEGER, tel TEXT, address TEXT)');
11      },
12    );
13  });
```

上述第 8~11 行代码定义了 onCreate 属性，如果默认数据库文件存放目录下的 school.db 文件不存在，则创建该数据库文件时同时创建 student 表。

（3）插入表记录。

① 插入表记录操作——rawInsert()方法的原型代码如下。

Rec0804_06

```
1   Future<int> rawInsert(String sql, [List<dynamic> arguments]);
```

sql 参数为一条可以使用占位符"?"表记录插入语句，arguments 参数为与占位符对应的 List 类型数据。rawInsert()方法返回当前所插入记录的记录号。

例如，向 student 表中插入(09090901, 李小红, 21, 13333333330, 江苏泰州)表记录，实现代码如下。

```
1   String sql = 'INSERT INTO student(xh, xm, age, tel, address) VALUES("09090901", "李
                   小红", 21, "13333333330", "江苏泰州")';
2   db.rawInsert(sql).then((id) {
3     print(id);                               //输出记录号
4   });
```

也可以使用占位符"?"实现表记录的插入，实现代码如下。

```
1   String sql = 'INSERT INTO student(xh, xm, age, tel, address) VALUES(?,?,?,?,?)';
2   List<dynamic> values = ['09090901', '李小红', 21, '13333333330 ', '江苏泰州'];
3   db.rawInsert(sql, values).then((id) {
```

```
4     print(id);
5   });
```

② 插入表记录操作——insert()方法的原型代码如下。

```
1   Future<int>insert(String table, Map<String, dynamic>values,
2       {String nullColumnHack, ConflictAlgorithm conflictAlgorithm});
```

table 参数为表名，values 参数为要添加的字段名和对应的字段值 Map 类型数据。例如，插入上述记录也可以使用如下代码。

```
1   Map<String,dynamic>maps={
        'xh':'09090901','xm':'李小红','age': 21,'tel':'13333333330 ,'address':
        '江苏泰州'};
2   db.insert('student', maps).then((id){
3     print(id);
4   });
```

（4）修改表记录。

① 修改表记录操作——rawUpdate()方法的原型代码如下。

Rec0804_07

```
1   Future<int>rawUpdate(String sql,[List<dynamic>arguments]);
```

sql 和 arguments 参数与 rawInsert()方法的参数说明一样。rawUpdate()方法返回修改的满足条件的记录总数。

例如，将 student 表中学号为"09090903"的年龄修改为 20、家庭住址修改为"江苏徐州"的实现代码如下。

```
1   List<dynamic>values = [20,'江苏徐州','09090903'];
2   String sql='UPDATE student SET age=?,address=? WHERE xh=? ';
3   db.rawUpdate(sql,values).then((count){
4     print(count);
5   });
```

② 修改表记录操作——update()方法的原型代码如下。

```
1   Future<int>update(String table,Map<String,dynamic>values,{String where,List
     <dynamic>whereArgs,ConflictAlgorithm conflictAlgorithm})
```

table 参数为表名，values 参数为要修改的字段名和对应的字段值 Map 类型数据，where 参数为带占位符"?"的条件（可以使用 AND 和 OR 关键字增加条件），whereArgs 参数为与占位符对应的值。例如，修改上例的记录内容也可以使用如下代码。

```
1   Map<String, dynamic>map ={'age': 20, 'address': '江苏徐州'};    //修改字段
2   String where ='xh=? ';                                           //修改条件
```

```
3   List<dynamic>whereArgs=['09090903'];                           //条件对应的值
4   db.update('student', map, where: where, whereArgs: whereArgs).then((count){
5     print(count);
6   });
```

（5）查询表记录。

① 查询表记录操作——rawQuery()方法的原型代码如下。

```
1   Future<List<Map<String,dynamic>>>rawQuery(String sql,[List
    <dynamic>arguments]);
```

Rec0804_08

sql 和 arguments 参数与 rawInsert()方法的参数说明一样。rawQuery()方法返回满足查询条件的记录所对应的 Map 类型数组，即类似"[{id：8，xh：09090903，xm：江水水，age：20，tel：13099999990，address：江苏徐州}]"格式的数据。

例如，从 student 表中查出学号为"09090903"的学生信息，可以使用如下代码。

```
1   List<dynamic>values=['09090903'];
2   String sql='SELECT * from student where xh =? ';
3   db.rawQuery(sql,values).then((infos){
4     print(infos);
5   });
```

② 查询表记录操作——query()方法的原型代码如下。

```
1    Future<List<Map<String, dynamic>>>query(String table,
2        {bool distinct,
3        List<String>columns,
4        String where,
5        List<dynamic>whereArgs,
6        String groupBy,
7        String having,
8        String orderBy,
9        int limit,
10       int offset});
```

table 参数为表名。distinct 参数用于设定查询结果是否去重。columns 参数用于设定要查询的字段。where 参数用于设定带占位符"?"的条件。whereArgs 参数设定 where 子句包含的占位符参数值。groupBy 参数用于设定分类汇总依据。having 参数用于设定对分类后的结果再进行过滤筛选的条件依据。orderBy 参数用于设定查询结果的排序依据（默认状态下为升序，可以在排序依据后用 DESC 关键字指定为降序）。limit 参数用于设定查询上限记录条数。offset 参数用于设定查询记录的偏移位。query()方法返回满足查询条件的记录所对应的 Map 类型数组，即类似"[{xm：江水水，age：20，address：江苏徐州}]"格式的数据。

例如，实现查询学号为"09090903"的学生姓名、年龄和联系电话，可以使用如下代码。

```
1   List<String>columns=['xm', 'age', 'address'];
```

```
2    String where = 'xh =? ';
3    List<dynamic>whereArgs =['09090903'];
4    db.query('student',columns: columns, where: where, whereArgs: whereArgs)
5    .then((infos) {
6       print(infos);
7    });
```

（6）删除表记录。

① 删除表记录操作——rawDelete()方法的原型代码如下。

```
1    Future<int>rawDelete(String sql, [List<dynamic>arguments]);
```

sql 和 arguments 参数与 rawInsert()方法的参数说明一样。rawDelete()方法返回满足删除条件的记录总数。

例如，删除 student 表中学号为"09090903"的学生记录的实现代码如下。

```
1    List<dynamic>values =['09090903'];
2    String sql ='delete  from student where xh =? ';
3    db.rawDelete(sql, values).then((count) {
4       print(count);
5    });
```

② 删除表记录操作——delete()方法的原型代码如下。

```
1    Future<int>delete(String table, {String where, List<dynamic>whereArgs});
```

table 参数为表名，where 参数用于设定带占位符"?"的条件，whereArgs 参数设定 where 子句包含的占位符参数值。

例如，删除 student 表中学号为"09090903"的学生记录，也可以用如下代码实现。

```
1    List<dynamic>values =['09090903'];
2    String where = 'xh =? ';
3    db.delete('student', where: where, whereArgs: values).then((count) {
4       print(count);
5    });
```

（7）关闭数据库。

使用完数据库对象之后，要在适当的时候关闭，实现代码如下。

```
1    db.close();
```

（8）获取数据库所有表。

创建的所有数据库中有一个 sqlite_master 表，该表保存了数据库包含的所有表名，实现代码如下。

```
1    List tables =await db.rawQuery('SELECT name FROM sqlite_master WHERE type =
               "table"');
```

```
2   List<String>tableLists =[];
3   tables.forEach((item) {
4     tableLists.add(item['name']);
5   });
6   print(tableLists);
```

上述第 1 行代码执行后,tables 的值为"[{name: android_metadata}, {name: student}, {name: sqlite_sequence}]"格式的 List<Map<String,dynamic>>类型数据。第 3～5 行代码用 forEach 迭代后,将表名存放到 tableLists 数组中。

(9) 删除数据库。

删除默认路径下的 school.db 数据库文件的代码如下。

```
1   String dbPath = await  getDatabasesPath();
2   await deleteDatabase(dbPath+'/school.db');
```

8.4.4 实验室安全测试平台的实现

1 需求描述

Rec0804_10

实验室安全测试平台应用程序包括选择安全测试题库类、根据选择的测试题库类进行不同类题型的测试和查看答案解析 3 个方面的功能。

启动实验室安全测试平台后,首先显示图 8.23 所示的题库选择页面,上面列出了"通识类""化学类""医学生物类""机械建筑类""电气类""辐射类""特种设备类"和"消防类"等 8 种题库;在该页面单击某个题库后,可以切换至测试页面,该页面显示了判断题和选择题的详细信息(包括题目内容、供选答案和标准答案)。

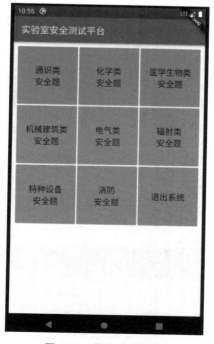

图 8.23　题库选择页面

进入测试页面后,单击顶部标题栏的"判断题",显示图 8.24 所示的"判断题"测试页面;单击顶部标题栏的"选择题",显示图 8.25 所示的"选择题"测试页面;在页面上选择答案后,可以自动判断正确或错误;如果答案正确,用黑色显示"你选的答案为: * "字符,否则用红色显示"你选的答案为: * "字符。单击页面上的"查看解析",会从页面底部弹出图 8.26 所示的答案解析内容。

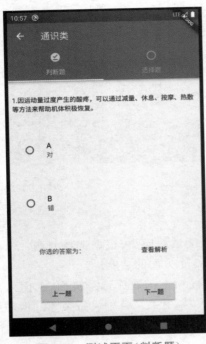
图 8.24　测试页面(判断题)

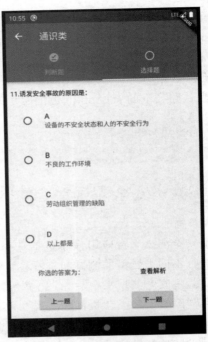
图 8.25　测试页面(选择题)

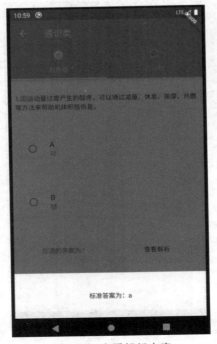
图 8.26　查看解析内容

2 设计思路

实验室安全测试平台应用程序包含题库选择页面和测试页面,页面的切换由页面跳转路由来实现。实验室安全测试平台可以选择"通识类""化学类""医学生物类""机械建筑类""电气类""辐射类""特种设备类"和"消防类"等 8 种类型的实验室安全测试题目,这些题目需要用一个包含 8 个数据表的数据库文件(SQLite 数据库),以资源文件的形式保存在项目中。

加载题库选择页面(Main)时,首先判断应用程序默认数据库文件存储目录中有没有存放实验室安全测试题目的数据库文件(school.db),如果没有,则将项目中的资源文件以数据库文件形式写到应用程序默认数据库文件的存储目录中;然后打开数据库文件;最后单击题库选择页面上的某个测试题库名称,将测试题库编号和数据库作为实参传递给测试页面。

加载测试页面(Exam)时,首先需要根据题库选择页面传递的测试题库编号,从对应的数据表中分别查询出判断题、选择题的详细信息,并按照图 8.24 和图 8.25 所示的页面样式布局;可以在页面上进行答案选择、翻阅上一题和下一题题目及查看解析等功能操作。

3 实现流程

(1) 准备工作。

在 pubspec.yaml 文件中添加 sqflite 插件,实现 SQLite 数据库操作,并单击编辑窗口右上角的"Packages get"按钮安装依赖。实现代码如下。

```
1  dependencies:
2    sqflite: ^1.3.0
```

(2) 数据库设计。

根据需求描述和设计思路分析,本案例项目的数据库文件(school.db)包含 8 个表,每个表对应一个题库类,如表 8-13 所示;每个题库类表的结构如表 8-14 所示。

表 8-13 实验室安全测试题库类表

编号	表名	题库名称	编号	表名	题库名称
0	tsl	通识类	4	dql	电气类
1	hxl	化学类	5	fsl	辐射类
2	yxswl	医学生物类	6	tzsbl	特种设备类
3	jxjzl	机械建筑类	7	xfl	消防类

表 8-14 表结构

字段名	字段类型	备注	字段名	字段类型	备注
tino	INTEGER	题目编号	tic	TEXT	选项 C
ticontent	TEXT	题目内容	tid	TEXT	选项 D
tia	TEXT	选项 A	tianswer	TEXT	标准答案
tib	TEXT	选项 B	titype	INTEGER	题型(1-判断题,2-选择题)

实验室安全测试题库的内容可以用 Excel 按照表结构的格式进行整理编辑,完成后再用专门管理 SQLite 数据库的软件(如 SQLiteStudio)将 Excel 格式的题库内容转换为 SQLite 格式的数据库文件(本案例为 school.db)。因为 SQLite 格式的数据库文件作为实验室安全测试

平台应用程序运行时的数据源文件,所以可以将数据库文件包含在应用程序的安装包中,安装应用程序时,会自动将数据库文件保存到移动终端设备的指定存放位置。

为了让安装的应用程序直接包含数据库文件,可以首先将数据库文件保存到项目的资源文件目录中,然后在应用程序首次运行时读出资源文件内容,并以写文件的方式将数据库文件写到移动终端设备的指定存放位置。本案例将 school.db 存放在项目的 assets/db 目录中,并在 pubspec.yaml 文件中用如下代码声明资源文件。

```
1  flutter:
2    assets:
3      -assets/db/school.db
```

(3) 题库选择页面

题库选择页面主要包含初始化数据库、初始化题库类别按钮组和题库选择网格页面 3 个功能模块。

① 定义初始化数据库方法。

启动实验室安全测试平台时,首先判断在应用程序的数据库文件默认存放位置是否有实验室安全测试题库 school.db 数据库文件。如果没有,则必须从项目的资源文件中读出文件内容,并写入到数据库文件默认的存放位置。实现代码如下。

Rec0804_11

```
1   Future<Database>initDB() async {
2     String path =await getDatabasesPath();         //获取数据库文件的默认存放位置
3     bool flag =await File('$path/school.db').exists();//判断 school.db 是否存在
4     if (!flag) {
5       File file =File('$path/school.db');
6       await rootBundle.load('assets/db/school.db').then((value) {
7         file.writeAsBytes(value.buffer.asUint8List());
8       });
9     }
10    return await openDatabase('$path/school.db');
11  }
```

上述第 4~9 行代码表示如果 school.db 文件不存在,首先在数据库的默认存放位置创建该文件,然后调用 rootBundle.load()方法,从项目的 assets/db 目录下读出 school.db 资源文件内容,并以 Bytes 格式写入到数据库默认存放位置的 school.db 文件中,最后调用 openDatabase()方法打开 school.db 数据库。

② 初始化题库类别按钮组方法。

单击题库类别按钮时,需要将按钮对应的题库表编号传递给测试页面,所以创建测试页面对应的 Exam 类时,必须使用页面间的数据传递。本案例项目中的题库类别按钮用 FlatButton 组件实现,FlatButton 按钮的个数由题库类别数组 types 决定,用 Navigator 导航组件和 MaterialPageRoute 路由组件实现单击按钮切换到测试页面(Exam)功能。实现代码如下。

```
1   void initFlatButton(types,context){
2     for (int i =0; i <types.length; i++) {
```

```
3       FlatButton flatButton = FlatButton(
4         color: Colors.blue,
5         child: Text(
6           types[i],
7           textAlign: TextAlign.center,
8           style: TextStyle(fontSize: 18)),
9         onPressed: () {
10          if (i < types.length - 1) {
11            Navigator.push(context, MaterialPageRoute(builder: (context) {
12              return Exam(
13                examId: i,                  //题库类别编号
14                db: initDB());              //数据库对象
15            }));
16          } else {
17            exit(0);
18          }
19        });
20      selects.add(flatButton);
21    }
22  }
```

上述第 3~19 行代码用于创建 FlatButton 组件,其中第 11~15 行代码表示单击对应的题库类按钮后切换到测试页面(含题库类别编号和数据库对象实参);第 16~18 行代码表示单击"退出"按钮调用 exit(0)方法后退出应用程序。第 20 行代码的 selects 用于存放页面上的 9 个 FlatButton。

③ 题库选择页面的实现。

题库选择页面首先定义题库类数组 types 和按钮数组 selectes,然后定义初始化数据库方法和初始化题库类别按钮组方法,最后用 GridView 组件定义网格页面。实现代码如下。

```
1   class MainPageState extends State<MainPage> {
2     List<String> types = [
3       '通识类\n安全题', '化学类\n安全题', '医学生物类\n安全题', '机械建筑类\n安全题',
4       '电气类\n安全题', '辐射类\n安全题', '特种设备\n安全题', '消防\n安全题', '退出系统'
5     ];
6     List<Widget> selects = [];              //保存按钮组
7     //初化数据库方法
8     //初始化题库类别按钮组
9     @override
10    Widget build(BuildContext context) {
11      initFlatButton(types, context);       //调用初始化题库类别按钮组
12      GridView gridView = GridView.count(
13        crossAxisCount: 3,
14        mainAxisSpacing: 3,
15        crossAxisSpacing: 3,
16        children: selects,
17      );
```

```
18      return Scaffold(
19        appBar: AppBar(
20          title: Text('实验室安全测试平台'),
21        ),
22        body: Padding(padding: EdgeInsets.all(10), child: gridView));
23    }
24  }
```

上述第12～17行代码定义每行显示3个FlatButton组件、每个组件之间的间距为3的网格页面。

(4) 测试页面。

由于测试页面的内容会根据用户操作内容的变化而变化,所以测试页面对应的Exam类继承自StatefulWidget类。实现代码如下。

```
1   int examNo;                                              //题库类别编号全局变量
2   Future<Database> studyDB;                                //数据库对象全局变量
3   class Exam extends StatefulWidget {
4     int examId;
5     Future<Database> db;
6     Exam({@required this.examId, @required this.db});      //Exam 构造方法
7     @override
8     State createState() {
9       examNo = this.examId;
10      studyDB = this.db;
11      return ExamState();
12    }
13  }
```

上述第6行代码定义1个带题库类别编号和数据库参数的构造方法;第9行代码用于获取题库选择页面(Main)传递的题库类别编号;第10行代码用于获取题库选择页面(Main)传递的数据库对象。

测试页面的功能模块由继承自State类的ExamState类实现,主要包括用TabBar、TabBarView和DefaultTabController组件实现的判断题和选择题的顶部导航标签页面。具体包括获取测试题库表、获取测试题目详细内容、生成测试题页面、创建顶部导航标签等4类子功能模块。

① 获取测试题库表。

测试页面加载题目前,首先根据用户在题库选择页面单击的题库类型,从school.db数据库中读出对应题库类别表中的内容。实现代码如下。

```
1   String examName() {
2     switch (examNo) {
3       case 0:
4         examType = 'tsl';                                   //题库类别表名
5         return '通识类';
6       case 1:
```

```
7            examType ='hxl';              //题库类别表名
8            return '化学类';
9        //其他类别代码类似,此处略
10       }
11   }
```

上述第 2 行代码的 examNo 变量为题库选择页面(Main)传递到测试页面(Exam)的 examId 参数值。

② 获取测试题目详细内容。

每一类测试题目包含判断题和选择题两种题型。为了方便地将不同的题型分别显示在不同的 Tab 页面上,获取测试题目详细内容时,需要依据表结构中的题型字段操作。实现代码如下。

```
1   void getJudgeDetail(String examType, String tiType) {
2       studyDB.then((vlaue) async {
3           Database db =vlaue;
4           List<dynamic>values =[tiType];
5           String sql ='SELECT * from $examType where titype=? ';
6           maps =await db.rawQuery(sql, values);
7           setState(() {
8               jtino =maps[0]['tino'];                //题目编号
9               jticontent =maps[0]['ticontent'];      //题目内容
10              jtia =maps[0]['tia'];                  //选项 A
11              jtib =maps[0]['tib'];                  //选项 B
12              jtic =maps[0]['tic'];                  //选项 C
13              jtid =maps[0]['tid'];                  //选项 D
14              jtianswer =maps[0]['tianswer'];        //标准答案
15          });
16      });
17   }
```

上述第 1 行代码的 examType 参数表示题库类别表名,tiType 参数表示题型(1-判断题,2-选择题);第 6 行代码表示将查询结果以 List<Map<String,dynamic>>数据格式存放在 maps 中;第 8~14 行代码表示在切换到测试页面时首先加载的是 maps 中的第 1 个对象,也就是第一道测试题的详细内容。

③ 生成测试页面。

根据图 8.24 和图 8.25 的显示效果,整个测试页面采用 Column 布局,用 Text 组件实现试题内容展示,用 RadioListTile 组件实现选项内容的展示和选 择功能,用 Text 组件实现用户答案展示,用 RaiseButton 组件实现"上一题"和"下一题"按钮 Rec0804_14 功能;用 FlatButton 组件实现"查看解析"按钮功能,用 showModalBottomSheet()方法实现页面底部弹出试题解析效果。具体实现时,判断题测试页面和选择题测试页面分开实现,下面列出判断题测试页面的详细代码。

```
1   Widget jdetail =Padding(
2       padding: EdgeInsets.all(8),
```

```
3        child: Column(
4            mainAxisAlignment: MainAxisAlignment.spaceAround,
5            crossAxisAlignment: CrossAxisAlignment.start,
6            children: <Widget>[
7              Text(jtino +'.' +jticontent),                     //试题内容
8              RadioListTile(                                    //选项A
9                value: 'a',
10               groupValue: jselected,
11               title: Text('A'),
12               subtitle: Text(jtia),
13               onChanged: (value) {
14                 setState(() {
15                   jselected =value;
16                 });
17             }),
18             //其他选项代码类似,此处略
19             Row(
20               mainAxisAlignment: MainAxisAlignment.spaceAround,
21               children: <Widget>[
22                 Text( '你选的答案为:$jselected',style: TextStyle(
23                     color: jselected ==jtianswer ? Colors.black : Colors.red)
24                 ),
25                 FlatButton(
26                   child: Text('查看解析'),
27                   onPressed: () {
28                     showModalBottomSheet(
29                       context: context,
30                       builder: (context) {
31                         return Container(
32                           alignment: Alignment.center,
33                           height: 100,
34                           child: Text('标准答案为:' +jtianswer));});
35                 })
36             ]),
37             Row(
38                 mainAxisAlignment: MainAxisAlignment.spaceAround,
39                 children: <Widget>[
40                   RaisedButton(
41                     child: Text('上一题'),
42                     onPressed: () {
43                       if (jindex >0) jindex--;
44                       setState(() {
45                         jselected ='';
46                         jtino =maps[jindex]['tino'];
47                         jticontent =maps[jindex]['ticontent'];
48                         //选项、答案内容显示代码类似,此处略
49                       });
```

```
50                     }),
51                 RaisedButton(
52                   child: Text('下一题'),
53                   onPressed: () {
54                     if (jindex < maps.length - 1) jindex++;
55                     setState(() {
56                         //与上一题按钮类似,此处略
57                     });
58                   })
59               ])
60           ])
61       );
```

选择题测试页面(sdetail)的实现代码与判断题测试页面的代码类似,这里不再赘述,读者可以参阅代码包 flutter_0808_lab 文件夹中的详细代码。

④ 创建顶部导航标签。

测试页面的顶部导航标签包含"判断题"和"选择题","判断题"标签对应的页面内容为创建的 jdetail 对象,"选择题"标签对应的页面内容为创建的 sdetail 对象。实现代码如下。

```
1   TabBar tabBar = TabBar(
2       tabs: <Widget>[
3         Tab(icon: Icon(Icons.offline_pin), text: '判断题'),
4         Tab(icon: Icon(Icons.panorama_fish_eye), text: '选择题')
5       ],
6       labelColor: Colors.yellow,
7   );
8   TabBarView tabBarView = TabBarView(children: <Widget>[jdetail, sdetail]);
9   DefaultTabController tabController = DefaultTabController(
10        length: 2,
11        child: Scaffold(
12          appBar: AppBar(
13            title: Text(examName()),    //题库类型,显示在标题栏
14            bottom: tabBar),
15          body: tabBarView),
16  );
```

⑤ 测试页面的实现。

加载测试页面时,首先根据题库选择页面选择的题目类型,从对应的测试题目表中分别获取判断题、选择题的详细内容。所以,在页面初始化 initState()方法中调用 examName()方法获得题库类表名称后,分别调用 getJudgeDetail()和 getSingleDetail()方法获得判断题和选择题试题集,最后按照页面布局的样式显示试题的相应内容。实现代码如下。

```
1   class ExamState extends State {
2       List<Map<String, dynamic>> maps = [];      //判断题数据
3       List<Map<String, dynamic>> smaps = [];     //选择题数据
4       String examType = 'tsl';                   //题库类表名称,默认通识类题库
```

```
5      int jindex = 0;                          //判断题当前索引
6      var jselected = '';                      //判断题用户答案
7      String jticontent = '';                  //判断题内容
8      String jtino = '';                       //判断题编号
9      String jtia = '';                        //判断题选项 A
10     String jtib = '';                        //判断题选项 B
11     String jtianswer = '';                   //判断题标准答案
12     //选择题详细内容变量与判断题类似,此处略
13     //获取测试题库表
14     //获取测试题目详细内容(判断题)
15     //获取测试题目详细内容(选择题)
16     @override
17     void initState() {
18       examName();
19       getJudgeDetail(examType, '1');         //判断题试题集
20       getSingleDetail(examType, '2');        //选择题试题集
21     }
22     @override
23     Widget build(BuildContext context) {
24       //生成测试页面(判断题)
25       //生成测试页面(选择题)
26       //创建顶部导航标签
27       return tabController;
28     }
29  }
```

8.5 天气预报系统的设计与实现

随着手机、平板电脑等移动终端设备的普及,用户对应用程序的需求也在不断增加。传统天气预报在时效性、功能性上已经不能满足用户的需要。本节利用 Form 和 TextFormField 组件、第三方 dio 网络请求插件开发一个能在线更新、方便快捷的城市天气预报应用程序。

8.5.1 表单组件

Form(表单)组件是一个可以包含一个或多个子元素的容器类组件,它的常用属性及功能说明如表 8-15 所示。TextFormField 组件是 Form 中常用于实现用户输入内容的组件,它既包括 TextField 组件的常用属性,也包括表 8-16 所示的其他常用属性。

表 8-15 Form 组件的常用属性及功能

属性名	类型	功能说明
key	Key	设置 Form 的 key 值
autovalidate	bool	设置 Form 是否自动校验输入内容
child	Widget	设置 Form 包含的子元素

续表

属 性 名	类　　型	功能说明
onWillPop	WillPopCallback	设置 Form 所在的路由是否可以直接返回,该回调返回一个 Future 对象,若 Future 对象最终值为 false,则当前路由不返回;否则返回到上一个路由
onChanged	VoidCallback	设置 Form 包含的任意子元素内容发生变化时的回调

表 8-16　TextFormField 组件的常用属性及功能

属 性 名	类　　型	功能说明
initialValue	String	设置 TextFormField 的初始值
autovalidate	bool	设置 TextFormField 是否自动校验输入内容
obscureText	bool	设置 TextFormField 是否显示密码
onSaved	FormFieldSetter<T>	设置 Form 调用 save()保存方法时的回调
validator	FormFieldValidator<String>	设置输入内容验证规则的回调

例如,实现图 8.27、图 8.28 所示的用户登录页面,并要求对输入的用户名和密码进行合法校验,其中用户名不能为空,密码包含的字符数不能少于 5。

图 8.27　登录页面(1)

图 8.28　登录页面(2)

1 定义变量

对表单的操作需要定义 1 个表单 Key 变量和 1 个表单状态变量。对表单中输入的用户名和密码,需要定义 2 个 String 类型的变量,实现代码如下。

```
1    GlobalKey _formKey =new GlobalKey<FormState>();        //表单 Key
2    FormState formState = _formKey.currentState;           //表单状态
3    String _name = '';                                     //用户名
4    String _pwd = '';                                      //密码
```

2 定义表单

表单中的用户名和密码输入框可以用 TextFormField 组件实现,"确定"和"重置"按钮可以用 RaiseButton 组件实现。定义表单的代码如下。

```
1    Form form =Form(
2        key: _formKey,
```

```
3        child: Column(children: <Widget>[
4          TextFormField(
5            onSaved: (value) {
6              _name =value;
7            },
8            decoration: InputDecoration(
9              labelText: '用户名',
10           ),
11           validator: (value) {
12             return value.trim().length >0 ? null : '用户名不能为空';
13           }),
14         TextFormField(
15           obscureText: true,
16           onSaved: (value) {
17             _pwd =value;
18           },
19           decoration: InputDecoration(
20             labelText: '密码',
21           ),
22           validator: (value) {
23             return value.trim().length >5 ? null : '密码不能少于5个字符';
24           }),
25         Row(
26           mainAxisAlignment: MainAxisAlignment.spaceAround,
27           children: <Widget>[
28             RaisedButton(
29                child: Text('确定'),
30                onPressed: () {
31                  if (formState.validate()) {
32                    formState.save();              //保存表单
33                    print('你输入的用户名$_name;密码$_pwd');
34                  }
35                }),
36             RaisedButton(
37                child: Text('重置'),
38                onPressed: () {
39                  formState.reset();               //重置表单
40                })
41           ])
42        ]));
```

上述第5~7行代码和16~18行代码表示在表单执行save()方法时调用;第11~13行代码用于定义用户名校验规则,即当输入框中输入字符的长度不大于0时,在页面上显示"用户名不能为空"的校验信息;第22~24行代码用于定义用户密码校验规则,即当输入框中输入字符的长度不大于5时,在页面上显示"密码不能少于5个字符"的校验信息;第31~34行代码表示单击"确定"按钮时,如果表单校验成功,则调用表单的save()方法,并输出用户名和密码。

8.5.2 flutter_webview_plugin 插件

Rec0805_02

Flutter 开发框架本身并没有集成加载网页内容的 webview 组件。如果应用程序中需要使用本地 webview,则需要借助第三方插件 flutter_webview_plugin 来实现。flutter_webview_plugin 插件包含 WebviewScaffold 和 FlutterWebviewPlugin 两个重要组件,WebviewScaffold 组件用于在页面上显示一个 webview,并加载 URL,FlutterWebviewPlugin 组件可以提供一个链接到唯一 webview 的单一实例,通过该组件可以在应用程序的任何地方控制 webview。FlutterWebviewPlugin 组件的常用方法及功能如表 8-17 所示,WebviewScaffold 组件的常用属性及功能如表 8-18 所示。

表 8-17 FlutterWebviewPlugin 组件的常用方法及功能

方 法 名	返回值类型	功能说明
reload	Future<Null>	重新加载页面
goBack	Future<Null>	返回前一个加载页面
canGoBack	Future<bool>	检查是否可以返回前一个页面
canGoForward	Future<bool>	检查是否可以返回后一个页面
goForward	Future<Null>	返回后一个加载页面
hide	Future<Null>	隐藏当前加载的页面
show	Future<Null>	显示当前隐藏的页面
clearCache	Future<Null>	清除浏览器缓存
reloadUrl	Future<Null>	重新加载 url 参数指定的页面
close	Future<Null>	关闭加载页面
cleanCookies	Future<Null>	清除加载页面的 Cookies
stopLoading	Future<Null>	停止加载当前进程
resize	Future<Null>	设置 rect 参数指定的 webview 窗口大小

表 8-18 WebviewScaffold 组件的常用属性及功能

属 性 名	类 型	功能说明
appBar	PreferredSizeWidget	设置 webview 的顶部标题栏
url	String	设置 webview 窗口加载的页面 url
withJavascript	bool	设置是否运行 JavaScript
clearCache	bool	设置是否清除 Cache
clearCookies	bool	设置是否清除 Cookies
withLocalStorage	bool	设置是否本地存储
scrollBar	bool	设置 webview 窗口是否带滚动条

下面以实现图 8.29 所示的浏览器为例,介绍 flutter_webview_plugin 插件的使用方法。

从图 8.29 可以看出,在顶部标题栏输入网址后,单击"▶"表示加载页面,单击"C"表示刷新页面。实现步骤如下。

图 8.29　浏览器

1　添加 flutter_webview_plugin 插件

在 pubspec.yaml 文件中添加 flutter_webview_plugin 插件,并单击编辑窗口右上角的"Packages get"按钮安装依赖。实现代码如下。

```
1  dependencies:
2    flutter_webview_plugin: 0.3.11
```

2　定义变量

```
1  static GlobalKey _formKey =new GlobalKey<FormState>();        //定义表单 Key
2  static String _url ='https://www.163.com';                    //定义默认网址
3  static OutlineInputBorder outlineInputBorder =OutlineInputBorder(
4      borderSide: BorderSide(color: Colors.yellow, width: 2));  //定义输入框样式
5  static FlutterWebviewPlugin flutterWebviewPlugin =FlutterWebviewPlugin();
                                                                 //定义插件
```

3　定义表单

图 8.29 最上方为浏览器的地址栏,该地址栏由 TextFormField 组件实现,并用 decoration 属性设置了 TextFormField 输入框的格式,实现代码如下。

```
1  Form form =Form(
2      key: _formKey,
3      child: Container(
```

```
4          height: 50,
5          child: TextFormField(
6              initialValue: _url,                    //浏览器默认网址
7              onSaved: (value) {
8                  _url =value;
9              },
10             decoration: InputDecoration(
11                 hintText: '请输入网址',
12                 enabledBorder: outlineInputBorder,focusedBorder:
                   outlineInputBorder),
13             )),
14             validator: (value) {
15                 return value.trim().length >0 ? null : '网址不能为空';
16             }
17     );
```

上述第14~16行代码用于校验浏览器地址栏输入的网址,如果地址栏中没有输入网址,则显示"网址不能为空"的提示信息。

4 定义"确定"和"刷新"按钮

在FlatButton组件上用"▶"表示确定按钮、用"C"表示刷新按钮,实现代码如下。

```
1   FlatButton btnOk =FlatButton(
2      child: Icon(
3        Icons.arrow_right,
4        color: Colors.yellow,
5        size: 50 ),
6      onPressed: () {
7        FormState formState = _formKey.currentState;
8        if (formState.validate()) {
9          formState.save();
10         flutterWebviewPlugin.reloadUrl(_url);
11       }
12  });
13  FlatButton btnRefresh =FlatButton(
14     child: Icon(
15        Icons.refresh,
16        color: Colors.yellow,
17        size: 30 ),
18     onPressed: () {
19        flutterWebviewPlugin.reload();
20  });
```

上述第1~12行代码用于定义"确认"按钮,如果地址栏网址不为空,调用FlutterWebviewPlugin对象的reloadUrl(_url)方法重新加载_url参数指定的页面内容。第13~20行代码用于定义"刷新"按钮,调用FlutterWebviewPlugin对象的reload()方法重新加载当前页面。

5 重写 build()方法

```
1  Widget build(BuildContext context) {
2    return WebviewScaffold(
3      url: _url,
4      appBar: AppBar(
5        title: form,
6        actions: <Widget>[btnOk, btnRefresh],
7      )
8    );
9  }
```

上述第 2 行代码返回一个 WebviewScaffold 对象，该对象即为呈现在页面上由 url 属性指定网址的网页内容。第 4~7 行代码定义呈现在页面顶部标题栏的浏览器地址栏、"确定"和"刷新"按钮。

8.5.3　http 网络请求

http 网络请求是应用程序开发中比较常用和重要的功能，主要实现网络资源的访问、接口数据的请求和提交、文件的上传和下载等操作。Http 请求有 GET、POST、HEAD、PUT、DELETE、TRACE、CONNECT 和 OPTIONS 等 8 种方式，其中 GET 和 POST 是最常用的两种方式。

1　GET 方式

GET 方式用于从指定资源请求数据，并返回文档主体（Body）内容。由于该方式把请求的一些参数信息拼接后，通过 URL 请求方式传递给服务器，然后由服务器端进行参数信息解析，最后返回相应的资源给用户，所以这种方式在提交数据时可能会带来安全性的问题。另外，该方式请求可被缓存，可保留在浏览器历史记录中，可被收藏为书签，并且 GET 请求拼接的 URL 数据大小和长度有最大限制（一般限制为 2KB）。

2　POST 方式

POST 方式用于向指定资源提交要处理的数据，例如提交表单或上传文件等，所以该方式可以携带很多数据。由于该方式传递的数据和参数不是直接拼接在 URL 中，而是放在 Http 请求的主体（Body）中，所以该方式请求不会被缓存，不会保留在浏览器历史记录中，不能被收藏为书签，相对 GET 方式来说是比较安全的，并且传递的数据大小和格式没有限制。

3　HEAD 方式

HEAD 方式主要用于向请求的客户端返回头信息（Head），而不是返回主体（Body）内容。该方式的使用方法与 GET 方式类似，由于只返回头信息（Head），所以该方式主要用于确认 URL 的有效性和资源更新的日期时间等。

4　PUT 方式

PUT 方式主要用于执行传输文件的操作，类似于 FTP（文件上传），该请求包含文件内容，并将文件保存到 URI 指定的服务器位置。如果 PUT 方式的前后两个请求相同，则后一个请求会覆盖前一个请求，即实现 PUT 方式修改资源；如果 POST 方式前后两个请求相同，则后一个请求不会覆盖前一个请求，即实现 POST 方式增加资源。

5　DELETE 方式

DELETE 方式主要用于告诉服务器要删除的资源，并执行删除指定资源的操作。

6 TRACE 方式

TRACE 方式主要用于执行追踪传输路径的操作。例如,每发起一个 Http 请求,在这个过程中该请求可能会经过很多个路径和过程,TRACE 方式就是告诉服务器在收到请求后返回一条响应信息,并将它收到的原始 Http 请求信息返回给客户端。

7 CONNECT 方式

CONNECT 方式主要就是执行连接代理操作。例如,翻墙软件的客户端通过 CONNECT 方式与服务器建立通信隧道,进行 TCP 通信,这种通信主要通过 SSL 和 TLS 安全传输数据。CONNECT 方式也就是告诉服务器代替客户端去请求访问某个资源,然后再将数据返回给客户端,相当于一个媒介中转。

8 OPTIONS 方式

OPTIONS 方式主要用于执行查询针对所要请求的 URI 资源服务器所支持的请求方式,即获取所要请求的 URI 支持客户端提交给服务器端的有哪些请求方式。

Flutter 的 http 网络请求的实现主要分为 3 种：HttpClient、原生 http 请求库、第三方 dio 请求库。

8.5.4 HttpClient

HttpClient 是 Dart SDK 中提供的实现 http 网络请求的接口类,用于在客户端发送 http 请求,使用 HttpClient 之前,需要用"import 'dart:io';"语句导入 io.dart 包。HttpClient 接口类包含一组方法,用于发送 HttpClientRequest 到 http 服务器,并接收 HttpClientResponse 作为服务器的响应。HttpClient 的常用方法及功能如表 8-19 所示。

表 8-19　HttpClient 的常用方法及功能

方法名	返回值类型	功能说明
get(String host, int port, String path)	Future<HttpClientRequest>	用 GET 方式打开一个 http 连接
getUrl(Uri url)	Future<HttpClientRequest>	用 GET 方式打开一个 http 连接
post(String host, int port, String path)	Future<bool>	用 POST 方式打开一个 http 连接
postUrl(Uri url)	Future<bool>	用 POST 方式打开一个 http 连接

HttpClient 实现 http 或 https 请求的步骤如下。

① 新建 HttpClient 对象,通过表 8-19 中的方法获取 HttpClientRequest。

② 通过 HttpClientRequest.close() 方法发起 Http 请求,并获取 HttpClientResponse。

③ 由于 HttpClientResponse 是一个 Stream 对象,所以需要通过 Utf8Decoder 解码(需用 "import 'dart:convert';"语句导入 convert.dart 包)。解码后由 join() 方法将其转换为 String 对象,即输出 HttpClientResponse 对象的字符串。

④ 关闭 HttpClient。

例如,定义一个用 GET 方式打开指定 url 的 http 连接的方法,并将该连接返回的内容更新到页面上。实现代码如下。

```
1   void getRequest(String url) async {
2       var httpClient = HttpClient();                      //新建 HttpClient 对象
```

```
3      var request = await httpClient.getUrl (Uri.parse(url));
                                         //用 GET 方式获取 HttpClientRequest
4      var response = await request.close();//发起 Http 请求获取 HttpClientResponse
5      if (response.statusCode ==200) {        //请求成功
6        var responseBody = await response.transform(utf8.decoder).join();
7        setState(() {
8          info = responseBody;                //更新页面内容
9        });
10       //parserJson(responseBody,'rows');    //解析 JSON 格式数据
11     }
12   }
```

上述第 3 行代码调用 getUrl()方法,表示以 GET 方式向指定的 url 发起 http(Https)请求,如果需要以 POST 方式发起 http(Https)请求,可以使用表 8-19 中的 getUrl()方法;第 10 行代码调用了一个解析 JSON 格式数据的自定义方法 parserJson();parserJson()方法的定义和使用可以参见下文。

如果 url 的值为"https://www.nnutc.edu.cn",则显示图 8.30 所示的 HTML 格式数据,这种格式的数据在移动端应用开发的 url 请求中很少使用。如果 url 的值为"https://qianming.sinaapp.com/index.php/AndroidApi10/index/cid/qutu/lastId/",则显示图 8.31 所示的 JSON 格式数据,这种格式的数据在移动端应用开发的 url 请求中经常使用,并且通常需要对 JSON 格式数据进行解析后显示移动端页面上。

图 8.30 HttpClient 网络请求显示效果(1)

图 8.31 HttpClient 网络请求显示效果(2)

JSON 格式数据通常由多个属性域组成。例如,图 8.31 所示 url 请求返回的 JSON 格式数据包含"totalRow"和"rows"两个 Key(键名),而"rows"键对应多个数组元素值,每个数组元素又由多个表 8-20 所示的属性域组成。

第 8 章 数据存储与访问

表 8-20　JSON 格式的数据属性域

属性名	说　　明	属性名	说　　明
id	编号	title	标题
pic	配图 url	cate_id	类别代码
pic_h	图片高度	pic_w	图片宽度
uname	用户名	uid	用户编号

例如，解析图 8.31 所示的 JSON 格式数据，并将 "title" 属性值用 ListTile 组件封装后，由 ListView 组件显示在页面上，可以按如下两个步骤实现，运行效果如图 8.32 所示。

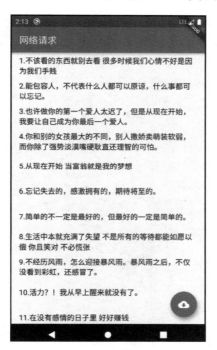

图 8.32　解析 JSON 格式数据显示效果

（1）自定义解析 JSON 格式数据的方法

```
1    void parserJson(var responseBody,String colName) {
2      List<Widget> lists = [];
3      var infos = jsonDecode(responseBody)[colName];
4      setState(() {
5        for (int i = 0; i < infos.length; i++) {
6          int j = i + 1;
7          ListTile listTile = ListTile(
8            title: Text('$j.' + infos[i]['title']),
9            onTap: () {
10             //单击 ListTile 事件;
11           });
12         lists.add(listTile);
```

```
13      }
14      listView =ListView( children: lists );
15    });
16  }
```

上述代码的 parserJson()方法中定义的参数 responseBody 表示 Http 请求返回值,参数 colName 表示返回值中要解析的键名(Key)。第 3 行代码表示将 responseBody 的 colName 键对应的值解析后存放在 infos 数组中。第 5~13 行代码表示将解析后 infos 数组中的"title" 属性域的值用 ListTile 组件显示。

(2) 创建继承自 State 的 MyHomePageState 类

```
1   class _MyHomePageState extends State<MyHomePage>{
2     ListView listView =null;
3     String info ='';
4     //定义 getRequest(String url) 方法,代码如上文,此处略
5     //定义 parserJson(var responseBody,String colName)方法,代码如上文,此处略
6     @override
7     Widget build(BuildContext context) {
8       return Scaffold(
9         appBar: AppBar( title: Text('网络请求') ),
10        body: listView,
11        floatingActionButton: FloatingActionButton(
12          onPressed: () {
13  getRequest('https://qianming.sinaapp.com/index.php/AndroidApi10/index/cid/qutu/lastId/');
14          },
15          child: Icon(Icons.cloud_download),
16        ));
17    }
18  }
```

上述第 13 行代码表示调用 getRequest()方法发起 Https 请求,在该请求方法中再调用 paserJson()方法,将请求返回的 JSON 格式数据解析后实例化 ListView 组件,并显示在页面上。

8.5.5 原生 http 请求库

原生 http 请求库支持的 http 请求比较全面,既可以实现 HTML 格式数据和 JSON 数据的传输,也可以实现文件的上传和下载等操作。使用原生 http 请求库,首先需要打开 Flutter 项目中的 pubspec.yaml 文件,并用如下代码添加 http 依赖;然后用"import 'package:http/http.dart' as http;"语句导入 http.dart 包。

```
1   dependencies:
2     http: ^0.12.1
```

http 的常用方法及功能如表 8-21 所示。

表 8-21　http 的常用方法及功能

方法名	返回值类型	功能说明
get(dynamic url, {Map<String, String> headers})	Future<Response>	用 GET 方式打开一个 http 连接；url 表示请求地址，headers 表示请求头
post(dynamic url, {Map<String, String> headers, dynamic body, Encoding encoding})	Future<Response>	用 POST 方式打开一个 http 连接；url 表示请求地址，headers 表示请求头，body 表示请求参数，encoding 表示请求编码

例如，同样实现图 8.30 的效果，用原生 http 请求库定义一个打开指定 url 的 http 连接的方法，并将该连接返回的内容更新到页面上。实现代码如下。

```
1   void getData(var url) async {
2     var result = await http.get(url);
3     if (result.statusCode == 200) {
4       setState(() {
5         infos = result.body;          //更新页面内容
6       });
7       //parserJson(infos, 'rows');    //解析 JSON 格式数据
8     }
9   }
```

上述第 7 行代码表示如果请求的 url 连接返回的内容为 JSON 格式数据，则可以调用上例中定义的解析 JSON 格式数据的方法，将需要的内容显示在页面上。读者可以根据实际情况自行扩展本示例的功能。

原生 http 请求库请求的 url 连接也可以带参数。例如，用参数 url 表示要请求的 http 连接地址，参数 body 表示请求连接时需要传递的实参。实现代码如下。

```
1   void postData(var url, var body) async {
2     var result = await http.post(url, body: body);
3     if (result.statusCode == 200) {
4       setState(() {
5         infos = result.body;
6       });
7     }
8   }
```

"http://www.webxml.com.cn/"是一个永久免费的 Web 服务网站，下面以该网站提供的中英文双向翻译为例介绍调用 postData()方法。实现代码如下。

```
1   var url = 'http://fy.webxml.com.cn/webservices/EnglishChinese.asmx/
    TranslatorString;
2   Map<String, String> bodyParams = new Map();
3   bodyParams["wordKey"] = "china";
4   postData(url, bodyParams);
```

上述第 2～3 行代码用 Map 对象封装调用中英文双向翻译 Web 服务的参数 wordKey，并

指定该参数的值为"china",运行后的页面显示效果如图 8.33 所示。图 8.33 显示的内容为 xml 格式数据,解析 xml 格式数据首先用"import 'package:xml/xml.dart' as xml;"语句导入 xml.dart 包,然后用 xml 的 parse(String s)方法将字符串 s 转换为 XmlDocuments 对象, XmlDocuments 的常用方法及功能如表 8-22 所示。

图 8.33 http 请求返回 xml 格式数据显示效果

表 8-22 XmlDocuments 的常用方法及功能

方法名	返回值类型	功能说明
findElements(String name, {String namespace})	Iterable<XmlElement>	按 XML 格式文档顺序返回带有指定标记"name"的直接子元素
findAllElements(String name, {String namespace})	Iterable<XmlElement>	按 XML 格式文档顺序递归返回带有指定标记"name"的子元素

因此,实现原生 http 请求并解析 xml 格式数据的代码如下。

```
1   void postData(var url, var body) async {
2     var result = await http.post(url, body: body);
3     xml.XmlDocument document = xml.parse(result.body);
4     List lists = [];
5     document.findAllElements('string').map((e) {
6       lists.add(e.text);              //将子元素的值添加到数组中
7     }).toList();
8     if (result.statusCode == 200) {
9       setState(() {
10        infos = lists[3];
11      });
```

```
12      }
13  }
```

上述第 10 行代码表示将 lists 数组中下标为 3 的元素内容显示在页面上,即将翻译的内容显示在页面上。

8.5.6　第三方 dio 请求库

Rec0805_05

Flutter 第三方库有很多可以实现 http 网络请求。例如国内开发者开发的 dio 库,dio 支持 Restful API、FormData、拦截器、请求取消、Cookie 管理、多个文件上传/下载和并发请求等复杂的操作。使用第三方 dio 请求库首先需要打开 Flutter 项目中的 pubspec.yaml 文件,并用如下代码添加 dio 依赖;然后用"import 'package:dio/dio.dart';"语句导入 dio.dart 包。

```
1  dependencies:
2      dio: ^3.0.9
```

dio 的常用方法及功能如表 8-23 所示。

表 8-23　dio 的常用方法及功能

方 法 名	返回值类型	功能说明
get (String path, {Map < String, dynamic > queryParameters, Options options, CancelToken cancelToken, ProgressCallback onReceiveProgress, })	Future<Response>	用 GET 方式打开一个 http 连接;path 表示请求地址,queryParameters 表示请求参数,options 表示请求配置,cancelToken 表示取消 Token 回调事件,onReceiveProgress 表示请求接收中回调事件
post(String path, {data, Map<String, dynamic > queryParameters, Options options, CancelToken cancelToken, ProgressCallback onSendProgress, ProgressCallback onReceiveProgress, })	Future<Response>	用 POST 方式打开一个 http 连接;path 表示请求地址,data 表示要传递的 FormData 数据,queryParameters 表示请求参数,options 表示请求配置参数,cancelToken 表示取消 Token 回调事件,onReceiveProgress 表示请求接收中回调事件
download (String urlPath, savePath, { ProgressCallback onReceiveProgress, Map<String, dynamic> queryParameters, CancelToken cancelToken, bool deleteOnError = true, String lengthHeader = Headers. contentLengthHeader, data, Options options, })	Future<Response>	默认用 GET 方式打开一个 http 连接,并下载文件保存到本地;urlPath 表示请求地址,savePath 表示本地地址,onReceiveProgress 表示监听正在下载的回调事件,queryParameters 表示请求参数,cancelToken 表示取消 Token 回调事件,lengthHeader 表示原始文件的大小,data 表示要传递的 FormData 数据,options 表示请求配置参数

例如,同样实现图 8.30 的效果,用第三方 dio 请求库定义一个打开指定 url 的 http 连接的方法,并将该连接返回的内容更新到页面上,实现代码如下。

```
1  void getData(var url) async {
2      Dio dio =Dio();
3      var response =await dio.get(url);
4      if (response.statusCode ==200) {
```

```
5      setState(() {
6        info = response.data;
7      });
8    }
9  }
```

第三方 dio 请求库请求的 url 连接也可以带参数。例如，用参数 url 表示要请求的 http 连接地址，参数 pars 表示请求连接时需要传递的实参。实现代码如下。

```
1  void getDataPars(var url, var pars) async {
2    Dio dio = Dio();
3    var response = await dio.get(url, queryParameters: pars);
4    if (response.statusCode == 200) {
5      setState(() {
6        info = response.data;
7      });
8    }
9  }
```

此处仍然以"http://www.webxml.com.cn/"网站提供的中英文双向翻译为例介绍调用 getDataPars() 方法。实现代码如下。

```
1  var url = "http://fy.webxml.com.cn/webservices/EnglishChinese.asmx/
     TranslatorString";
2  var pars = {"wordKey": '中国'};
3  getDataPars(url, pars);
```

上述第 2 行代码用 pars 对象封装调用中英文双向翻译 Web 服务的参数 wordKey，并指定该参数的值为"china"，运行后显示图 8.33 所示的 xml 格式数据。解析 xml 数据的方法与原生 http 请求中解析 xml 格式数据的代码完全一样，这里不再赘述。

8.5.7 案例：天气预报系统的实现

Rec0805_06

1 需求描述

天气预报应用程序一旦启动加载，就会将当前设定城市的当日天气详细信息和未来三天的天气状况信息显示在页面的对应位置；用户可以输入要查看天气预报的城市名称，应用程序页面显示的所有天气信息会自动更新到对应城市。

启动天气预报系统后，首先显示图 8.34 所示的天气预报页面，上面列出了当日天气的详细信息、未来三天的天气状况。当日天气详细信息包括气温、天气现象、紫外线强度、湿度和相关的生活指数；未来三天的天气状况包括日期、天气现象图例、天气现象和气温范围。

单击标题栏右侧的"设置"图标，图 8.34 底部弹出图 8.35 所示的城市名称输入框，用户在输入框中输入城市名称，并单击"确定"按钮后，页面上显示的天气信息会根据输入的城市名称自动更新。

2 设计思路

为了保证天气预报系统应用程序使用的方便性和趣味性，本系统仅包含一个图 8.34 所示

图 8.34　天气预报页面　　　　　　图 8.35　输入城市弹出框

的天气预报信息展示页面，该展示页面的背景图片通过一个 Url 获取必应的每日一图进行设置，必应的每日一图 Url 为 https://api.xygeng.cn/Bing/。

天气预报的详细信息可以通过第三方 dio 请求库和用户设置的城市名称访问"http://ws.webxml.com.cn/WebServices/WeatherWS.asmx/getWeather"的 Web 服务网站获取，用户通过 POST 方式请求该网站服务时，需要提供 theCityCode 和 theUserID 参数。其中 theCityCode 表示城市名称；theUserID 表示注册用户账号，theUserID 参数值可以为空，但每日访问次数受限制。例如，如果用户设置的 theCityCode 参数值为"泰州"，theUserID 参数值为空字符串（""），则该服务网站的页面返回结果为 xml 格式的数据，详细内容如下所示。

```
1   <ArrayOfString xmlns:xsi="http://www.w3.org/2001/XMLSchema-instance" xmlns:
    xsd="http://www.w3.org/2001/XMLSchema" xmlns="http://WebXml.com.cn/">
2   <string>江苏泰州</string>
3   <string>泰州</string>
4   <string>1952</string>
5   <string>2020/06/30 08:27:28</string>
6   <string>今日天气实况:气温:23℃;风向/风力:东风 2 级;湿度:93% </string>
7   <string>紫外线强度:最弱。</string>
8   <string>
9   中暑指数:无中暑风险,天气舒适,令人神清气爽的一天,不用担心中暑的困扰。血糖指数:不易波
    动,天气条件不易引起血糖波动。穿衣指数:热,适合穿 T 恤、短薄外套等夏季服装。洗车指数:不
    宜,有雨,雨水和泥水会弄脏爱车。紫外线指数:最弱,辐射弱,涂擦 SPF8-12 防晒护肤品。
10  </string>
11  <string>6 月 30 日小雨转多云</string>
12  <string>20℃/28℃</string>
```

```
13    <string>东风小于 3 级</string>
14    <string>7.gif</string>
15    <string>1.gif</string>
16    <string>7 月 1 日多云</string>
17    <string>21℃/27℃</string>
18    <string>东南风转东风小于 3 级</string>
19    <string>1.gif</string>
20    <string>1.gif</string>
21    <string>7 月 2 日雷阵雨</string>
22    <string>20℃/24℃</string>
23    <string>东南风小于 3 级转东风 3-4 级</string>
24    <string>4.gif</string>
25    <string>4.gif</string>
26    <string>7 月 3 日多云</string>
27    <string>21℃/29℃</string>
28    <string>东风转东北风小于 3 级</string>
29    <string>1.gif</string>
30    <string>1.gif</string>
31    <string>7 月 4 日阴转中雨</string>
32    <string>23℃/27℃</string>
33    <string>东风小于 3 级</string>
34    <string>2.gif</string>
35    <string>8.gif</string>
36    </ArrayOfString>
```

上述 xml 格式数据的第 2～10 行代码包括当日天气的详细信息(气温、天气现象、紫外线强度、湿度和生活指数);第 11～15 行代码包括当日天气的状况信息(日期、天气现象图例、天气现象和气温范围);第 16～35 行代码包括未来四天的天气状况(日期、天气现象图例、天气现象和气温范围),通过"import 'package:xml/xml.dart' as xml;"语句导入 xml.dart 包,解析 xml 格式的数据后,按照图 8.34 所示页面的效果将数据显示在对应的位置。

图 8.35 所示的输入城市弹出框,是由单击页面标题栏右侧的"设置"按钮后从屏幕底部滑起的。滑起区域输入城市名称,并单击"确定"按钮后,继续通过第三方 dio 请求库和城市名称访问"http://ws.webxml.com.cn/WebServices/WeatherWS.asmx/getWeather"Web 服务网站,获取该城市的天气预报详细信息。

另外,每天的天气状况包括日期、天气现象、风向、气温范围和天气现象图例,本案例项目实现时可以定义一个 Weather 类(定义在 lib/weather.dart 源文件中),封装天气状况对象,实现代码如下。

```
1  class Weather{
2      String date;                                              //日期
3      String status;                                            //天气现象
4      String wind;                                              //风向
5      String temp;                                              //气温范围
6      String pic;                                               //天气现象图例
7      Weather(this.date,this.status,this.wind,this.temp,this.pic) ;   //构造方法
8  }
```

3 实现流程

（1）准备工作。

在 pubspec.yaml 文件中添加 dio 插件，实现 http 网络请求，并单击编辑窗口右上角的"Packages get"按钮安装依赖。实现代码如下。

```
1  dependencies:
2    dio: ^3.0.9
```

（2）配置天气现象图例。

由于天气预报页面会根据 http 请求返回的天气现象结果显示对应的天气图例，所以首先需要从"http://www.webxml.com.cn/images/weather.zip"网址下载天气图例，然后将图例文件复制到项目中的 assets/images 文件夹中，最后在 pubspec.yaml 文件中配置图例文件。实现代码如下。

```
1  flutter:
2    uses-material-design: true
3    assets:
4      -assets/images/set.png
5      -assets/images/b_0.gif
6      -assets/images/b_1.gif
7  #其他图例类似此配置，限于篇幅，此处略
```

上述第 4 行代码用于配置图 8.34 页面标题栏右侧的"设置"图片资源，从第 5 行代码开始配置天气现象图例资源。

（3）创建天气预报页面。

天气预报页面从上到下分为标题栏、当日温度显示区、当日天气信息显示区、未来三天天气预报显示区、生活指数信息区和生活指数内容区。

① 初始化变量。

从需求分析和设计思路可以看出，天气预报系统页面对应位置的当日天气信息和未来三天的天气状况都是根据城市名称动态改变的，所以需要用不同的变量来实现这些动态改变的信息。详细的变量名称定义代码及功能含义如下所示。

Rec0805_07

```
1  String locationName = '泰州';                    //城市
2  String today_temperature = '27';                //当前气温
3  String today_weather = '多云';                   //当前天气现象
4  String today_air = '紫外线强度:最弱';              //紫外线强度
5  String today_pm = '湿度:56';                    //湿度
6  List<String>dates = ['6月28日大雨转暴雨','6月29日小雨转阴','6月30日多云转
     小雨','7月1日多云转小雨'  ];          //当天和未来三天的日期、天气现象
7  List<String>winds = ['东南风转南风3-4级','西风4-5级转西北风小于3级','东风转
     东南风小于3级','东风转东南风小于3级'];    //当天和未来三天的风向
8  List<String>temps =['23℃/25℃','20℃/29℃','22℃/29℃','22℃/29℃'];
                                              //当天和未来三天的气温范围
```

```
9    List<String>pics = ['9.gif', '7.gif', '1.gif', '1.gif'];
                                      //当天和未来三天的天气现象图例
10   List<String>marks = ['舒适指数','血糖指数','穿衣指数','洗车指数','紫外线指数'];
                                      //生活指数
11   List<String>contents = [
12     '无中暑风险,天气舒适,令人神清气爽的一天,不用担心中暑的困扰。',
13     '易波动,气温多变,血糖易波动,请注意监测',
14     '舒适,建议穿长袖衬衫单裤等服装。',
15     '不宜,有雨,雨水和泥水会弄脏爱车。',
16     '最弱,辐射弱,涂擦SPF8-12防晒护肤品。'
17   ];     //当日舒适指数、血糖指数、穿衣指数、洗车指数和紫外线指数建议
```

② 定义 dio 请求网络数据的方法。

本案例用第三方 dio 请求库的 get()方法实现 GET 方式请求网络数据。由于请求的"http://ws.webxml.com.cn/WebServices/WeatherWS.asmx/getWeather"Web 服务网站需要 theCityCode 和 theUserID 参数,所以此处定义了一个 getDataPars(var url, var pars)方法,该方法的 url 参数表示请求地址,pars 表示请求参数。实际调用该方法时,需要将 theCityCode 和 theUserID 参数封装为 Map<String, dynamic>格式。getDataPars(var url, var pars)方法的详细代码如下。

Rec0805_08

```
1   void getDataPars(var url, var pars) async {
2     Dio dio = Dio();
3     var response = await dio.get(url, queryParameters: pars);
4     if (response.statusCode == 200) {
5       xml.XmlDocument document = xml.parse(response.data);
6       List lists = [];
7       document.findAllElements('string').map((e) {
8         lists.add(e.text);              //将子元素的值添加到数组中
9       }).toList();
10      setState(() {
11        dates = [];
12        dates.add(lists[7]);
13        dates.add(lists[12]);
14        dates.add(lists[17]);
15        dates.add(lists[22]);
16        today_temperature = lists[4].split(';')[0].toString().split(':')[2].split('℃')[0];
17        today_weather = dates[0].split(' ')[1];
18        today_air = lists[5].split('。')[0];
19        today_pm = lists[4].split(';')[2];
20        winds = [];
21        winds.add(lists[9]);
22        winds.add(lists[14]);
23        winds.add(lists[19]);
```

```
24              winds.add(lists[24]);
25              temps = [];
26              temps.add(lists[8]);
27              temps.add(lists[13]);
28              temps.add(lists[18]);
29              temps.add(lists[23]);
30              pics = [];
31              pics.add(lists[10]);
32              pics.add(lists[15]);
33              pics.add(lists[20]);
34              pics.add(lists[25]);
35              contents = [];
36              String mInfo = lists[6];
37              List<String>mInfos =mInfo.split('。');
38              contents.add(mInfos[0].split(':')[1]);
39              contents.add(mInfos[1].split(':')[1]);
40              contents.add(mInfos[2].split(':')[1]);
41              contents.add(mInfos[3].split(':')[1]);
42              contents.add(mInfos[4].split(':')[1]);
43          });
44      }
45  }
```

上述第 4～8 行代码用于将 xml 格式数据解析后存放到 lists 数组中；第 11～15 行代码表示将当天及未来三天的日期和天气现象存放到 datas 数组中；第 16～19 行代码表示将当日的气温、天气现象、紫外线强度和湿度从 lists 数组和 datas 数组的对应元素中解析出来；第 20～24 行代码表示将当天及未来三天的风向存放到 winds 数组中；第 25～29 行代码表示将当天及未来三天的气温范围存放到 temps 数组中；第 30～34 行代码表示将当天及未来三天的天气现象图例存放到 pics 数组中；第 35～42 行代码表示将当天的"舒适指数""血糖指数""穿衣指数""洗车指数"和"紫外线指数"从 lists[6] 中解析出来后存放到 winds 数组中。

③ 定义根据城市名称获取天气信息的方法。

在定义 dio 请求网络数据的方法中已经介绍了本案例访问的 Web 服务网站涉及 theCityCode 和 theUserID 两个参数，其中 theCityCode 表示城市名称，该参数的值由此处定义的 getWeatherDetail（var cityName）方法中的 cityName 确定，theUserID 参数在本案例实现时直接用空字符串表示，但受访问次数限制。如果读者需要不受访问次数限制，则可以登录提供数据的 Web 服务网站进行注册，并将注册成功的用户名作为该参数的值。实现代码如下。

Rec0805_09

```
1   void getWeatherDetail(var cityName) {
2     var url ="http://ws.webxml.com.cn/WebServices/WeatherWS.asmx/getWeather";
3     var pars ={"theCityCode": cityName, 'theUserID': ''};  //queryParameters 参
                                                                              数值
4     getDataPars(url, pars);
5   }
```

④ 定义设置城市名称的方法。

从图 8.35 可以看出，单击应用程序标题栏右侧的"设置"按钮后，从页面的底部弹出供用户输入城市的弹出框，该弹出框中包含"输入城市名称"提示信息、输入框及"确定"和"取消"按钮。底部弹出框用 showModalBottomSheet()方法实现，"输入城市名称"提示信息用 Text 组件实现，输入框用 TextField 组件实现，"确定"和"取消"按钮用 FlatButton 组件实现，实现代码如下。

```dart
void setLocation(BuildContext context) {
    TextEditingController cityNameController = TextEditingController();
    showModalBottomSheet(
        context: context,
        builder: (BuildContext context) {
          return Container(
              height: 200.0,
              child: Column(
                  mainAxisAlignment: MainAxisAlignment.center,
                  children: <Widget>[
                    Text('输入城市名称'),
                    TextField(
                        controller: cityNameController,
                        textAlign: TextAlign.center),
                    Row(
                        mainAxisAlignment: MainAxisAlignment.center,
                        children: <Widget>[
                          FlatButton(
                              child: Text('确定'),
                              onPressed: () {
                                setState(() {
                                  locationName = cityNameController.text.toString();
                                  getWeatherDetail(locationName);
                                });
                                Navigator.pop(context);
                              }),
                          FlatButton(
                              child: Text('取消'),
                              onPressed: () {
                                Navigator.pop(context);
                              })
                        ])
                  ]));
        });
}
```

上述第 22 行代码表示从输入框中获得城市名称；第 23 行代码表示根据城市名称调用 getWeatherDetail()方法获得该城市的天气信息。

⑤ 当日温度显示区的实现。

当日温度显示区用 Row 组件布局 2 个 Text 组件，1 个 Text 组件用于显示 today_temperature 的值，1 个 Text 组件显示℃符号。为了达到图 8.35 所示的显示效果，直接用 style 属性定义 Text 组件中显示的文本信息格式，实现代码如下。

```
1  Widget temperatureWidget =Row(
2      crossAxisAlignment: CrossAxisAlignment.start,
3      children: <Widget>[
4      Text(today_temperature,
5          style: TextStyle(fontSize: 70.0, color: Colors.white)),
6      Text('℃', style: TextStyle(fontSize: 35.0, color: Colors.white))
7  ]);
```

⑥ 当日天气信息显示区的实现。

当日天气信息显示区显示的信息包括天气现象、紫外线强度和强度，这些信息可以直接用 Row 组件布局 3 个 Text 组件，并按照图 8.35 所示的显示效果，将 today_weather、"|"、today_air 和 today_pm 显示在相应的 Text 组件上，实现代码如下。

```
1  Widget weatherWidget =Row(
2      crossAxisAlignment: CrossAxisAlignment.center,
3      children: <Widget>[
4        Text(today_weather, style: TextStyle(fontSize: 20.0, color: Colors.
              white)),                                       //天气现象
5        Text(' | ', style: TextStyle(color: Colors.white)), //|符号
6        Text( today_air +'·' +today_pm,
7          style: TextStyle(fontSize: 15.0, color: Colors.white)) //紫外线强度 & 湿度
8  ]);
```

⑦ 每一天天气预报显示信息的实现。

未来三天的天气预报显示区由每一天的天气预报显示信息组成，每一天的天气预报显示信息从上至下包含日期、天气现象图例、天气现象和温度范围，日期、天气现象和温度范围用 Text 组件实现，天气现象图例用 Image.asset() 方法实现。由于图 8.35 所示的未来三天的天气预报显示区用于显示后三天的天气预报信息，所以本案例定义一个实现每一天天气预报显示信息的方法，以便在未来三天的天气预报显示区调用，实现代码如下。

```
1  Widget nextWeather(Weather weather) {
2      return Column(children: <Widget>[
3        Text(weather.date, style: TextStyle(color: Colors.white)),
4        Padding(
5          padding: EdgeInsets.symmetric(vertical: 4.0),
6          child: Image.asset('assets/images/b_' +weather.pic,
7            color: Colors.white)),
8        Text(weather.status, style: TextStyle(color: Colors.white)),
9        Padding(
10         padding: EdgeInsets.only(top: 4.0),
```

```
11            child: Text(weather.temp, style: TextStyle(color: Colors.white)))
12        ]);
13    }
```

⑧ 生活指数内容区的实现。

生活指数内容区共分为 5 列,分别显示"舒适指数""血糖指数""穿衣指数""洗车指数"和"紫外线指数"的详细内容,而每个指数显示的内容包括指数名称和建议内容,并且保证显示的内容能够上下滚动显示,所以本案例实现生活指数内容区时分两步来实现。第一步定义一个 lifeDetail()方法,显示每个指数的名称和建议内容;第二步用 GridView 组件将 5 个指数的名称和建议内容显示在表格中。实现代码如下。

```
1  Widget lifeDetail(String name, String info) {
2      return Container(
3        decoration: BoxDecoration(
4          color: Colors.black54,
5          borderRadius: BorderRadius.circular(8.0),
6        ),
7        child: ListView(children: <Widget>[
8          Text(
9            name,
10           style: TextStyle(color: Colors.white, fontSize: 16),
11           textAlign: TextAlign.center,
12         ),
13         SizedBox(height: 3.0),
14         Text(info, style: TextStyle(color: Colors.white))
15       ]));
16   }
17  Widget lifeWidget =GridView.count(
18       shrinkWrap: true,
19       crossAxisCount: 5,
20       childAspectRatio: 0.8,
21       crossAxisSpacing: 4.0,
22       mainAxisSpacing: 4.0,
23       children: <Widget>[
24         lifeDetail(marks[0], contents[0]),    //舒适指数
25         lifeDetail(marks[1], contents[1]),    //血糖指数
26         lifeDetail(marks[2], contents[2]),    //穿衣指数
27         lifeDetail(marks[3], contents[3]),    //洗车指数
28         lifeDetail(marks[4], contents[4])     //紫外线指数
29  ]);
```

⑨ 重写 build()方法。

完成上述①~⑧的相应内容后,需要重写 build(BuildContext context)方法,在该方法中分别实现标题栏、当日温度显示区、当日天气信息显示区、未来三天天气预报显示区、生活指数信息区和生活指数内容区的功能,实现代码如下。

Rec0805_10

```dart
1   @override
2   Widget build(BuildContext context) {
3     List<Weather> weathers =[];
4     for (int i =1; i <dates.length; i++) {
5       Weather weather =Weather(dates[i].split(' ')[0], dates[i].split(' ')[1],
                      winds[i], temps[i], pics[i]);
6       weathers.add(weather);
7     }
8     /* 当日温度显示区代码 */
9     /* 当日天气信息显示区代码 */
10    /* 每一天天气预报显示信息的方法代码 */
11    /* 生活指数内容区代码 */
12    return Scaffold(
13        appBar: AppBar(
14            backgroundColor: Color(0xff558866),
15            title: Text(locationName),                    //页面标题栏显示的标题
16            actions: <Widget>[
17              IconButton(
18                  icon: Image.asset('assets/images/set.png'),//设置图片按钮
19                  onPressed: () {
20                    setLocation(context);                  //调用设置城市名称的方法
21                  })
22            ]),
23        body: Container(
24            decoration: BoxDecoration(
25                image: DecorationImage(
26                    image: NetworkImage("https://api.xygeng.cn/Bing/"),
                                                            //设置页面背景
27                    fit: BoxFit.cover                      //设置为全屏
28                )),
29            child: ListView(children: <Widget>[
30              SizedBox(height: 20.0),
31              Container(child: temperatureWidget, color: Colors.black54),
                                                            //显示当日温度
32              Container(child: weatherWidget, color: Colors.black54),
                                                            //显示当日天气信息
33              SizedBox(height: 30.0),
34              Container(                                   //未来三天天气预报
35                  child: Row(children: <Widget>[
36                    nextWeather(weathers[0]),
37                    nextWeather(weathers[1]),
38                    nextWeather(weathers[2])
39                  ], mainAxisAlignment: MainAxisAlignment.spaceAround),
40                  color: Colors.black54),
41              SizedBox(height: 50.0),
42              Container(
```

```
43          decoration: BoxDecoration(
44              color: Colors.black54,
45              border: Border(bottom: BorderSide(color: Colors.white))),
46          child: Text(('生活指数'),
47              style: TextStyle(fontSize: 25.0, color: Colors.white))),
48      SizedBox(height: 20.0),
49      lifeWidget                              //显示生活指数和建议内容
50    ])));
51  }
52 }
```

上述第3~7行代码表示从dates数组、winds数组、temps数组、pics数组中解析出未来三天的日期、天气现象、风向、气温范围和天气现象图例文件名，并将对应的数据封装为Weather类型的数组对象。其中，dates数组用于存放当日和未来三天的日期及天气现象信息，winds数组用于存放当日和未来三天的风向信息，temps数组用于存放当日和未来三天的气温范围信息，pics数组用于存放当日和未来三天的天气现象图例文件名。第23~50行代码表示将当日温度、当日天气信息、未来三天天气预报及生活指数和建议内容显示在页面的对应区域。

参 考 文 献

［1］ 杜文.Flutter 实战［M］.北京：机械工业出版社,2020.
［2］ Frank Zammetti.Flutter 实战［M］.贡国栋,任强,译.北京：清华大学出版社,2020.
［3］ 亢少军.Dart 语言实战：基于 Flutter 框架的程序开发［M］.北京：清华大学出版社,2020.
［4］ Strom C.Dart 语言程序设计［M］.韩国恺,译.北京：人民邮电出版社,2012.
［5］ 何瑞群.Flutter 从 0 到 1 构建大前端应用［M］.北京：电子工业出版社,2019.
［6］ 张益晖.用 Flutter 极速构建原生应用［M］.北京：清华大学出版社,2019.
［7］ Bracha G.Dart 编程语言［M］.戴虬,译.北京：电子工业出版社,2017.
［8］ Biessek A.Flutter 入门与实践［M］.李强,译.北京：清华大学出版社,2020.
［9］ 萧文翰.Flutter 从 0 基础到 App 上线［M］.北京：电子工业出版社,2020.
［10］ 罗佳,吴绍根.Android Studio 移动应用开发高级进阶［M］.北京：电子工业出版社,2019.